# Gestaltung hybrider Mensch-Maschine-Systeme/Designing Hybrid Societies

**Reihe herausgegeben von**
Angelika C. Bullinger-Hoffmann, Chemnitz, Deutschland

Veränderungen in Technologien, Werten, Gesetzgebung und deren Zusammenspiel bestimmen hybride Mensch-Maschine-Systeme, d. h. die quasi selbstorganisierte Interaktion von Mensch und Technologie. In dieser arbeitswissenschaftlich verankerten Schriftenreihe werden zu den Hybrid Societies zahlreiche interdisziplinäre Aspekte adressiert, Designvorschläge basierend auf theoretischen und empirischen Erkenntnissen präsentiert und verwandte Konzepte diskutiert.

Changes in technology, values, regulation and their interplay drive hybrid societies, i.e., the quasi self-organized interaction between humans and technologies. This series grounded in human factors addresses many interdisciplinary aspects, presents socio-technical design suggestions based on theoretical and empirical findings and discusses related concepts.

Weitere Bände in der Reihe http://www.springer.com/series/16273

Thomas Kunze

# Entwicklung und Evaluierung eines Grobscreenings zur Anwendung von EAWS-Sektion 4 in der Automobilindustrie

Mit einem Geleitwort von
Prof. Dr. Angelika C. Bullinger-Hoffmann

Thomas Kunze
Wolfsburg, Deutschland

Dissertation Technische Universität Chemnitz, 2019

Die Ergebnisse, Meinungen und Schlüsse dieser Dissertation sind nicht notwendigerweise die der Volkswagen AG.

ISSN 2661-8230 ISSN 2661-8249 (electronic)
Gestaltung hybrider Mensch-Maschine-Systeme/Designing Hybrid Societies
ISBN 978-3-658-27892-2 ISBN 978-3-658-27893-9 (eBook)
https://doi.org/10.1007/978-3-658-27893-9

Die Deutsche Nationalbibliothek verzeichnet diese Publikation in der Deutschen Nationalbibliografie; detaillierte bibliografische Daten sind im Internet über http://dnb.d-nb.de abrufbar.

Springer Vieweg


Springer Vieweg ist ein Imprint der eingetragenen Gesellschaft Springer Fachmedien Wiesbaden GmbH und ist ein Teil von Springer Nature.
Die Anschrift der Gesellschaft ist: Abraham-Lincoln-Str. 46, 65189 Wiesbaden, Germany

# Geleitwort

In der Automobilmontage ist durch die kontinuierliche Optimierung von Arbeitsabläufen eine Zunahme von repetitiven Tätigkeiten zu beobachten, die ein erhöhtes Gesundheitsrisiko insbesondere für das Hand-Arm-System mit sich bringen. Um dieses Gesundheitsrisiko bereits in der Planungsphase abschätzen zu können, wurden ergonomische Bewertungsverfahren wie das Ergonomic Assessment Worksheet (EAWS) entwickelt. Jedoch sind diese Bewertungsverfahren hinsichtlich der Bewertung repetitiver Tätigkeiten noch wenig validiert. Zudem fehlen für die Praxis Handlungshinweise, wann eine ergonomische Bewertung von spezifisch repetitiven Tätigkeiten vorzunehmen ist. Thomas Kunze nimmt sich dieser beiden Fragestellungen in seiner Dissertation an.

Mit seiner Arbeit zur Bewertung von repetitiven Tätigkeiten mit EAWS in der Automobilindustrie gelingt es einerseits zu zeigen, dass die Bewertung von repetitiven Belastungen zu höherer Risikobewertung führt als mit der Bewertung von Belastungen aus Körperhaltungen, Aktionskräften und Lastenhandhabung. Darüber hinaus kann er zeigen, dass die Gelenkbewegungen besonders relevant sind für das Risiko arbeitsbedingter Erkrankungen. Andererseits entwickelt Thomas Kunze ein Grobscreening mit 15 Messgrößen, um abzuschätzen, für welche Tätigkeiten eine Analyse der repetitiven Tätigkeiten durchgeführt werden sollte. Er identifiziert Grenzwerte für ein mittleres und hohes Risiko.

Die Ergebnisse der Arbeit haben hohes Potential zum Einsatz in der Praxis der ergonomischen Bewertung von repetitiven Tätigkeiten und sollten weiter überprüft werden, um Eingang in EAWS zu finden. Ich wünsche Thomas Kunze daher zahlreiche interessierte Leserinnen und Leser aus Wirtschaft und Wissenschaft – und zahlreiche Arbeitsplätze, deren Risiko arbeitsbedingter Erkrankung aufgrund repetitiver Belastung nun angemessen bewertet wird!

Angelika C. Bullinger-Hoffmann, Chemnitz, im Mai 2019

## Danksagung

Ich möchte mich recht herzlich bei allen bedanken, die mich im Rahmen meiner Promotion unterstützt haben.

Mein besonderer Dank gilt Frau Prof. Dr. Angelika Bullinger-Hoffmann, die diese Dissertation ermöglichte und mich auf den Schritten dieses Projektes mit anregender Führung betreut hat. Danken möchte ich auch Herrn Prof. Dr. Ralph Bruder, der die wohlwollende Bereitschaft gezeigt hat, das Zweitgutachten zu übernehmen.

Ferner gilt mein herzlicher Dank Frau Romy Hamann, Frau Dr. Nicole Langer, Frau Dr. Kristina Porsche, Herrn Dr. Paul Leiber, Herrn Dr. Ralph Hensel-Unger, Herrn Dr. Mario Walther und Herrn Norbert Wyrwol, die mir in aufopfernder Weise mit viel Inspiration, Geduld und dem kritischen Blick zur Seite standen. Darüber hinaus danke ich herzlich meinen Vorgesetzen Herrn Martin Haselhuhn und Herrn Tobias Schwab für ihre moralische Unterstützung.

Mein weiterer Dank richtet sich an alle Mitarbeiter und Doktoranden der Professur Arbeitswissenschaft und Innovationsmanagement der Technischen Universität Chemnitz für den intensiven wissenschaftlichen Austausch sowie die Unterstützung bei fachlichen und organisatorischen Fragestellungen.

Mein abschließender Dank gilt meiner Partnerin, meiner Familie und meinen Freunden, die mit viel Rücksicht und Verständnis mich in angespannten Situationen unterstützt und für gute Laune gesorgt haben.

# Inhaltsübersicht

# Inhaltsverzeichnis

## Abkürzungsverzeichnis

AAWS........................ Automotive Assembly Worksheet
ABAtech...................... Anforderungs- und Belastungsanalyse (technischer Teil)
ACM.......................... Association for Computing Machinery
ACGIH....................... American Conference of Government Industrial Hygienists
AG............................ Aktiengesellschaft
AK............................ Aktionskräfte
ap-Ergo..................... Ergonomiemodul im System Arbeitsplan
APSA ........................ Arbeitsplatz-Struktur-Analyse
ArbSchG.................... Arbeitsschutzgesetz
ART.......................... Assessment of Repetitive Tasks of the upper limbs
ASiG......................... Arbeitssicherheitsgesetz
AWS light.................. Assembly Worksheet light
BAuA........................ Bundesanstalt für Arbeitsschutz und Arbeitsmedizin
BDI........................... Bundesverband der Deutschen Industrie e.V.
BfGA......................... Beratungsgesellschaft für Arbeits- und Gesundheitsschutz
BGI........................... Berufsgenossenschaftliche Informationen
BMW......................... Bayerische Motoren Werke
Check........................ Checkliste
CEN.......................... Comité Européen de Normalisation
CUELA...................... Computer-Unterstützte Erfassung und Langzeit-Analyse von Belastungen des Muskel-Skelett-Systems
DGUV....................... Deutsche Gesetzliche Unfallversicherung
DIN........................... Deutsches Institut für Normung
EAB.......................... Ergonomische Arbeitsplatz Bewertung
EAWS....................... Ergonomic Assessment Worksheet
EBSCO...................... Elton B. Stephens Company
EG............................ Europäische Gemeinschaft

EWG .......................... Europäische Wirtschaftsgemeinschaft
EN ............................ Europäische Norm
et al. ......................... et alia
e. V. .......................... eingetragener Verein
FELM ......................... Fähigkeitsgerechter Einsatz leistungsgewandelter Mitarbeiter
FZG ........................... Fingerzufassungsgriff
GME .......................... General Motors Europe
HAL-TLVs .................. Hand Activity Level Threshold Limit Values
HARM ....................... Hand-Arm-Risk-Assessment Method
HHS .......................... United States Department of Health and Human Services
HSE .......................... Health and Safety Executive
HZG .......................... Handzufassungsgriff
IAD ........................... Institut für Arbeitswissenschaft Darmstadt
IAD-BkB .................... IAD-Bewertung der körperlichen Belastung
IBM ........................... International Business Machines Corporation
ISO ........................... International Organization for Standardization
KH ............................ Körperhaltung
KoBRA ...................... Kooperationsprogramm zu normativem Management von Belastungen und Risiken bei körperlicher Arbeit
KVP .......................... Kontinuierlicher Verbesserungsprozess
LH ............................ Lastenhandhabung
LMM-HHT ................. Leitmerkmalmethode Heben, Halten, Tragen
LMM-ZS ................... Leitmerkmalmethode Ziehen, Schieben
LMM-mA ................... Leitmerkmalmethode manuelle Arbeitsprozesse
MAN .......................... Maschinenfabrik Augsburg-Nürnberg
ManTRA .................... Manual Tasks Risk Assessment
MTM ......................... Methods-Time Measurement
NIOSH ...................... National Institute for Occupational Safety and Health
NPW ......................... New Production Worksheet
Nr. ............................ Nummer
O .............................. Objektivität

OCRA........................ Occupational Risk Assessment
OREGE........................ Outil de Reperage et d´Evaluation des Gestes
OWAS........................ Ovako Working Posture Analysing System
Pkt. ........................ Punkte
PKW........................ Personenkraftwagen
PSA........................ Persönliche Schutzausrüstung
QEC........................ Quick Exposure Check
R........................ Reliabilität
rA........................ reale Aktionen
RB........................ Risikobereich
REBA........................ Entire Body Assessment
REFA........................ Reichsausschuss für Arbeitszeitermittlung
RULA........................ Rapid Upper Limb Assessment
RSI........................ Repetitive Strain Injuries
RT........................ Repetitive Tätigkeiten
SAK........................ System zur Analyse von Körperhaltungen
SEAT........................ Sociedad Española de Automóviles de Turismo
SD........................ Standard-Daten
SGB........................ Sozialgesetzbuch
SI........................ Strain Index
SPSS........................ Superior Performing Software System
TU........................ Technische Universität
UAS........................ Universelles-Analysier-System
V........................ Validität
VDI........................ Verein Deutscher Ingenieure
VDA........................ Verband der Automobilindustrie e.V.
VW........................ Volkswagen
WRULMSD........................ Work-related upper limb musculoskeletal disorder

Für die bessere Lesbarkeit der vorliegenden Arbeit wird ausschließlich die männliche Form von Mitarbeitern verwendet. In den Formulierungen werden Mitarbeiterinnen in gleichem Maße mit einbezogen.

## Abbildungsverzeichnis

# Tabellenverzeichnis

# 1 Einleitung

Das erste Kapitel der vorliegenden Dissertation dient als Einführung in das Thema und stellt den Rahmen der Untersuchungen dar. Neben der Motivation werden das Forschungsziel und die Struktur der Arbeit aufgezeigt. Diese gilt als Orientierung für die anschließenden Kapitel.

## 1.1 Motivation

Im Jahr 2016 erzielte die deutsche Automobilindustrie mit circa 809 Tausend Mitarbeitern einen Gesamtumsatz von circa 405 Milliarden Euro. Im Vergleich zum Vorjahr 2015 konnte bei einem annähernd gleichbleibenden Gesamtumsatz erneut die Mitarbeiteranzahl um 2,0 Prozent gesteigert werden (VDA, 2017). Ein Anteil von circa 24 Prozent am Gesamtumsatz des verarbeitenden Gewerbes (Statistisches Bundesamt, 2015) bestätigt die Automobilindustrie als bedeutungsvolle Branche der deutschen Wirtschaft nach Meißner (2013, S. 9).

Strukturelle Veränderungen prägten die Automobilindustrie in den letzten Jahren stark. Zunehmende Produktvielfalt bei sinkenden Produktlebenszyklen, markenübergreifende Strategien, zunehmender Einsatz neuer Technologien und hoher Kostendruck durch die fortschreitende Globalisierung haben die Branche nachhaltig verändert (VDA, 2013, S. 49). Um auch zukünftig wettbewerbsfähig zu bleiben und einen nachhaltigen Unternehmenserfolg zu gewährleisten, werden in der Automobilindustrie jährliche Produktivitätssteigerungen von drei bis fünf Prozent erwartet. Folglich unterliegen die Arbeitsplätze einem permanenten Rationalisierungsprozess (Barthel, et al., 2010, S. 29). Verringertes Arbeitsvolumen, reduzierte Handlungsspielräume in der individuellen Arbeitsweise und das Auffüllen von weiteren Arbeitsinhalten innerhalb der vorgegebenen Taktzeit durch Prozessverbesserung charakterisieren den heutigen Arbeitsplatz des Mitarbeiters in der Automobilindustrie (Kurz, 1998, S. 11).

Die Folge sind repetitive beziehungsweise gleichartig wiederkehrende Tätigkeiten, kontinuierliche Bewegungen und Kraftaufwendungen in demselben Arbeitszyklus, die Gesundheitsrisiken speziell im Hand-Arm-Bereich hervorrufen können (Hartmann, Spallek, & Ellegast, 2013, S. 296).


T. Kunze, *Entwicklung und Evaluierung eines Grobscreenings zur Anwendung von EAWS-Sektion 4 in der Automobilindustrie*, Gestaltung hybrider Mensch-Maschine-Systeme/Designing Hybrid Societies, https://doi.org/10.1007/978-3-658-27893-9_1

Resultierende Beschwerden treten im muskulären und im Bereich der Sehnen und Nerven auf (Steinberg, Liebers, & Klußmann, 2011, S. 6). Daraus können sich Erkrankungen, wie beispielsweise das Karpaltunnelsyndrom, die Epicondylitis mediales und lateralis (Tennis- oder Golferellenbogen) oder Arthrose in den Gelenken des Hand-Arm-Bereiches ergeben (Sluiter, Rest, & Frings-Dresen, 2001, S. 7).

Aufgrund der Vielzahl an fein aufeinander abgestimmten Prozessen, taktgebundenen Tätigkeiten und einem geringen Automatisierungsgrad von fünf bis zehn Prozent stellt die Montage den größten Fertigungsbereich in der Automobilproduktion mit derart repetitiven Tätigkeiten dar. Repetitive Tätigkeiten können auch in Bereichen der Vormontage durch Zusammensetzen einzelner Baugruppen für den endgültigen Einbau am Hauptmontageband, der mechanischen Fertigung aufgrund des Bestückens, Einlegens und Abstapelns sowie bei der Maschinenbedienung an technisch anspruchsvollen Einzelmaschinen auftreten (Kurz, 1998, S. 11).

Ein Schlüsselfaktor für das nachhaltige Wachstum der Automobilindustrie stellen die vorhandenen Mitarbeiter dar (Legler, et al., 2009, S. 61), ohne deren Wissen die zukünftigen Herausforderungen in der Automobilindustrie nicht zu überwinden wären (IBM Institute for Business Value, 2008). Dieses Humankapital stellt gegenüber dem Sach- oder Finanzkapital einen immer wichtigeren Vermögenswert im Unternehmen dar (Schmeisser, Zündorf, Eckstein, & Krimphove, 2007, S. 11). Hintergrund ist die Entwicklung der Wirtschaft zu einer Wissenswirtschaft mit hohem Innovationstempo (Deutsch, 2015). Gezielte Maßnahmen zur Gesunderhaltung müssen daher langfristig die Fähigkeiten und das Wissen der Mitarbeiter erhalten, um die Wettbewerbsfähigkeit des Unternehmens sicherzustellen (Rachbauer & Welpe, 2004, S. 159). Den Einfluss der Mitarbeitergesundheit auf die Produktivität wird anhand der volkswirtschaftlichen Kosten durch Arbeitsunfähigkeitstage deutlich (Kuhn & Böhm, 2006, S. 32). Im Jahr 2015 verursachten circa 140 Millionen Arbeitsunfähigkeitstage im produzierenden Gewerbe (ohne Baugewerbe) Produktionsausfallkosten in Höhe von circa 20 Milliarden Euro und einen Ausfall an Bruttowertschöpfung in Höhe von circa 34 Milliarden Euro (BAuA, 2017, S. 3-4).

Die Höhe der Arbeitsunfähigkeitstage wird hauptsächlich von vier Krankheitsarten bestimmt. Im Jahr 2016 wurde annähernd ein Viertel (25,2

Prozent) der Arbeitsunfähigkeitstage durch Muskel- und Skelett-Erkrankungen verursacht. Diesen folgen psychischen Störungen, Atemwegserkrankungen und Verletzungen. Alle weiteren Diagnosehauptgruppen wie Verdauungssystem, Infektionen, Kreislaufsystem oder Neubildungen lagen im einstelligen Prozentbereich. In der Betrachtung der Arbeitsunfähigkeitstage von 2005 bis 2016 ist ein Anstieg von Muskel-Skelett-Erkrankungen und psychischen Störungen zu verzeichnen, wenngleich Muskel-Skelett-Erkrankungen auf einem wesentlich höheren Niveau liegen (Knieps & Pfaff, 2017, S. 42-44).

Mitarbeiter im direkten Bereich weisen einen höheren Anteil an Arbeitsunfähigkeitstagen gegenüber Mitarbeiter im indirekten Bereich auf (Meyer, Weirauch, & Weber, 2012, S. 309). Des Weiteren wirken sich soziodemografische Merkmale, wie Alter und Geschlecht in unterschiedlicher Ausprägung, auf die Arbeitsunfähigkeitstage aus. Ältere Mitarbeiter sind gegenüber jüngeren Mitarbeitern zwar nicht häufiger krank, doch ist die Erkrankungsdauer der älteren gegenüber den jüngeren Mitarbeitern durchschnittlich länger. Frauen weisen mehr Arbeitsunfähigkeitstage durch psychische Störungen und Atemwegserkrankungen auf als Männer. Hingegen fallen bei den Männern gegenüber Frauen höhere Arbeitsunfähigkeitstage durch Muskel-Skelett-Erkrankungen und Verletzungen an (Knieps & Pfaff, 2017, S. 18).

Ein differenzierteres Bild zeigen die Einzeldiagnosen in der Diagnosehauptgruppe der Muskel-Skelett-Erkrankungen. Den höchsten Anteil an Arbeitsunfähigkeitstagen mit 41,9 Prozent verursacht die Erkrankungen des Rückens beziehungsweise der Wirbelsäule, unter anderem Rückenschmerzen oder Bandscheibenschäden. Mit einem Anteil von 16,8 Prozent, 14,2 Prozent und 9,8 Prozent folgen die sonstigen Weichteilgewebe- und Gelenkerkrankungen sowie die Arthrose (Knieps & Pfaff, 2015, S. 83). Die Erkrankungen des Weichteilgewebes betreffen hauptsächlich die oberen Extremitäten. Arthrose oder sonstige Gelenkerkrankungen sind durch einen großflächigen Knorpelschaden eines Gelenkes gekennzeichnet. Davon sind am häufigsten die Knie- und Hüftgelenke betroffen, selten Gelenke an den oberen Extremitäten. Allerdings ist zu beachten, dass 95 Prozent der Frauen ab dem mittleren Alter von der Fingergelenkspolyarthrose betroffen sind (Deutsche Rheuma-Liga Landesverband Hamburg e. V., 2013).

Untersuchungen in der Automobilindustrie zeigen einen hohen Anteil an Beschwerden im Rücken-, Schulter- und Nackenbereich sowie zunehmend auch Beschwerden in den Ellenbogen und Handgelenken auf. Die Ursachen für die gesundheitlichen Beschwerden im Hand-Arm-Bereich werden in den kurzen Taktzeiten, im hohen Auslastungsgrad, in gleichförmigen Montagehandgriffen und in nicht-individuell höhenverstellbaren Montagetischen gesehen. Darüber hinaus werden die erheblichen Belastungen des Hand-Arm-Bereiches durch den Einsatz schwerer Werkzeuge und hoher Eindruckkräfte bei der Montage, beispielsweise von Clipverbindungen, genannt (Frieling, Kotzab, Enriquez-Diaz, & Sytech, 2012, S. 117-123).

Angesichts einer immer älterwerdenden Belegschaft (Fasse, 2010) werden chronische Erkrankungen, zum Beispiel Muskel-Skelett-Erkrankungen oder psychische Erkrankungen, auch in Zukunft an Bedeutung gewinnen (Prütz, Seeling, Ryl, Scheidt-Nave, Ziese, & Lampert, 2014, S. 113). Die Arthrose gilt als die häufigste Gelenkerkrankung mit zunehmendem Alter bei Erwachsenen (Fuchs, Rabenberg, & Scheidt-Nave, 2013, S. 678). Dabei wird die Erkrankung bei Frauen mit 22,3 Prozent häufiger diagnostiziert als bei Männern mit 18,1 Prozent (Fuchs et al., 2013, S. 680). Das Auftreten von Arthrose wird ebenfalls mit beruflich bedingten körperlichen Belastungen in Verbindung gebracht (Palmer, 2012, S. 167). Aus diesem Grund sind Präventionsmaßnahmen zur Minimierung des gesundheitlichen Risikos unter anderem durch geeignete Arbeitsplatzgestaltungsmaßnahmen, arbeitsorganisatorische Maßnahmen oder Maßnahmen zum Muskelaufbau notwendig (Sulsky, et al., 2012, S. 11).

Die Gesundheit der Mitarbeiter wird durch eine Vielzahl von Faktoren aus dem betrieblichen und privaten Umfeld beeinflusst (Badura, Walter, & Hehlmann, 2010, S. 32-34). Das Unternehmen kann auf die Gesundheit der Mitarbeiter im privaten Umfeld nur in einem geringen Umfang Einfluss nehmen. Hierzu gehören Präventionsmaßnahmen wie Sucht- und Ernährungsberatung oder das Bereitstellen von unternehmensinternen Fitness-Centern (Tielking, 2013, S. 131-132). Im betrieblichen Umfeld muss das

Unternehmen nach Arbeitsschutzgesetz hingegen durch Verhaltensprävention und Verhältnisprävention positiv auf die Gesundheit der Mitarbeiter einwirken. Mit verhaltenspräventiven Maßnahmen wird aktiv auf die Stärkung des Mitarbeiters Einfluss genommen. Dem gegenüber stehen verhältnispräventive Maßnahmen, um Risiken oder Gefährdungen am Arbeitsplatz zu vermeiden (Oppolzer, 2010, S. 68-70).

Verhältnispräventive Maßnahmen genießen eine hohe Priorität, da Risikofaktoren durch Gestaltungsmaßnahmen direkt an der Quelle beseitigt werden können (Kramer, Sockoll, & Bödeker, 2009, S. 67). Hierfür ist eine systematische Analyse und Bewertung der Einflussgrößen innerhalb des Arbeitssystems notwendig (Schlick, Bruder, & Luczak, 2010, S. 33). Anschließend sind gezielte Maßnahmen zur Risikominimierung abzuleiten (David, 2005, S. 190). Zudem wird das Arbeitssystem im Sinne menschengerechter Arbeit beurteilt, indem die körperlichen und psychischen Wirkungszusammenhänge untersucht werden (Schlick et al., 2010, S. 63). Durch diese Risikoanalyse und -bewertung werden verfügbare Informationen zur Gefährdungsidentifizierung und Risikoabschätzung systematisch beurteilt (DIN EN ISO 14971, 2013, S. 8).

Die Verfahrensauswahl zur Risikobewertung sollte nach der verfolgten Zielsetzung, den Eigenschaften der Tätigkeiten, den vorhandenen Ressourcen (Takala, et al., 2010, S. 3) sowie dem Aufwand der Datenermittlung, der Reliabilität und der effizienten Anwendung (Mathiassen & Winkel, 2000, S. 3) erfolgen. Für die Bewertung repetitiver Tätigkeiten stehen in Abhängigkeit des Beurteilungsniveaus verschiedene Verfahren wie die Occupational Risk Assessment (OCRA)-Verfahren oder die Leitmerkmalmethode-manuelle Arbeitsprozesse (LMM-mA) zur Verfügung (Kugler, et al., 2010, S. 16-17).

Die Bewertung körperlicher Belastungen bei den deutschen Automobilherstellern basiert maßgeblich auf den Entwicklungsständen zum EAWS (Schaub, Caragnano, Britzke, & Bruder, 2012, S. 16). Wesentlicher Vorteil des EAWS gegenüber anderen Bewertungsverfahren liegt in der kombinierten Bewertung relevanter Belastungsarten, die an den Arbeitsplätzen der Automobilhersteller auftreten können (Schaub et al., 2012, S. 1). Das EAWS besteht aus fünf Sektionen. EAWS-Sektionen 0-3 (Bewertung von Körperhaltungen und Bewegungen, Aktionskräften, Lastenhandhabungen und zusätzlichen physischen Belastungen) werden zusammengefasst und bewerten die Ganzkörperbelastungen. Hingegen bewertet die EAWS-Sektion 4 die Belastungen durch repetitive Tätigkeiten (Schaub et a., 2012, S. 3). Die Validierung von EAWS-Sektion 4 erfolgte bisher nur mit dem OCRA-Index-Verfahren (Lavatelli, Schaub, & Caragnano, 2012, S. 4436-4444). Somit fehlen umfangreiche Untersuchungen zwischen vergleichbaren Bewertungsverfahren wie der LMM-mA oder dem Strain Index (SI) (Takala, et al., 2010, S. 7).

In den unternehmensinternen Verfahren der deutschen Automobilhersteller werden statische Körperhaltungen, Aktionskräfte und Lastenhandhabungen bewertet (Goeres & Sauer, 2010, S. 100-101; Unger & Jander, 2010, S. 71; Lehr & Frölich, 2003). Die Bewertung repetitiver Tätigkeiten ist in den unternehmensinternen Verfahren nicht berücksichtigt. Das liegt darin begründet, dass ein hoher Analyseaufwand zur Bewertung repetitiver Tätigkeiten vorliegt, die Arbeitsweisen der Mitarbeiter hochgradig variabel sind und die vorliegende Arbeitsmethode nicht unbedingt die korrekte Arbeitsweise darstellt (Landau, 2014, S. 220-221). Des Weiteren ist das Defizit der aktuellen Bewertungsverfahren für den Hand-Arm-Bereich in der hohen Komplexität der zu berücksichtigenden Einflussfaktoren zu sehen. Eine Vielzahl von Einflussfaktoren wie Kraft, Schnelligkeit, Geschicklichkeit oder Beweglichkeit sind individuell unterschiedlich und in weiten Grenzen trainierbar. Zugleich sind beispielsweise relevante Bewegungsmerkmale wie Gelenkstellungen oder Greifarten im Vergleich zu den relativ groben Merkmalen der Lastenhandhabung nur sehr schwer erfassbar (Steinberg, Behrendt, Caffier, Schultz, & Jakob, 2007, S. 7).

Um chronischen Erkrankungen im Hand-Arm-Bereich durch arbeitsbedingte Belastungen vorbeugen zu können, sind valide, nachvollziehbare und vor allem praktikable Verfahren zur Bewertung repetitiver Tätigkeiten für die Automobilindustrie bereitzustellen. Mit Hilfe dieser Verfahren sollen Beschwerden beziehungsweise Erkrankungen im Hand-Arm-Bereich identifiziert und minimiert werden. Das EAWS kombiniert relevante körperliche Belastungen und dient als methodisches Fundament für viele unternehmensinterne Verfahren der deutschen Automobilhersteller. Weiterhin bietet EAWS die Möglichkeit, kritische Risikofaktoren repetitiver Tätigkeiten identifizieren und bewerten zu können. Darüber hinaus können bereits ermittelte Belastungsgrößen der anderen EAWS-Sektionen für die Anwendung von EAWS-Sektion 4 genutzt werden. Diese Rahmenbedingungen bieten wichtige Voraussetzungen, um aus den bestehenden Belastungen der Arbeitsplätze in der Automobilindustrie Handlungsempfehlungen zur gezielten und praktikablen Anwendung von EAWS-Sektion 4 ableiten zu können. Zusätzlich kann durch die umfangreiche Validierung von EAWS-Sektion 4 mit vergleichbaren Verfahren zur Bewertung repetitiver Tätigkeiten ein wichtiger Beitrag zur wissenschaftlichen Absicherung von EAWS beigetragen werden.

## 1.2 Forschungsziel der Arbeit

Aus der Motivation zur vorliegenden Arbeit wird ersichtlich, dass umfangreiche Untersuchungen in der Automobilindustrie zur Validität von EAWS-Sektion 4 mit vergleichbaren Verfahren fehlen. Zudem gibt es keine konkreten Lösungsansätze, an welchen Arbeitsplätzen in der Automobilindustrie eine Anwendung von EAWS-Sektion 4 sinnvoll erscheint. Durch die erzielten Untersuchungen zur Validität und zur gezielten Anwendung von EAWS-Sektion 4 sollen wichtige Erkenntnisse zur standardisierten Anwendung von EAWS in den Unternehmen der Automobilindustrie geliefert werden. Ergänzend werden durch die Arbeitsplatzbewertungen und Experteninterviews weitere Handlungsfelder zur Weiterentwicklung der Bewertung von repetitiven Tätigkeiten für die Automobilindustrie aufgezeigt.

Konkret sollen mit der vorliegenden Arbeit folgende Forschungsfragen beantwortet werden:

**Forschungsfrage 1:** Welcher Zusammenhang besteht zwischen den Arbeitsplatzbewertungen mit EAWS-Sektion 4 und validen Verfahren zur Bewertung repetitiver Tätigkeiten in der Automobilindustrie?

**Forschungsfrage 2:** Welcher Zusammenhang besteht zwischen den Messgrößen arbeitsbedingter Risikofaktoren und dem Bewertungsergebnis der EAWS-Sektion 4 in der Automobilindustrie?

Zur Beantwortung der Forschungsfragen bezieht sich die vorliegende Arbeit auf den direkten Fertigungsbereich der Automobilproduktion, obgleich Belastungen durch repetitive Tätigkeiten auch in fertigungsnahen Bereichen wie zum Beispiel bei Nacharbeitsplätzen in der Lackiererei (Rohmert & Rutenfranz, 1975, S. 286) oder in indirekten Bereichen wie zum Beispiel bei Büroarbeiten (Schmitt & Trautwein-Kalms, 1995, S. 89) auftreten können. Arbeitsprozesse sind in den direkten Fertigungsbereichen gegenüber den fertigungsnahen oder indirekten Bereichen in der Regel zeitwirtschaftlich beschrieben. Die dadurch verfügbare Datengrundlage unterstützt die objektive Ermittlung repetitiver Tätigkeiten. Ergänzende Untersuchungen in den fertigungsnahen oder indirekten Bereichen sollten aus diesem Grund gesondert in zukünftigen Forschungsarbeiten untersucht werden.

## 1.3 Struktur der Arbeit

Die vorliegende Arbeit strukturiert sich in acht Hauptkapitel (siehe Abbildung 1).

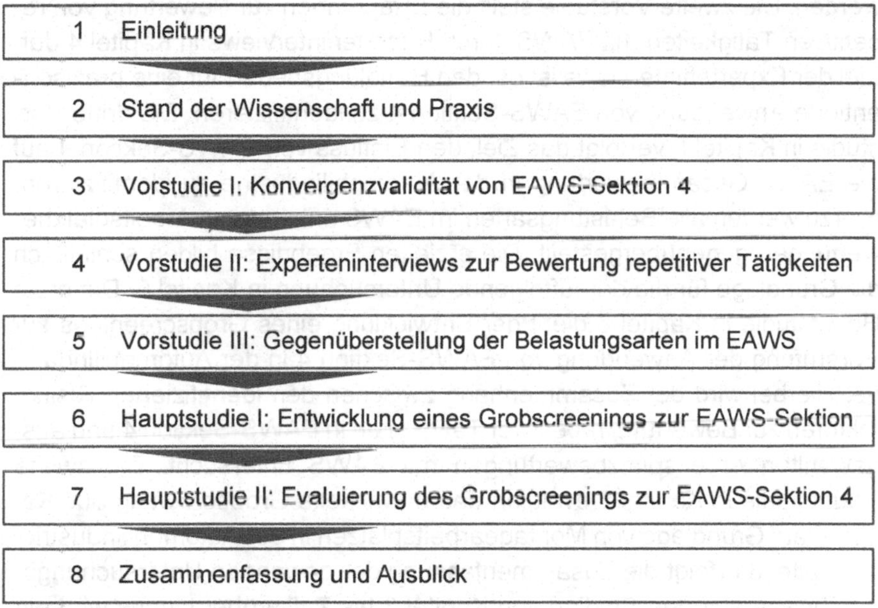

1 Einleitung

2 Stand der Wissenschaft und Praxis

3 Vorstudie I: Konvergenzvalidität von EAWS-Sektion 4

4 Vorstudie II: Experteninterviews zur Bewertung repetitiver Tätigkeiten

5 Vorstudie III: Gegenüberstellung der Belastungsarten im EAWS

6 Hauptstudie I: Entwicklung eines Grobscreenings zur EAWS-Sektion

7 Hauptstudie II: Evaluierung des Grobscreenings zur EAWS-Sektion 4

8 Zusammenfassung und Ausblick

Abbildung 1: Übersicht der Kapitel in der vorliegenden Arbeit
*Quelle: Eigene Darstellung*

In Kapitel 1 erfolgt zunächst die Einführung in das Themengebiet der Dissertation. Hierzu zählen die Motivation, Forschungsziele und Struktur der Arbeit. In Kapitel 2 wird der bisherige Stand der Wissenschaft und Praxis zur Bewertung repetitiver Tätigkeiten beschrieben. Ausgehend von den Begriffsdefinitionen der Gefährdung, des Risikos, der Belastung, der Beanspruchung und der repetitiven Tätigkeiten werden zunächst die Risikofaktoren und Anforderungen an die Verfahren zur Bewertung repetitiver Tätigkeiten dargelegt. Daraufhin schließt der aktuelle Stand der Bewertung körperlicher Belastungen in der Automobilindustrie und die Ableitung der Forschungsfragen an. Die erste Vorstudie untersucht die Konvergenzvalidität von EAWS-Sektion 4 über einen Verfahrensvergleich in Kapitel 3.

Hierzu werden Arbeitsplatzbewertungen zwischen der LMM-mA, der OCRA-Checkliste, dem SI und der EAWS-Sektion 4 gegenübergestellt. Durch die Vorstudie soll ein wissenschaftlicher Beitrag zur vollumfänglichen Untersuchung der Konvergenzvalidität von EAWS-Sektion 4 geleistet werden. Die zweite Vorstudie stellt die Erfahrungen zur Bewertung von repetitiven Tätigkeiten mit EAWS durch Experteninterviews in Kapitel 4 dar. Ziel der Experteninterviews ist es, den Handlungsbedarf für eine praxisorientierte Anwendung von EAWS-Sektion 4 zu identifizieren. Die dritte Vorstudie in Kapitel 5 verfolgt das Ziel, den Einfluss von EAWS-Sektion 4 auf die EAWS-Gesamtbewertung in der Automobilindustrie zu identifizieren. Hierzu werden alle Belastungsarten im EAWS anhand von Arbeitsplatzbewertungen gegenübergestellt. Die erzielten Ergebnisse bilden schließlich die Grundlage für die darauffolgende Untersuchung in Kapitel 6. Die erste Hauptstudie in Kapitel 6 dient der Entwicklung eines Grobscreenings zur Vorprüfung der Anwendung von EAWS-Sektion 4 in der Automobilindustrie. Hierbei wird der Zusammenhang zwischen den identifizierten Risikofaktoren zur Bewertung repetitiver Tätigkeiten in EAWS-Sektion 4 und ausgewählten Arbeitsplatzbewertungen mit EAWS untersucht. Die zweite Hauptstudie in Kapitel 7 evaluiert das entwickelte Grobscreening aus Kapitel 6 auf Grundlage von Montagearbeitsplätzen in der Automobilindustrie. In Kapitel 8 erfolgt die Zusammenfassung der gewonnen Untersuchungsergebnisse aus den Studien von Kapitel 3 bis 7. Darüber hinaus wird ein Ausblick zu weiteren Forschungsarbeiten gegeben.

Aufgrund der Berechnungssystematik im EAWS zur Risikobewertung und dem Anspruch einer einfachen Beschreibung des Sachverhaltes in der vorliegenden Arbeit werden die Zwischenergebnisse im EAWS mit den relevanten Sektionen ausgewiesen. EAWS-Sektion 0-3 stellt die Ganzkörperbewertung dar und beinhaltet die Addition aller Bewertungsergebnisse der Sektionen 0 bis 3. EAWS-Sektion 4 ist eine separate Sektion und betrachtet die Bewertung repetitiver Tätigkeiten. Mit EAWS-Sektionen 0-4 wird das höhere Bewertungsergebnis zwischen EAWS-Sektion 0-3 und EAWS-Sektion 4 bezeichnet und bildet die Grundlage für die Risikobewertung (Schaub & Ghezel-Ahmadi, 2007).

# 2 Stand der Wissenschaft und Praxis

In diesem Kapitel wird der aktuelle Stand der Wissenschaft und Praxis für die Arbeit relevanten Themen aufgezeigt. Zunächst werden die Regelungen des Arbeits- und Gesundheitsschutzes in Europa und die ergänzenden, nationalen Gesetzgebungen beispielhaft an Deutschland, Schweden und Spanien thematisiert. Die nachfolgenden Kapitel setzen sich mit der Begriffsabgrenzung zwischen Gefährdung und Risiko sowie Belastung und Beanspruchung auseinander. Anschließend werden die volkswirtschaftlichen Kosten durch Arbeitsunfähigkeit und die aktuelle Verteilung der neun Diagnosegruppen auf die Arbeitsunfähigkeitstage beschrieben. Diese Aufbereitung zeigt die wirtschaftliche Relevanz zur menschengerechten Arbeit auf und zeigt den Einfluss von Muskel-Skelett-Erkrankungen auf die Arbeitsunfähigkeitstage auf. Durch die anschließende Thematisierung von körperlichen Beschwerden in der Automobilindustrie werden neben Beschwerden im Nacken und Rücken zudem in der Schulter, im Ellenbogen und in den Händen beleuchtet, die auf repetitive Tätigkeiten zurückzuführen sind. Anschließend werden die Verfahren zur Bewertung repetitiver Tätigkeiten nach Bewertungsniveau und dem Erfassen arbeitsbedingter Risikofaktoren von repetitiven Tätigkeiten strukturiert sowie deren Untersuchungsergebnisse zu den Hauptgütekriterien aufgedeckt. Zur Vorbereitung der Konvergenzvalidität von EAWS-Sektion 4 wird die Harmonisierung der Skalierung zum Kraftniveau, zur Gelenkstellung und zum Risikobereich der LMM-mA, OCRA-Checkliste und dem SI ausgewiesen. Diesem folgt die Grundlagen zur Durchführung und Auswertung von Experteninterviews. Die aufgezeigten theoretischen Grundlagen werden in einem Fazit zusammengefasst, um daraus die Forschungsfragen, welche in der Arbeit zu beantworten sind, abzuleiten.


T. Kunze, *Entwicklung und Evaluierung eines Grobscreenings zur Anwendung von EAWS-Sektion 4 in der Automobilindustrie*, Gestaltung hybrider Mensch-Maschine-Systeme/Designing Hybrid Societies, https://doi.org/10.1007/978-3-658-27893-9_2

## 2.1 Regelungen zum Arbeits- und Gesundheitsschutz in Europa

In Europa sind die Regelungen zum Arbeits- und Gesundheitsschutz in der Gesetzgebung verankert. Für alle Mitgliedsstaaten der Europäischen Union gelten einheitliche Mindeststandards. Diese dienen dem Gesundheitsschutz der Arbeitnehmer und sollen gleiche Wettbewerbsbedingungen im europäischen Binnenmarkt gewährleisten. Im Vertrag von Lissabon (2009) über die Arbeitsweise der Europäischen Union sind die Grundlagen der technischen Regelungen im Artikel 114 und die sozialen Regelungen im Artikel 153 beschrieben. Diese Regelungen dienen einem gleichwertigen und verbesserten Arbeits- und Gesundheitsschutz des Arbeitnehmers und werden auch als „System dualer Arbeitssicherheit in Europa" bezeichnet (Schaub, Storz, & Landau, 2001, S. 149-150).

Der Artikel 114 (Binnenmarkt-Richtlinien) richtet sich an die Hersteller und verfolgt das Ziel, „die Einrichtung und das Funktionieren des Binnenmarktes" im Sinne der Produktsicherheit und der chemischen Stoffe zu gewährleisten. Die erlassenen Richtlinien sind für alle Arbeitsmittel im Arbeitsprozess von Bedeutung, stellen dementsprechend die technischen Voraussetzungen für den Arbeitsschutz dar und werden mithilfe nationaler oder internationaler Normen verfolgt. Als wichtige europäische Richtlinien sind die „Allgemeine Produktsicherheit" (2001/95/EG), „Elektrische Betriebsmittel zur Verwendung innerhalb bestimmter Spannungsgrenzen" (73/23/EWG), „Schutz der Arbeitnehmer gegen Gefährdungen durch Lärm am Arbeitsplatz" (86/188/EWG), „Persönliche Schutzausrüstung" (89/686/EWG) sowie „Geräte und Schutzsysteme zur bestimmungsgemäßen Verwendung in explosionsgefährdeten Bereichen" (94/9/EG) zu nennen (BDI, 2012, S. 1-2). Der Artikel 153 (Arbeitsschutz-Richtlinien) betrifft den Arbeitnehmer und soll die Verbesserung des Arbeitsschutzes bei gleichzeitigem Produktivitätsfortschritt sicherstellen. Die erlassenen Mindestvorschriften sind von den Mitgliedstaaten der Europäischen Union in nationale Gesetze und Verordnungen umzusetzen und dürfen nicht unterschritten werden. Die „Zentrale Europäische Arbeitsschutz-Rahmenrichtlinie" (89/391/EWG) dient der Verbesserung der Sicherheit und des Gesundheitsschutzes bei der Arbeit und gilt als das Grundgesetz des betrieblichen Arbeitsschutzes. Weitere Europäische Arbeitsschutz-Richtlinien betreffen beispielsweise die Arbeitsstätten (89/654/EWG), das Handhaben schwerer Lasten (90/269/EWG), den Schutz schwangerer Arbeitnehmerinnen, die Gefährdung durch physikalische Einwirkungen - Vibrationen (2002/44/EG) oder die Gefährdung durch physikalische Einwirkungen - Lärm (2003/10/EG) (BDI, 2012, S. 1-2).

Die europäischen Richtlinien sind erst mit der nationalen Umsetzung im jeweiligen Mitgliedsstaat rechtlich wirksam. Ergänzend zu den Richtlinien regeln verschiedene europäische Normen die Einzelheiten der festgelegten Zielsetzung und ermöglichen die Umsetzung der Richtlinien. In Bezug auf arbeitsbedingte Muskel-Skelett-Erkrankungen konzentrieren sich die meisten Mitgliedsstaaten auf die Umsetzung der europäischen Richtlinien. Einige nationale Gesetzgebungen verfolgen jedoch einen umfassenderen Ansatz bezüglich der Sicherheit und des Gesundheitsschutzes (Europäische Agentur für Sicherheit und Gesundheitsschutz am Arbeitsplatz, 2013). An den nachfolgenden Beispielen von Deutschland, Schweden und Spanien werden die Unterschiede exemplarisch dargelegt.

In Deutschland erfolgt die Umsetzung der zentralen Europäischen Arbeitsschutz-Rahmenrichtlinie durch das Arbeitsschutzgesetz (ArbSchG). Gemäß § 5 des ArbSchG ist der Arbeitgeber verpflichtet, eine Gefährdungsbeurteilung durchzuführen. Dadurch werden Gefährdungen mit Auswirkung auf die Gesundheit des Mitarbeiters ermittelt und Gestaltungsmaßnahmen abgeleitet. Ergänzend kann die Gefährdungsbeurteilung hilfreiche Informationen zur notwendigen arbeitsmedizinischen Vorsorge liefern und Einsatzmöglichkeiten von leistungsgewandelten und leistungsgeminderten Mitarbeitern aufzeigen. Die Gefährdungsbeurteilung ist durchzuführen, wenn neue Arbeitsplätze geplant oder wesentliche Änderungen an den Arbeitsplätzen vorgenommen werden. Aus diesem Grund ist eine Überprüfung der Gefährdungsbeurteilung und bei Bedarf eine Aktualisierung in regelmäßigen Zeitintervallen durchzuführen (ArbSchG, 1996, S. 2).

In Schweden ist der Arbeitgeber hingegen verpflichtet, Rückschlüsse zwischen körperlichen und psychosozialen Faktoren auf Muskel-Skelett-Erkrankungen zu ziehen. Dadurch müssen die Risikobeurteilungen neben Belastungen durch Arbeitshaltungen, schwere Lasten, repetitive Tätigkeiten oder Arbeitsmittel zusätzlich den Arbeitswechsel und die Pausengestaltung berücksichtigen (Europäische Agentur für Sicherheit und Gesundheitsschutz am Arbeitsplatz, 2013).

Im Vergleich dazu fordert die spanische Gesetzgebung vom Arbeitgeber jene Bewertungsverfahren einzusetzen, welche einem internationalen Standard entsprechen (Real Decreto 39/1997, 1997, S. 10-12). Darüber hinaus werden die Anpassung der Tätigkeit an den Arbeitnehmer unter Berücksichtigung der Auswahl des Teams sowie der Arbeits- und Produktionsverfahren gefordert, um monotone und repetitive Tätigkeiten mit negativen Auswirkungen auf die Gesundheit zu reduzieren (Instituto Nacional des Seguridad e Higiene en el Trabajo, 1995, S. 15-16).

Neben dem Begriff der Gefährdungsbeurteilung nach dem ArbSchG (1996, S. 1-2) ist zudem der Begriff der Risikobeurteilung nach DIN EN 12100-1 (2003, S. 6) zur Sicherheit von Maschinen vorzufinden. Das Kapitel 2.2 widmet sich daher beiden Begriffen und thematisiert die Begriffe Gefahr, Gefährdung und Risiko sowie Analyse, Bewertung und Beurteilung.

## 2.2 Abgrenzung von Gefährdung und Risiko

Die Arbeitswelt verfolgt mit der Risikobewertung das Ziel, Gefährdungen zu analysieren und zu bewerten sowie geeignete Gestaltungsmaßnahmen abzuleiten (Baker, DeJoy, & Wilson, 2007, S. 27-28). Hierzu sind die Ursache-Wirkungs-Beziehungen zu modellieren, um körperliche Schädigungen zu vermeiden (Zwick & Renn, 2002, S. 1). In den englischen Originalfassungen der europäischen Richtlinien werden die Begriffe Gefahren und Risiko gleichermaßen als „risk“ verwendet (89/391/EEC, 1989, S. 2). Hingegen ist die Abgrenzung dieser Begriffe (siehe Tabelle 1) im deutschen Sprachgebrauch begründet, da unterschiedliche Maßnahmen zum Schutz der menschlichen Gesundheit abzuleiten sind (Ulbig, Hertel, & Böl, 2010, S. 5).

Tabelle 1: Definition von Gefahr, Gefährdung und Risiko

| Begriff | Definition (Quelle) |
|---|---|
| **Gefahr** | „Zustand oder Ereignis, bei dem ein nicht akzeptables Risiko vorliegt und somit die Wahrscheinlichkeit eines Schadenseintritts besteht." (BfGA, 2017) |
| **Gefährdung** | „Möglichkeit eines Schadens oder einer gesundheitlichen Beeinträchtigung ohne bestimmte Anforderungen an deren Ausmaß oder Eintrittswahrscheinlichkeit" (Geschäftsstelle der Nationalen Arbeitsschutzkonferenz, 2015, S. 10) |
| **Risiko** | „Kombination der Wahrscheinlichkeit des Eintritts eines Schadens und seines Schadensausmaßes" (DIN EN ISO 12100-1, 2003, S. 6) |

Anhand der Begriffsdefinitionen umfasst die Gefahr alles, was einen potentiellen Schaden verursachen kann. Dazu gehören unter anderem Arbeitsstoffe, Arbeitsmittel und Arbeitsweisen. In diesem Kontext wird der Schaden als „physische Verletzung oder Schädigung der menschlichen Gesundheit" (DIN EN ISO 14971, 2013, S. 5) definiert. Werden Gestaltungsanforderungen mit einem möglichen Schaden vernachlässigt, können Gefährdungen entstehen. Allerdings muss nicht zwangsläufig ein Risiko vorhanden sein, wenn eine Gefahr oder Gefährdung besteht. Für ein Risiko muss neben der Gefahr auch noch zusätzlich ein Schadenspotenzial vorliegen (Landau, 2014, S. 219). Dies ergibt sich aus der Eintrittswahrscheinlichkeit eines Schadens und dem Schadensausmaß (DIN EN ISO 12100-1, 2003, S. 6). Am Beispiel der Leitmerkmalmethoden zur Bewertung körperlichen Belastungen wird der Risikobereich 2 als mittlere Belastung definiert, in der „eine körperliche Überbeanspruchung bei vermindert belastbaren Personen möglich" ist (Steinberg U. , et al., 2012, S. 186).

Bei langfristigen Risiken, welche mit arbeitsbedingten Erkrankungen in Verbindung gebracht werden, sind unter anderem Expositionszeit und Berufshistorie zu beachten (Landau, 2014, S. 224). Landau (2007, S. 515) versteht die Exposition als „jegliche objektiv vorhandene physikalische oder chemische Einwirkung, der ein Organismus aus seiner Umgebung ausgesetzt ist". Die Exposition kann qualitativ und quantitativ erfasst und anhand der spezifischen Reaktionen des Mitarbeiters abgeleitet werden.

Folglich stellt die Charakterisierung und Messung der Expositionszeit die Grundlage für die Risikobewertung dar (Landau, 2007, S. 515).

Zur Vergleichbarkeit von Risiken werden vier Maße unterschieden. Als absolutes Risiko wird die Wahrscheinlichkeit eines Ereignisses definiert. Das attributable Risiko oder auch die Risikodifferenz bezeichnet das zusätzliche Risiko für eine Erkrankung von einer exponierten gegenüber einer nicht exponierten Person. Die Höhe der Wahrscheinlichkeit, dass eine exponierte Person gegenüber einer nicht exponierten Person erkrankt, wird als relatives Risiko bezeichnet (Fletcher & Fletcher, 2007, S. 122).

Die Einschätzung des Risikos kann subjektiv oder objektiv erfolgen. Die individuelle Einschätzung des Risikos ist sehr unterschiedlich. Männliche oder jüngere Betroffene neigen zu niedrigeren Risikoeinschätzungen gegenüber weiblichen oder älteren Betroffenen (Landau, 2014, S. 223). Hintergrund der unterschiedlichen Wahrnehmung ist weniger die Schadenserwartung, sondern vielmehr Werte, Einstellungen oder gesellschaftliche Einflüsse, welche die subjektive Risikoeinschätzung bestimmen (Zwick & Renn, 2002, S. 1). Weiterhin sind Einflussgrößen, wie Gewöhnung, Freiwilligkeit oder Kontrollmöglichkeit beziehungsweise Beeinflussbarkeit, bei einer individuellen Einschätzung zu beachten (Scholles, 2008). Gegebenenfalls können Gefahrenquellen oder Kurzzeitrisiken von Betroffenen realistisch eingeschätzt werden. Hingegen erfordert die Einschätzung von Langzeitrisiken geeignete Verfahren sowie eine kontinuierliche und nachhaltige Aufklärungen von Betroffenen über die vorhandenen Risiken (Landau, 2014, S. 220).

Tabelle 2 führt nachfolgend die Unterschiede zur Gefährdung und Risiko auf.

Tabelle 2: Definitionen im Kontext der Gefährdungs- und Risikobeurteilung

| Begriff | Definition (Quelle) |
|---|---|
| **Gefährdungs-faktoren** | „Gruppen von Gefährdungen, die durch gleichartige Gefahrenquellen oder Wirkungsqualitäten gekennzeichnet sind. (Kirchberg, Kittelmann, & Matschke, 2016, S. 2) |
| **Risiko-faktoren** | „Notwendige - aber nicht hinreichende - Faktoren zur Analyse des Langzeitrisikos von Erkrankungen, welche im Regelfall nicht unabhängig voneinander sind." (Landau, 2014, S. 223-224). |
| **Gefährdungs-analyse** | „Systematisches Ermitteln von Gefährdungen, die durch Maschinen, Gefahrstoffe, Einrichtungen und Gefahren wie psychische Belastungen entstehen." (Geschäftsstelle der Nationalen Arbeitsschutzkonferenz, 2015, S. 10) |
| **Risiko-analyse** | „Systematische Verwendung von verfügbaren Informationen zur Identifizierung von Gefährdungen und Einschätzung von Risiken." (DIN EN ISO 14971, 2013, S. 8) |
| **Gefährdungs-bewertung** | „Systematische Bewertung relevanter Gefährdungen." (Geschäftsstelle der Nationalen Arbeitsschutzkonferenz, 2015, S. 10) |
| **Risiko-bewertung** | „Prozess des Vergleichs des eingeschätzten Risikos mit gegebenen Risikokriterien, um die Akzeptanz des Risikos zu bestimmen." (DIN EN ISO 14971, 2013, S. 8) |
| **Gefährdungs-beurteilung** | „Die Gefährdungsbeurteilung ist die systematische Bewertung relevanter Gefährdungen der Beschäftigten mit dem Ziel, die erforderlichen Maßnahmen für Sicherheit und Gesundheit bei der Arbeit festzulegen." (Geschäftsstelle der Nationalen Arbeitsschutzkonferenz, 2015, S. 10) |
| **Risiko-beurteilung** | „Gesamtheit des Verfahrens, das eine Risikoanalyse und Risikobewertung umfasst." (DIN EN ISO 12100-1, 2003, S. 6) |
| **Gefährdungs-bereich** | „Jeder Bereich in einer Maschine und/oder um eine Maschine herum, in dem eine Person einer Gefährdung ausgesetzt sein kann." (DIN EN ISO 12100-1, 2003, S. 6) |
| **Risiko-bereich** | „Klassifizierung ergonomischer Risiken, um die Festlegung von geeigneten Maßnahmen innerhalb des Gestaltungsprozesses zu erleichtern." (DIN EN 614-1 , 2009, S. 20) |

Zur Einschätzung von Langzeitrisiken werden zunehmend Verfahren zur objektiven Risikoanalyse und Risikobewertung eingesetzt (Landau, 2014, S. 216), um alle Risikofaktoren zu identifizieren und die Eintrittswahrscheinlichkeit eines möglichen Schadens zu bestimmen (DIN EN ISO 14971, 2013, S. 8). Um die Risikobeurteilung nachvollziehen und gezielte Gestaltungsmaßnahmen zur Risikominderung prüfen zu können, wird das Risiko in Risikobereiche von akzeptabel bis unakzeptabel eingestuft (Bowden, Barnes, Thorne, & Venner, 2003, p. 84). Der akzeptable Bereich charakterisiert den Bereich mit einem vertretbaren, zumutbaren oder zumindest rechtlich hinnehmbaren Risiko, das auch als Restrisiko bezeichnet wird (Ganz, 2014, S. 27). Arbeitsbedingte Risiken werden seit den 1990er Jahren nach dem Ampel-Prinzip (drei Risikobereiche) klassifiziert (Landau, 2014, S. 224).

Als Synonym für Methode wird auch der Begriff Verfahren verwendet. Verfahren werden nach DIN EN ISO 14971 (2013, S. 7) als „festgelegte Art und Weise, eine Tätigkeit oder einen Prozess auszuführen“ definiert. Hingegen wird die Methode als „ein mit Regeln strukturiertes, planmäßiges und folgerichtiges Verfahren, Vorgehen oder Handeln (präskriptiver Teil) zum Erreichen eines Zieles (intentionaler Teil)“ beschrieben (Wahrig, 1978). Eine Unterscheidung der Begriffe ist in der vorliegenden Arbeit nicht erforderlich. Aus diesem Grund wird der Begriff Verfahren durchgängig in der vorliegenden Arbeit verwendet.

Die Verfahren zur Risikobewertung beinhalten nach DIN EN 641-1 drei Risikobereiche, um das Risiko zu klassifizieren und geeignete Maßnahmen bis zu einem vertretbaren Risiko einleiten zu können (Schaub et al., 2012, S. 3). Verfahren zur Risikobewertung können unterschiedliche Risikomodelle zugrunde liegen.

Die vier Risikomodellansätze nach Mital, Nicholson und Ayoub (1993, S. 28) in Tabelle 3 unterscheiden sich durch verschiedene Bewertungsansätze mit Zuordnung zu den Bewertungsebenen menschlicher Arbeit: Ausführbarkeit, Erträglichkeit, Zumutbarkeit und Zufriedenheit (Rohmert, 1972, S. 3-14).

Tabelle 3: Risikomodellansätze zur Beurteilung menschlicher Arbeit
*Quelle: Mital et al. (1993)*

| Risikomodellansatz | Beschreibung |
|---|---|
| **Biomechanischer Ansatz** | Ausführbarkeitsorientiert: Berücksichtigung der örtlichen, mechanischen Belastung des Skeletts, der Muskulatur oder der Bandscheiben. |
| **Epidemiologischer Ansatz** | Erträglichkeitsorientiert: Berücksichtigung von tätigkeitsspezifischen Risikofaktoren, welche in epidemiologischen Untersuchungen identifiziert wurden. |
| **Physiologischer Ansatz** | Erträglichkeitsorientiert: Berücksichtigung von physiologischen Beanspruchungsmessgrößen, die das unmittelbare, kurzzeitige Resultat einer Belastung sind. |
| **Psycho-physikalischer Ansatz** | Erträglichkeits- und zumutbarkeitsorientiert: Berücksichtigung der subjektiven Einschätzung der Arbeitsperson über die Erträglichkeit und Zumutbarkeit der Durchführung einer Tätigkeit. |

Im Rahmen der Bewertungsansätze werden Unterscheidungen hinsichtlich der zu berücksichtigenden Belastungsgrößen und -faktoren, der personenspezifischen Einflüsse, des Untersuchungszeitraumes oder der Auswirkungen auf den Menschen vorgenommen (Landau, Rohmert, Imhof-Gildein, Mücke, & Brauchler, 1996, S. 27). Aufgrund der unterschiedlichen Risikomodellansätze kann ein Verfahrensvergleich zu unterschiedlichen Resultaten führen (Schlick et al., 2010, S. 953).

Aktuelle Verfahrensentwicklungen zur Bewertung arbeitsbedingter Risiken bauen eine Brücke zwischen dem Belastungs-/Beanspruchungskonzept und dem arbeitsmedizinischen beziehungsweise epidemiologischen Risiko (Landau, 2014, S. 225). Folglich dienen die Verfahren zur Risikobewertung entsprechend dem Belastungs-/Beanspruchungskonzept der Belastungsanalyse und/oder Beanspruchungsanalyse. Aus diesem Grund widmet sich das Kapitel 2.3 dem Belastungs-/Beanspruchungskonzept.

## 2.3 Abgrenzung von Belastung und Beanspruchung

In der Vergangenheit stand das Belastungs-/Beanspruchungskonzept nach Rohmert (1984, S. 193-200) im Mittelpunkt der menschengerechten Gestaltung von Arbeitsplätzen (Landau, 2014, S. 216). Anhand dieses theoretischen Ansatzes können Ursache-Wirkungs-Zusammenhänge zwischen vorhandenen Arbeitsbedingungen und der Wirkung auf den Menschen dargestellt werden (Schlick et al., 2010, S. 38). Auf Basis sozialwissenschaftlicher Kritiken stehen nun ganzheitliche, disziplinübergreifende Konzepte und ein erweitertes Humanitätsverständnis im Mittelpunkt der Arbeitsplatzgestaltung (Ulich, Zink, & Kubek, 2013, S. 15-22). Die Arbeitsbelastung wird nach DIN EN ISO 6385 (2004, S. 6) als „Gesamtheit der äußeren Bedingungen und Anforderungen im Arbeitssystem [definiert], die auf den physiologischen und/oder psychologischen Zustand einer Person einwirken".

Belastung ist wertneutral, da sich noch keine gesundheitliche Gefährdung ableiten lässt (Landau, 2007, S. 301). Die Unterscheidung der Belastungen kann nach der Skalierbarkeit erfolgen. Daraufhin beruhen Belastungsfaktoren auf Nominal- oder Ordinalskalenniveau und Belastungsgrößen auf metrischem Skalenniveau (Landau, Wimmer, Luczak, Mainzer, Peters, & Winter, 2001, S. 16). Weiterhin ist eine Unterscheidung zwischen aufgabenbezogenen (energetische, informatorische Arbeitsschwere) und situationsbezogenen Belastungen (physikalische oder soziale Umgebung) zu unterscheiden (Landau et al., 2001, S. 12-15). Dabei verlangt die quantitative Beschreibung der Belastung an einem Arbeitsplatz die Analyse der Höhe und Dauer aller Teilbelastungen (Laurig, 1992, S. 33). Dem gegenüber wird die Arbeitsbeanspruchung als „innere Reaktion des Arbeitenden/Benutzers auf die Arbeitsbelastung [verstanden], der er ausgesetzt ist und die von seinen individuellen Merkmalen (zum Beispiel Größe, Alter, Fähigkeiten, Begabungen, Fertigkeiten und so weiter) abhängig ist" (DIN EN ISO 6385, 2004, S. 5).

Demnach hängt das Maß der Beanspruchung des Menschen nicht nur von der einwirkenden Belastung bei seiner Arbeit, sondern auch von den individuellen Eigenschaften des Menschen ab (Laurig, 1992, S. 30). Allerdings stellt die Beanspruchung die unmittelbare Auswirkung der Belastung auf das Individuum dar. Langfristige Auswirkungen werden als Belastungs- beziehungsweise Beanspruchungsfolgen bezeichnet, welche Anregungseffekte, Übungseffekte oder beeinträchtigende Effekte wie Ermüdung, Sättigung oder Erkrankungen zur Folge haben können (DIN EN ISO 10075-1, 2000, S. 3-6). Anhand der Begriffsdefinitionen werden verschiedene Möglichkeiten zur Beeinflussung der Beanspruchung abgeleitet. Hierzu gehören nach Laurig (1992, S. 31) und Schmidtke (1989, S. 1) unter anderem die Veränderung der Belastungsintensität durch Produkt- oder Prozessgestaltung, Veränderung der Arbeitsweise unter Berücksichtigung der Anforderungen, Veränderung der Mitarbeiter in Abhängigkeit ihrer Eignung und die Veränderung der individuellen Eigenschaften durch Übung oder Training.

Die genannten Möglichkeiten zeigen auf, dass nicht ausschließlich Belastungen quantitativ zu analysieren sind. Für die ergonomische Beurteilung der Arbeitsbedingungen ist zudem die resultierende Beanspruchung des Menschen aus der vorliegenden Belastung zu prüfen (Laurig, 1992, S. 31). Folglich verknüpft das Belastungs-/Beanspruchungskonzept mit seinen Ursache-Wirkungs-Zusammenhängen die Arbeitsbedingungen mit dem Menschen und ermöglicht auf diese Weise eine Messung, Analyse und nachfolgende Beurteilung der Wirkungen von Arbeitssystemen auf den Menschen (Landau et al., 2001, S. 15-16).

Nicht nur die europäische Gesetzgebung zwingt Unternehmen zur ergonomischen Arbeitsplatzgestaltung. Auch ökonomische Aspekte können die Unternehmen antreiben, in den Arbeits- und Gesundheitsschutz zu investieren. Hintergrund sind volkswirtschaftliche Kosten durch Produktionsausfälle und Ausfall an Bruttowertschöpfung in Höhe von Milliarden Euro durch das Arbeitsunfähigkeitsvolumen der Mitarbeiter (BAuA, 2017, S. 1). Das Kapitel 2.4 widmet sich diesen volkswirtschaftlichen Kosten durch Arbeitsunfähigkeit und stellt das produzierende Gewerbe (ohne Baugewerbe) in den Vordergrund.

## 2.4 Volkswirtschaftliche Kosten durch Arbeitsunfähigkeit

Im Jahr 2015 entfielen in Deutschland durchschnittlich 15,2 Arbeitsunfähigkeitstage pro Arbeitnehmer. Daraus ergeben sich circa 587 Millionen Arbeitsunfähigkeitstage für alle Arbeitnehmer in Deutschland (BAuA, 2017, S. 1). Nach Schätzung der Bundesanstalt für Arbeitsschutz und Arbeitsmedizin entstehen durch dieses Arbeitsunfähigkeitsvolumen entsprechende Produktionsausfallkosten durch Lohnkosten in Höhe von circa 64 Milliarden Euro und ein Verlust an Arbeitsproduktivität in Höhe von circa 113 Milliarden Euro (BAuA, 2017, S. 1). Diesem entsprechen circa 302 Euro pro Arbeitsunfähigkeitstag oder jährliche Ausfallkosten pro Arbeitnehmer von circa 4.590 Euro. „Arbeitsunfähigkeit liegt vor, wenn Versicherte auf Grund von Krankheit ihre zuletzt vor der Arbeitsunfähigkeit ausgeübte Tätigkeit nicht mehr oder nur unter der Gefahr der Verschlimmerung der Erkrankung ausführen können" (Arbeitsunfähigkeits-Richtlinie, 2016, S. § 2 Abs. 1 Satz 1).

Im produzierenden Gewerbe (ohne Baugewerbe) lag die durchschnittliche Arbeitsunfähigkeit pro Arbeitnehmer mit 17,9 Tagen (2015) deutlich über dem Gesamtdurchschnitt. Daraus ergeben sich im Vergleich zwischen den Wirtschaftszweigen die höchsten Produktionsausfallkosten in Höhe von circa 20 Milliarden Euro und Verlust an Arbeitsproduktivität in Höhe von circa 34 Milliarden Euro. Bei der Unterscheidung der Diagnosegruppen (Einteilung der Krankheiten) dominieren die Krankheiten des Muskel-Skelett-System und des Bindegewebes mit einem Arbeitsunfähigkeitsvolumen in Höhe von circa 35 Millionen Tagen. Daraus ergaben sich Produktionsausfallkosten von circa 5 Milliarden Euro und Ausfälle an Bruttowertschöpfung in Höhe von circa 8 Milliarden Euro für das Jahr 2015 (BAuA, 2017, S. 5).

Tabelle 4 enthält abnehmend die geschätzten Ausfallkosten im produzierenden Gewerbe (ohne Baugewerbe) je Diagnosegruppe nach der Bundesanstalt für Arbeitsschutz und Arbeitsmedizin (BAuA, 2017, S. 5).

Tabelle 4: Volkswirtschaftliche Ausfallkosten im produzierenden Gewerbe nach Diagnosegruppen (2015)

*Quelle:* *BAuA (2017)*

| Diagnosegruppen | Arbeitsunfähigkeitstage (in Mio.) | Produktionsausfallkosten (in Mrd. Euro) | Ausfallkosten an Bruttowertschöpfung (in Mrd. Euro) |
|---|---|---|---|
| **Krankheiten des Muskel-Skelett-Systems und des Bindegewebes** | 35,2 | 5,1 | 8,4 |
| **Krankheiten des Atmungssystems** | 18,4 | 2,7 | 4,4 |
| **Verletzungen, Vergiftungen und Unfälle** | 15,5 | 2,3 | 3,7 |
| **Psychische und Verhaltensstörungen** | 13,2 | 1,9 | 3,2 |
| **Krankheiten des Kreislaufsystems** | 9,8 | 1,4 | 2,3 |
| **Krankheiten des Verdauungssystems** | 7,1 | 1,0 | 1,7 |
| **Sonstige Krankheiten** | 40,9 | 6,0 | 9,8 |

Die Schätzungen der Ausfallkosten auf Basis der Arbeitsunfähigkeitstage ergeben ein hohes Präventionspotenzial, den Arbeits- und Gesundheitsschutz im produzierenden Gewerbe (ohne Baugewerbe) voranzutreiben. Um geeignete Präventionsmaßnahmen ableiten zu können, sind der Zusammenhang zwischen arbeitsbedingten Erkrankungen und Arbeitsunfähigkeitstagen nachzuweisen sowie verschiedene Diagnosegruppen näher zu betrachten. Dies erfolgt in Kapitel 2.5.

## 2.5 Arbeitsunfähigkeitstage durch Muskel-Skelett-Erkrankungen

Arbeitsbedingte Erkrankungen werden nach Heuchert, Horst und Kuhn (2001, S. 24-28) als Gesundheitsstörungen beschrieben, die durch Arbeitsbedingungen teilweise oder ganz verursacht werden oder in ihrem Verlauf ungünstig beeinflusst werden können. Somit können generell alle Krankheiten und Gesundheitsstörungen einen arbeitsbedingten Anteil aufweisen.

Die Ermittlung arbeitsbedingter Erkrankungen ist im Arbeitssicherheitsgesetz (ASiG) verankert. Nach ASiG, § 3 wird Betriebsärzten ein präventivmedizinischer Auftrag zur Untersuchung der Ursachen arbeitsbedingter Erkrankungen erteilt, um dem Arbeitgeber geeignete Maßnahmen zur Verhütung arbeitsbedingter Erkrankungen vorschlagen zu können (ASiG, 1973, S. 2). Dadurch soll der Zusammenhang von Erkrankungen und ihren beruflichen Einflüssen hergeleitet werden. Ein weiterer Aspekt im Sinne des Präventionsauftrages wird mit arbeitsbedingten Gesundheitsgefahren beschrieben. Nach dem Sozialgesetzbuch (SGB VII, § 14) haben die Unfallversicherungsträger gezielte Maßnahmen einzuleiten, um Arbeitsunfälle, Berufskrankheiten und arbeitsbedingte Gesundheitsgefahren zu verhindern (SGB VII, 1996, S. 18). In diesem Zusammenhang werden nach dem Sozialgesetzbuch (SGB V, § 20b) die Träger der gesetzlichen Unfallversicherung durch die Krankenkassen bei ihren Aufgaben zur Verhütung arbeitsbedingter Gesundheitsgefahren unterstützt. Es werden gewonnene Erkenntnisse des Zusammenhanges zwischen Erkrankungen und Arbeitsbedingungen sowie vorliegende berufsbedingte Gefährdungen oder Berufskrankheiten berichtet (SGB V, 1988, S. 14). Ergänzend werden die Maßnahmen des Arbeitsschutzes im ArbSchG (§ 2) definiert. Der Arbeitsschutz soll Unfälle bei der Arbeit und arbeitsbedingte Gesundheitsgefahren verhüten und Maßnahmen zur menschengerechten Arbeitsgestaltung einleiten (ArbSchG, 1996, S. 2).

Zur Abgrenzung von Beschwerden und arbeitsbedingten Erkrankungen kann der Zusammenhang von Schmerz, Funktionsstörung und struktureller Schädigung am Beispiel von Muskel-Skelett-Erkrankungen herangezogen werden. Der Schmerz dient dabei als wichtiger Indikator für die Erkennung der Ursache, aber auch für erfolgreiche Interventionen bei der

Arbeit und im Verhalten der Mitarbeiter. Ohne Schmerzen wird der Mitarbeiter arbeitsbedingte Belastungen nicht anzeigen und die Arbeitsausführung nur mit hoher Überzeugungskraft ändern. Schmerz wird nach Heuchert et al. (2001, S. 24) als „ein unangenehmes Sinnes- und Gefühlserlebnis bezeichnet, das mit aktueller oder potenzieller Gewebsschädigung verknüpft ist".

Allerdings sind Schmerzen kein eindeutiges Signal für Störungen oder Schädigungen des Muskel-Skelett-Systems. Es ist notwendig, die Ursachen für die Schmerzentstehung im Einzelfall zu identifizieren, die Gefahr ihrer Verstetigung beziehungsweise Chronifizierung zu beachten und die Bewältigung bestehender Schmerzen gegenüber der völligen Schmerzfreiheit zu ermöglichen. Liegen Schmerzen im Muskel-Skelett-System vor, so ist von Beschwerden des Mitarbeiters auszugehen. Allerdings führen erst Funktionsstörungen oder strukturelle Schädigungen zu arbeitsbedingten Erkrankungen. In Verbindung mit dem Muskel-Skelett-System können diese in Form von Bandscheibenschäden, Fehlfunktionen an der Wirbelsäule, Arthrose oder Entzündungen in den Gelenken auftreten (Heuchert et al., 2001, S. 24-28).

Arbeitsunfähigkeitstage können im Wesentlichen in neun Diagnosegruppen unterschieden werden. Nach dem Betriebskrankenkassen Gesundheitsreport 2017 (Knieps & Pfaff, 2017, S. 42) sind die Fehltage durch Muskel-Skelett-Erkrankungen mit 25,2 Prozent unverändert an der Spitze der Arbeitsunfähigkeitstage. Die psychischen Störungen mit 16,3 Prozent, die Atemwegserkrankungen mit 14,4 Prozent und die Verletzungen beziehungsweise Vergiftungen mit 11,3 Prozent belegen den zweiten bis vierten Platz. Alle weiteren Diagnosegruppen befinden sich im einstelligen Prozentbereich. Durch den hohen prozentualen Anteil sind die ersten vier Diagnosegruppen für circa zwei Drittel (67,2 Prozent) der gesamten Arbeitsunfähigkeitstage verantwortlich. Abbildung 2 zeigt die prozentuale Verteilung der Diagnosegruppen von 2016.

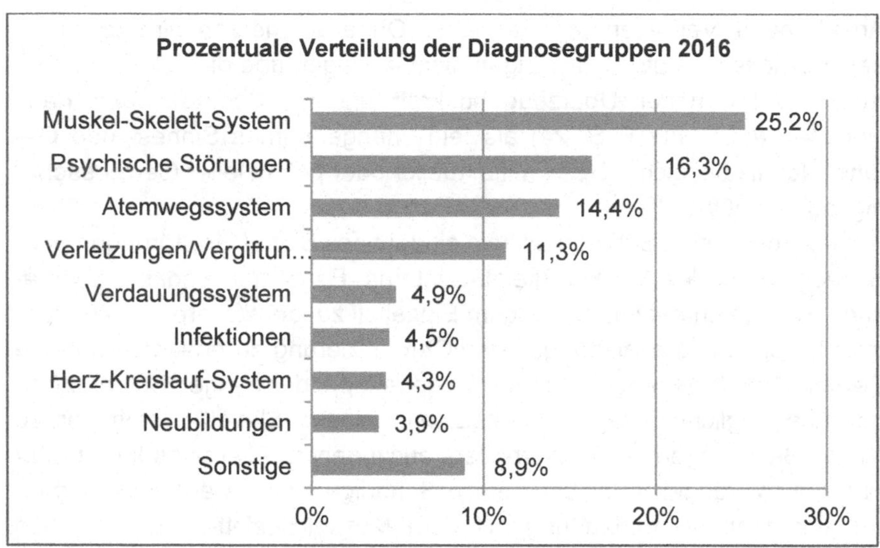


Abbildung 2: Arbeitsunfähigkeitstage - Verteilung der Diagnosegruppen - BKK Gesundheitsreport 2017
*Quelle:* *Knieps und Pfaff (2017)*

Langzeitarbeitsunfähigkeitstage, die Ausfallzeiten von mehr als sechs Wochen darlegen, stellen für die Unternehmen eine besondere Herausforderung dar. Wie bei den Arbeitsunfähigkeitstagen verursachen Muskel-Skelett-Erkrankungen mit 23 Prozent und psychische Störungen mit 14 Prozent die häufigsten Fehlzeiten (Meyer & Meschede, 2016, S. 292).

Das Muskel-Skelett-System des Menschen besteht aus circa 650 Muskeln, circa 200 Knochen und circa 100 Gelenken. Fehlbelastungen können das Zusammenspiel von Muskeln, Knochen und Gelenken negativ beeinflussen und zu Beschwerden beziehungsweise Erkrankungen führen. Muskel-Skelett-Erkrankungen sind ein Sammelbegriff für Erkrankungen im Stütz- und Bewegungssystem (Caffier, 2007, S. 936-940) und umfassen mehr als 150 Einzelerkrankungen. Zu den Erkrankungen gehören Skelett- und Gelenkerkrankungen wie Arthrose, rheumatoide Arthritis, Osteoporose, Rückenschmerzen und Erkrankungen der Bandscheiben (Prütz et al., 2014, S. 120).

Ein differenziertes Bild zeigen die Einzeldiagnosen in der Diagnosehauptgruppe der Muskel-Skelett-Erkrankungen. Die fünf Einzeldiagnosen mit dem höchsten prozentualen Anteil werden in Abbildung 3 dargestellt.

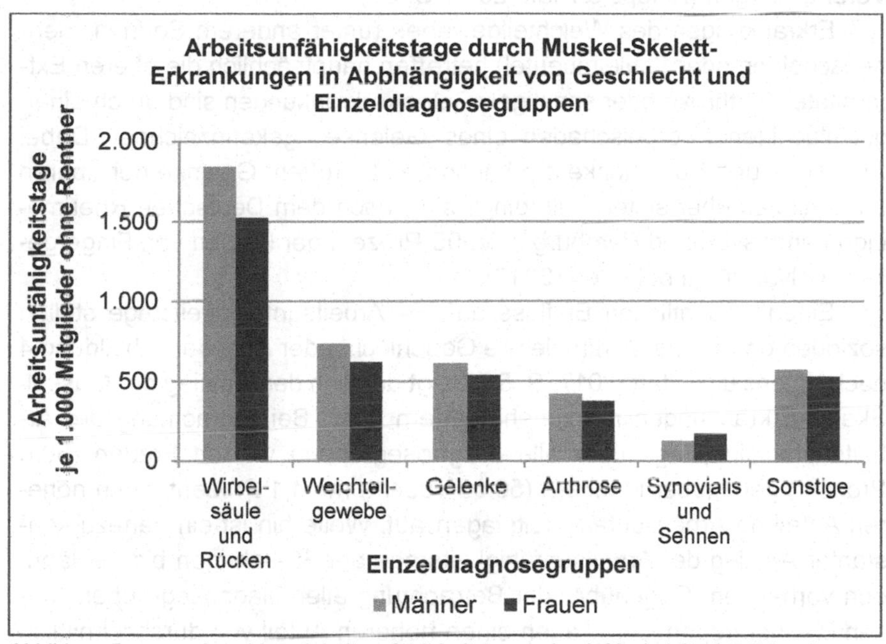


Abbildung 3: Anzahl an Arbeitsunfähigkeitstagen durch Muskel-Skelett-Erkrankungen in Abhängigkeit von Geschlecht und Einzeldiagnosegruppen - BKK Gesundheitsreport 2015

*Quelle:* *Knieps und Pfaff (2015)*

Dabei verantworten die ersten drei Einzeldiagnosegruppen circa 73 Prozent der gesamten Arbeitsunfähigkeitstage in der Diagnosehauptgruppe Muskel-Skelett-Erkrankungen. Den höchsten Anteil an Arbeitsunfähigkeitstagen betreffen die Erkrankungen der Wirbelsäule und des Rückens (M50-54) mit 41,9 Prozent. Mit einem Anteil von 16,8 Prozent, 14,2 Prozent und 9,8 Prozent folgen die Weichteilgewebeerkrankungen (M70-75), die Gelenkkrankheiten (M20-25) sowie die Arthrose (M15-19). Mit circa 3,7 Prozent treten Erkrankungen der Synovialis und der Sehnen (M65-M68) auf (Knieps & Pfaff, 2015, S. 83). Bei Betrachtung der zehn wichtigsten Einzeldiagnosegruppen der Muskel-Skelett-Erkrankungen im Berichtsjahr 2016 gab es sowohl im prozentualen Anteil als auch in der prozentualen Verteilung der Einzeldiagnosegruppen zum Berichtsjahr 2014 minimale Veränderungen (Knieps & Pfaff, 2017, S. 52).

Erkrankungen des Weichteilgewebes (unter anderem Sehnen, Sehnenscheiden oder Schleimbeutel) betreffen hauptsächlich die oberen Extremitäten. Arthrose oder sonstigen Gelenkerkrankungen sind durch einen großflächigen Knorpelschaden eines Gelenkes gekennzeichnet. Dabei sind Knie- und Hüftgelenke am häufigsten betroffen, Gelenke der oberen Extremitäten eher selten. Allerdings sind nach dem Deutschen Rheuma-Liga Landesverband Hamburg e. V. 95 Prozent der Frauen von Fingergelenkspolyarthrose betroffen (2013).

Einen wesentlichen Einfluss auf die Arbeitsunfähigkeitstage stellen soziodemografische Merkmale wie Geschlecht oder Alter dar. Abbildung 4 nach Knieps und Pfaff (2017, S. 51) zeigt deutlich den Anstieg der Muskel-Skelett-Erkrankungen mit zunehmendem Alter. Bei Betrachtung der Arbeitsunfähigkeitstage über alle Diagnosegruppen weisen Frauen (60,6 Prozent) gegenüber Männern (56,5 Prozent) mit 4,1 Prozent einen höheren Anteil an Arbeitsunfähigkeitstagen auf. Weiterhin ist ein nahezu konstanter Anstieg der Arbeitsunfähigkeitstage der 30-Jährigen bis 59-Jährigen vorhanden. Gegenüber der Betrachtung aller Diagnosegruppen weisen Männer gegenüber Frauen einen höheren Anteil von durchschnittlich 11,4 Prozent an Arbeitsunfähigkeitstagen durch Muskel-Skelett-Erkrankungen in den jeweiligen Altersgruppen auf (Knieps & Pfaff, 2017, S. 51).

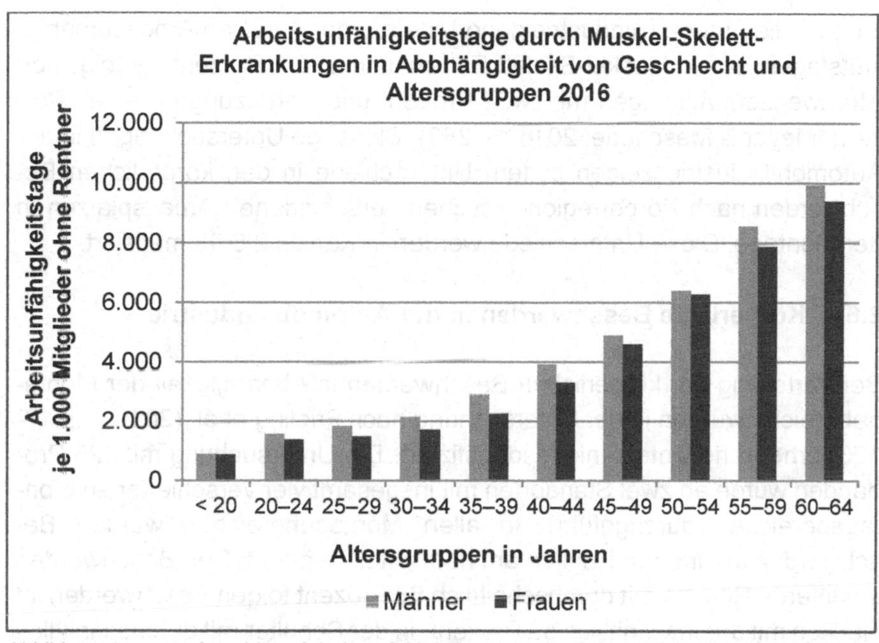


Abbildung 4: Anzahl an Arbeitsunfähigkeitstagen durch Muskel-Skelett-Erkrankungen in Abhängigkeit von Geschlecht und Altersgruppen - BKK Gesundheitsreport 2017

*Quelle:* *Knieps und Pfaff (2017)*

Ableitend aus Abbildung 4 ist bei einer immer älterwerdenden Belegschaft mit einem Anstieg an Arbeitsunfähigkeitstagen zu rechnen. Allerdings erkranken auch jüngere Menschen am Muskel-Skelett-System, die bis zur Arbeitsunfähigkeit führen können (Raspe, 2012, S. 13).

Bei der prozentualen Verteilung der Arbeitsunfähigkeitstage über die Krankheitsarten bestehen zwischen den Branchen erhebliche Unterschiede. Im Jahr 2015 verursachten die Muskel-Skelett-Erkrankungen mit Ausnahme der Branchen „Erziehung und Unterricht" sowie „Banken und Versicherung" die meisten Arbeitsunfähigkeitstage. In diesen Branchen dominieren Atemwegserkrankungen. In den einzelnen Branchen liegt der Anteil an Muskel-Skelett-Erkrankungen zwischen 14 Prozent (Banken und Versicherung) und 26 Prozent (Baugewerbe). Im verarbeitenden Gewerbe, zu dem die Automobilindustrie gehört, betrug der Anteil an Arbeitsunfähigkeitstagen durch Muskel-Skelett-Erkrankungen 24 Prozent, gefolgt von Atemwegserkrankungen mit zwölf Prozent und Verletzungen mit elf Prozent (Meyer & Meschede, 2016, S. 283). Bisherige Untersuchungen in der Automobilindustrie zeigen zudem Unterschiede in den körperlichen Beschwerden nach Körperregion zwischen verschiedenen Arbeitsplätzen in der Montage. Diese Unterschiede werden in Kapitel 2.6 thematisiert.

## 2.6 Körperliche Beschwerden in der Automobilindustrie

Bei Verteilung der körperlichen Beschwerden in Abhängigkeit der Montagebereiche wurden in der Untersuchung nach Frieling et al. (2012, S. 117-123) erhebliche Unterschiede identifiziert. Die Untersuchung mit 425 Probanden wurde an zwei Standorten mit insgesamt vier verschiedenen Montagebereichen durchgeführt. In allen Montagebereichen wurden Beschwerden im unteren Rücken am häufigsten benannt. Den Beschwerden im unteren Rücken mit durchschnittlich 68 Prozent folgen Beschwerden im Nacken mit durchschnittlich 53 Prozent, in der Schulter mit durchschnittlich 47 Prozent und im oberen Rücken mit durchschnittlich 41 Prozent. Beschwerden im unteren Rücken und im Nacken wurden bei allen Montagebereichen mit einem hohen Anteil benannt. Hingegen wurden erhebliche Unterschiede bei den Beschwerden im oberen Rücken, in der Schulter und in den Händen ermittelt. Insbesondere bei den Beschwerden in den Händen wurde der größte Unterschied zwischen der Abgasanlagenmontage mit 60 Prozent und der Getriebemontage mit 19 Prozent ermittelt. Abbildung 5 zeigt die Untersuchungsergebnisse der körperlichen Beschwerden in den untersuchten Montagebereichen auf.

Ursachen für körperliche Beschwerden in diesen Körperregionen wurden in den kurzen Taktzeiten, im hohen Auslastungsgrad, in gleichförmigen Montagehandgriffen und in nicht-individuell höhenverstellbaren Montagetischen gesehen. Zu den bisher beschriebenen Ursachen werden noch Belastungen des Hand-Arm-Bereiches durch den Einsatz schwerer Werkzeuge und hohe Kraftaufwendungen bei der Montage genannt (Frieling et al., 2012, S. 117-123).

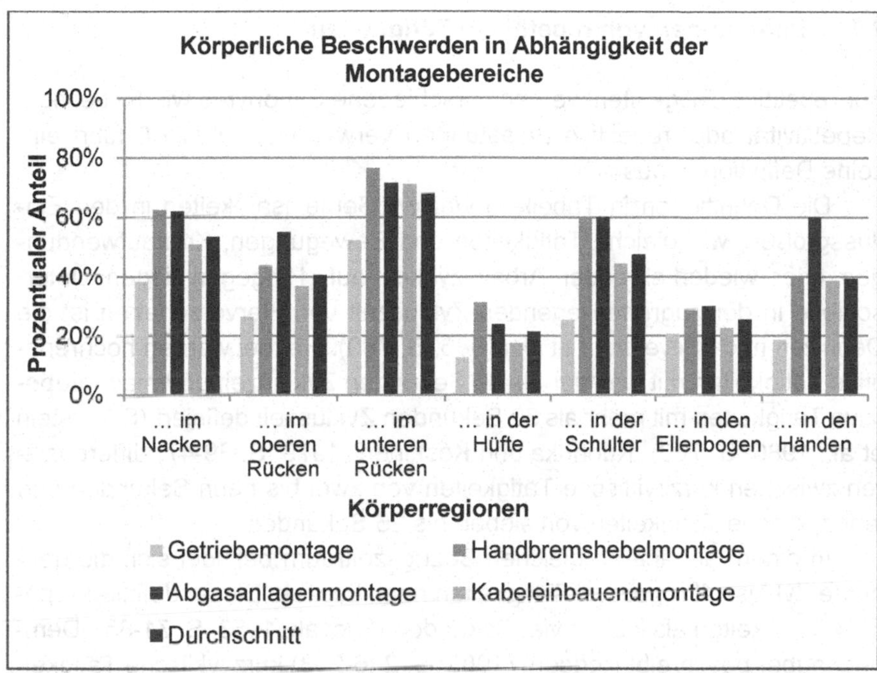


Abbildung 5: Körperliche Beschwerden in Abhängigkeit der Montagebereiche
*Quelle: Frieling et al. (2012)*

Repetitive Tätigkeiten können zu Gesundheitsrisiken speziell in den oberen Extremitäten führen (Hartmann, Spallek, & Ellegast, 2013, S. 296). Diese Gesundheitsrisiken spiegeln sich sowohl branchenübergreifend als auch in der Automobilindustrie anhand der körperlichen Beschwerden und den Arbeitsunfähigkeitstagen wider. Aus diesem Grund sind repetitive Tätigkeiten in der Automobilindustrie nicht zu vernachlässigen und bedürfen einer umfangreichen Betrachtung. Aus diesem Grund widmen sich die folgenden Kapitel der Ursache, Wirkung und Bewertung repetitiver Tätigkeiten. Kapitel 2.7 stellt zunächst bestehende Begriffsdefinitionen repetitiver Tätigkeiten gegenüber, um relevante Einflussgrößen ableiten zu können.

## 2.7 Definitionen von repetitiven Tätigkeiten

Für repetitive Tätigkeiten werden verschiedene Synonyme wie Repetition, Repetitivität oder repetitive Belastungen verwendet. Tabelle 5 führt einzelne Definitionen aus.

Die Definitionen in Tabelle 5 weisen Gemeinsamkeiten in den Einflussgrößen, wie gleiche Tätigkeiten und Bewegungen, Kraftaufwendungen oder wiederkehrender Arbeitszyklus, auf. Hingegen liegen Unterschiede in der zugrundeliegenden Zykluszeit vor. Hervorzuheben ist die Definition nach Silverstein et al. (1986, S. 780). Hierbei werden hochrepetitive Tätigkeiten mit weniger als 30 Sekunden Zykluszeit und niedrigrepetitive Tätigkeiten mit mehr als 30 Sekunden Zykluszeit definiert (Silverstein et al., 1986, S. 780). Kuorinka und Koskinen (1979, S. 39-47) differenzieren zwischen kurzzyklische Tätigkeiten von zwei bis neun Sekunden und langzyklische Tätigkeiten von sieben bis 26 Sekunden.

In einem annähernd gleichen Bezugszeitraum befindet sich die definierte Zykluszeit repetitiver Tätigkeiten nach Luczak. Dieser definiert repetitive Tätigkeiten als kleiner vier Sekunden (Luczak, 1983, S. 71-85). Demgegenüber beschreibt Rodgers (1983, S. 246-258) kurzzyklische Tätigkeiten als kleiner 120 Sekunden bei Tätigkeiten über eine gesamte Arbeitsschicht.

Aufgrund der unterschiedlichen Zykluszeiten von zwei bis 120 Sekunden ist eine eindeutige Beschreibung nicht möglich. Aus diesem Grund werden repetitive Tätigkeiten in der vorliegenden Arbeit als häufig wiederholende Abfolge gleicher Teiltätigkeiten oder Bewegungen im Hand-Arm-Bereich bezeichnet, welche zu Gesundheitsrisiken führen können, wenn gleichartige Bewegungen mit Kraftaufwendungen ohne wirksame Pausen vorliegen.

Im Rahmen der Begriffsdefinitionen „repetitiver Tätigkeiten“ wird auf den Hand-Arm-Bereich beziehungsweise auf die oberen Extremitäten verwiesen. Aus diesem Grund widmet sich die Arbeit kurz diesem Körperbereich.

Tabelle 5: Definitionen von repetitiven Tätigkeiten

| Begriffe | Definition (Quelle) |
|---|---|
| **Repetitivität** | „Eigenschaft einer Aufgabe, bei einer Person kontinuierlich denselben Arbeitszyklus, die gleichen Teiltätigkeiten und Bewegungen ausführt." (DIN EN 1005-5, 2007, S. 7) |
| **Repetieren/ Repetition** | „Repetieren/Repetition = Wiederholen. Im arbeitswissenschaftlichen Kontext versteht man darunter vor allem, von Menschen auszuführende Arbeitstätigkeiten mit einem relativ hohen Wiederholungsgrad." (Bartsch, 2009, S. 852) |
| **Repetitive Tätigkeiten** | „Wiederholter Zyklus mit komplexen Bewegungen durch eine oder mehrere Körperregionen zur Realisierung der Aufgabe." (Colombini, 1998, S. 1264) |
| | „Arbeiten ununterbrochen ab einer Stunde mit ständig wiederkehrenden, gleichartigen Schulter-, Arm-, Hand-Bewegungen mit erhöhter Krafteinwirkung oder in extremen Gelenkstellungen." (BGI/GUV-I 504-46, 2009, S. 15) |
| **Hoch-repetitive/ niedrig-repetitive Tätigkeiten** | Hochrepetitive Tätigkeiten werden mit einer Zykluszeit von weniger als 30 Sekunden oder mit mehr als 50 Prozent der Zykluszeit von gleichartig wiederkehrenden Ausführungen definiert. Niedrigrepetitive Tätigkeiten werden mit einer Zykluszeit von mehr als 30 Sekunden oder mit weniger als 50 Prozent der Zykluszeit von gleichartig wiederkehrenden Ausführungen definiert. (Silverstein, Fine, & Armstrong, 1986, S. 780) |
| **Repetitive Belastungen** | „Repetitive Belastungen im Hand-Arm-Bereich sind gekennzeichnet durch Tätigkeiten, in denen ähnliche Arbeitszyklen mit besonders häufigen gleichartigen Bewegungen, gegebenenfalls mit Kraftaufwendungen, die Belastungen bestimmen. Sie können zu Gesundheitsrisiken führen, wenn sie dauerhaft ohne wirksame Pausen durchgeführt werden." (Hartmann et al., 2013, S. 133) |
| **Kurz-zyklische Tätigkeiten** | „Eine kurzzyklische Tätigkeit zeichnet sich durch in kurzer Folge wiederholender Tätigkeiten aus. Dabei werden Aufgaben in immer derselben Weise gelöst." (BGI/GUV-I 5048-2, 2012, S. 61) |

Der Bewegungsapparat der oberen Extremität besteht aus dem Arm und dem Schultergürtel und ist mittels des inneren Schlüsselbeingelenkes am Brustkorb fixiert. Allgemein wird der Arm in drei Abschnitte untergliedert.

Dazu gehört die Hand, der Unterarm und der Oberarm. Durch das Schultergelenk (Kugelgelenk) kann der Oberarm frei in drei Ebenen des Raumes bewegt werden. Das Ellenbogengelenk ermöglicht Beuge- und Streckbewegungen sowie Drehbewegungen. Das Handgelenk besitzt nur noch zwei Freiheitsgrade, die Endgelenke der Finger nur noch einen Freiheitsgrad. Trotz der abnehmenden Freiheitsgrade nimmt die Bewegungsfähigkeit von der Schulter bis zu den Fingern zu, da die Skelettelemente kleiner werden. Durch die vielen Bewegungsmöglichkeiten werden die oberen Extremitäten auch als vielseitiges Bewegungs- und Ausdrucksorgan bezeichnet. Hingegen dienen die unteren Extremitäten weitestgehend der Fortbewegung und Körperhaltung und übernehmen die Stütz- und Lokomotionsfunktion (Rohen & Lütjen-Drecoll, 2006, S. 252-254).

Ursachen von Beschwerden im Hand-Arm-Bereich durch repetitive Tätigkeiten sind sehr komplex, und einzelne Risikofaktoren sind stets im Zusammenspiel miteinander zu betrachten (Bartsch, 2009, S. 852). Weiterhin wird neben den Definitionen repetitiver Tätigkeiten eine Vielzahl von individuellen und arbeitsbedingten Risikofaktoren beschrieben, welche die Grundlage für die Bewertung repetitiver Tätigkeiten und der Ableitung von Präventionsmaßnahmen darstellen. Aus diesem Grund bereitet das Kapitel 2.8 alle Risikofaktoren repetitiver Tätigkeiten auf, welche die Basis der Untersuchungen in der vorliegenden Arbeit bilden.

## 2.8 Risikofaktoren von repetitiven Tätigkeiten

In Anlehnung an Rodgers (1986, S. 250) und Kilbom (1994, S. 51-57) können die Risikofaktoren in individuell und arbeitsbedingt unterschieden werden. Tabelle 6 fasst zunächst die individuellen Risikofaktoren zusammen und ordnet diese den Kategorien bestehender Beschwerden oder Erkrankungen, körperlicher und psychischer Beschaffenheit sowie Übungs-/ Trainingsgrad zu.

Tabelle 6: Individuelle Risikofaktoren von repetitiven Tätigkeiten
*Quelle: Rodgers (1986) und Kilbom (1994)*

| Kategorie | Individuelle Risikofaktoren |
|---|---|
| **Bestehende Beschwerden oder Erkrankungen** | • bestehende Gelenkentzündungen<br>• Schleimbeutelentzündungen oder andere Gelenkschmerzen<br>• bestehende Neuropathie (Erkrankungen des Nervensystems)<br>• periphere Durchblutungsstörungen<br>• reduzierter Östrogenspiegel |
| **Körperliche und psychische Beschaffenheit** | • kleine Hand- beziehungsweise Handgelenksgröße<br>• hohes persönliches Stresslevel |
| **Übungs-/ Trainingsgrad** | • energische beziehungsweise ineffiziente Arbeitsweisen erfordern ein Übermaß an kraftvollen Durchführungen<br>• geringer Trainings- beziehungsweise Übungsgrad |

Individuelle Risikofaktoren haben einen hohen Einfluss auf die Entstehungswahrscheinlichkeit von Beschwerden im Hand-Arm-Bereich (Rodgers S. H., 1986, S. 249). Insbesondere Mitarbeiter mit gesundheitlichen Beschwerden beziehungsweise Erkrankungen weisen ein höheres Risiko gegenüber gesunden Mitarbeitern auf (Wells, 1961, S. 512-515). Darüber hinaus besteht ein höheres Risiko zur Entstehung des Karpaltunnelsyndroms bei Mitarbeitern mit einem kleinen Handgelenk, da eine höhere Kraftübertragung pro Fläche auf die Handwurzel wirkt (Armstrong & Chaffin, 1979, S. 567-570). Eine weitere Risikogruppe stellen neue Mitarbeiter dar. Durch den geringen Trainings- beziehungsweise Übungsgrad wird versucht, die ineffiziente Arbeitsweise durch nicht geplante Bewegungen und durch höhere Kraftaufwendungen auszugleichen. Folglich erfahren die Muskeln der Mitarbeiter eine höhere Belastung und eine schnellere Ermüdung gegenüber Mitarbeitern mit einem hohen Übungsgrad (Welch, 1972, S. 16-19).

Aus Sicht der Bewertung körperlicher Belastungen stellen arbeitsbedingte Risikofaktoren durch repetitive Tätigkeiten den Schwerpunkt der ergonomischen Arbeitsgestaltung dar (Rodgers S. H., 1986, S. 249) und werden in Tabelle 7 aufgeführt.

Tabelle 7: Arbeitsbedingte Risikofaktoren von repetitiven Tätigkeiten
*Quelle:* *Rodgers (1986) und Kilbom (1994)*

| Kategorie | Arbeitsbedingte Risikofaktoren |
|---|---|
| **Aufgaben-anforderung** | • maschinenabhängige Arbeit mit geringem Kontrollgrad<br>• monotone Arbeit<br>• hohe Präzisionsarbeit<br>• hoher Auslastungsgrad |
| **Belastungsdauer** | • lange Dauer repetitiver Tätigkeiten |
| **Gelenk-bewegung** | • hohe Anzahl an Bewegungen durch wiederkehrende Zyklen mit technischen Aktionen<br>• hohe Anzahl gleichförmiger Bewegungen der oberen Extremitäten |
| **Gelenkstellung** | • ungünstige beziehungsweise statische Körper- und Handgelenkhaltungen |
| **Geschwindigkeit** | • Hochgeschwindigkeits- beziehungsweise Hochfrequenzarbeit durch Leistungsarbeit |
| **Kraft-aufwendung** | • hohe Lastgewichte<br>• hohe Aktionskräfte<br>• Ganzkörperkräfte mit zusätzlichen Fingerkräften |
| **Pausen-gestaltung** | • geringe Anzahl wirksamer Pausen<br>• Dauer der Pausen |
| **Umgebungs-bedingung** | • Handkompressionen durch ungeeignete Werkzeuge<br>• Vibrationen<br>• Rückschlagkräfte<br>• ungeeignete Handschuhe<br>• Arbeiten bei Kälte oder Kühlung<br>• Arbeiten bei Nässe |
| **Takt-/ Zykluszeit** | • kurze Zykluszeiten |

Bereits in den Definitionen repetitiver Tätigkeiten wurden vereinzelte arbeitsbedingte Risikofaktoren beschrieben. Diese beinhalten die Dauer der Zykluszeit, wiederkehrende Zyklen mit technischen Aktionen, Anzahl gleicher Bewegungen der oberen Extremitäten mit Kraftaufwendungen und Dauer der Pausen. Sowohl für Müller und Strasser (1993, S. 119-122) als auch für Kilbom (1994, S. 51-57) stellt die Anzahl körperteilspezifischer Bewegungen einen wesentlichen Bestandteil der Bewertung repetitiver Tätigkeiten dar. Zusätzlich werden neben dem geringen Trainingsgrad als individueller Risikofaktor weitere arbeitsbedingte Risikofaktoren wie hohe Kraftanforderung, hohe Geschwindigkeit, hohe Belastung durch statische und extreme Haltungen, Monotonie, hohe Anforderungen an Produktivität, mangelnde Arbeitskontrolle sowie die lange Dauer repetitiver Tätigkeit aufgeführt (Kilbom, 1994, S. 55). Allerdings ist nicht ausschließlich die Anzahl der Bewegungen, sondern auch die Geschwindigkeit beziehungsweise die Beschleunigung der Bewegungen von Bedeutung, da diese zur Überlastung der passiven Struktur des Bewegungsapparates führen können (Arvidsson, Akesson, & Hansson, 2013, S. 309-316). Weiterhin werden die weite Beugung und Streckung in ungünstigen Gelenkstellungsbereichen (Bernard B. P., 1997, S. 34) in Abhängigkeit des spezifischen Hand-Arm-Bereiches ausgewiesen. Nach Serralos-Perez und Haslegrave (1992, S. 66-71) wird eine ungünstige Schulter-Gelenkstellung über 60 Grad und nach Björsten und Jonsson (1977, S. 23-37) eine ungünstige Ellenbogen-Gelenkstellung größer als 90 Grad definiert. Zusätzliche Kraftaufwendungen und/oder Präzisionsarbeiten in Kombination mit der Handgelenkstellung, der Arbeitsschnelligkeit und der Arbeitsdauer erhöhen das gesundheitliche Risiko (Moore & Garg, 1995, S. 443-458). Nach van Rijn, Huisstede, Koes und Burgdorf (2009, S. 19-35) wird eine durchschnittliche Handkraft von mehr als 40 Newton bei gleichen, sich wiederholenden Arbeitsinhalten in mehr als der Hälfte der Zykluszeit als Risikofaktor definiert. Des Weiteren können ungünstige Arbeitsumgebungsbedingungen einen direkten Einfluss auf arbeitsbedingte Überlastungen der Hände und Handgelenke nehmen. Beispielsweise führen Vibrationen der Werkzeuge in Kombination mit der Kraftaufwendung beim Halten der Werkzeuge zur Verkrampfung und zur Beeinträchtigung der Blutzirkulation (Armstrong,

Fine, Radwin, & Silverstein, 1987, S. 288). Weiterhin können Rahmenbedingungen wie verringerte Griffigkeit und Arbeiten bei Kälte oder Nässe die Funktion der Hand beeinträchtigen, den Blutfluss in der Hand oder im Handgelenk reduzieren und neuromuskuläre Störungen bis hin zu Funktionsbeeinträchtigungen der Hand verursachen (Rodgers S. H., 1986, S. 253).

Auf Grundlage arbeitsbedingter Risikofaktoren wurde eine Vielzahl von Verfahren zur Bewertung körperlicher Belastungen durch repetitive Tätigkeiten entwickelt. Kapitel 2.9 widmet sich den bestehenden Verfahren zur Bewertung körperlicher Belastungen. Im Fokus der Arbeit stehen die Verfahren zur Bewertung repetitiver Tätigkeiten, welche in Abhängigkeit des Beurteilungsniveaus und der Berücksichtigung arbeitsbedingter Risikofaktoren gegenübergestellt werden.

## 2.9 Bewertung von körperlichen Belastungen in den deutschen Automobilherstellern

Um den Beschwerden der Mitarbeiter präventiv entgegenwirken zu können, sind aus gesetzlichen und wirtschaftlichen Gesichtspunkten die Arbeitstätigkeiten zu bewerten und zu gestalten. Die Bewertung körperlicher Belastungen in den deutschen Automobilherstellern basiert auf den Entwicklungsständen zum Ergonomic Assessment Worksheet (EAWS) mit Ausnahme der BMW AG und MAN SE. Wesentlicher Vorteil des EAWS gegenüber anderen Risiko-Bewertungsverfahren liegt in der kombinierten Bewertung aller relevanter Belastungsarten, die in den Arbeitstätigkeiten eines Automobilherstellers auftreten können. Tabelle 8 führt ausgewählte Automobilhersteller mit dem jeweiligen Bewertungsverfahren auf (Schaub et al., 2012, S. 16).

Tabelle 8: Bewertungsverfahren in den deutschen Automobilherstellern
*Quelle:* *Schaub et al. (2012)*

| Unternehmen | Verfahren | Grundverfahren | KH | AK | LH | RT |
|---|---|---|---|---|---|---|
| **Audi AG** | APSA | AAWS, EAWS | ● | ● | ● | ○ |
| **BMW AG** | ABAtech | LMM | ● | ● | ● | ○ |
| **Daimler AG** | EAB | SAK, IAD-BkB, EAWS | ● | ● | ● | ○ |
| **MAN SE** | Multiple-Lasten-Tool | LMM | ○ | ○ | ● | ○ |
| **Opel AG** | NPW | NPW | ● | ● | ● | ○ |
| **Porsche AG** | FELM | EAWS | ● | ● | ● | ○ |
| **VW AG** | ap-Ergo | EAWS | ● | ● | ● | ○ |

● = Belastungsart wird im Bewertungsverfahren berücksichtigt.
○ = Belastungsart wird im Bewertungsverfahren nicht berücksichtigt.

Die relevanten Automobilhersteller wenden entweder einen Entwicklungsstand zum EAWS wie das New Production Worksheet (NPW), Design-Check, IAD-Bewertung körperlicher Belastungen (BkB) oder Automotive Assembly Worksheet (AAWS)), ein Grobscreening zum EAWS (Fähigkeitsgerechter Einsatz von leistungsgewandelten Mitarbeitern (FELM)) oder EAWS selbst an.

Die Verfahren bewerten schwerpunktmäßig körperliche Belastungen mit Fokus auf den Rücken-Schulter-Bereich. Hierbei werden Belastungsarten wie ungünstige Körperhaltungen, hohe Kraftaufwendungen und hohe Lastenhandhabungen in der Ganzkörperbewertung berücksichtigt. Diese Belastungsarten werden in den EAWS-Sektionen 0-3 analysiert und bewertet. Die Bewertung von repetitiven Tätigkeiten mit Hilfe EAWS-Sektion 4 findet bislang wenig Berücksichtigung. Ursachen für die geringe Etablierung und Handlungsanforderungen zur praktikablen Anwendung von EAWS-Sektion 4 werden nicht thematisiert.

## 2.10 Bewertung von repetitiven Tätigkeiten

Körperliche Belastungen, welche zu gesundheitlichen Beschwerden beziehungsweise Erkrankungen führen können, sind im Rahmen der Risikobewertung zu identifizieren und zu reduzieren. Insbesondere langandauernde beziehungsweise einseitige, körperliche Belastungen stellen ein gesundheitliches Risiko dar. Aufgrund der Vielzahl an Arbeitsplätzen im betrieblichen Umfeld wird empfohlen, gestufte Verfahren nach dem erwarteten Risiko und der Beurteilungsschwierigkeit anzuwenden. Nach Hoehne-Hückstädt, Herda, Ellegast, Hermanns, Hamburger und Ditchen (2007, S. 13) wird ein Stufenverfahren zur „Erfassung und Bewertung [körperlicher] Belastungen am Arbeitsplatz" empfohlen.

In Abhängigkeit der Praktikabilität und Qualifizierung werden fünf Ebenen unterschieden. Die Unterscheidung erfolgt in Grobscreening-Verfahren, spezielle Screening-Verfahren, Expertenscreening-Verfahren, betriebliche Messungen und Labormessungen. Die Grobscreening-Verfahren dienen den Praktikern im Unternehmen als orientierte Erfassung und Bewertung körperlicher Belastungen. Allerdings werden bei den Grobscreening-Verfahren eine parallele Überprüfung der Beanspruchung beim Beschäftigten oder betriebsärztliche Befunde empfohlen. Die speziellen Screening-Verfahren sind ebenfalls für den Praktiker im Unternehmen konzipiert. Die Verfahren beziehen sich auf einen Belastungsschwerpunkt, um Risikofaktoren genauer bewerten und Gestaltungsmaßnahmen gezielter ableiten zu können. Expertenscreening-Verfahren kombinieren körperliche Belastungen oder weisen einen sehr hohen Detaillierungsgrad auf. Allerdings sind Grobscreening-, spezielle Screening- und Expertenscreening-Verfahren vorwiegend Beobachtungsverfahren. Komplexere Bewegungen können nur mit einem großen Ungenauigkeitsgrad erfasst werden. Aus diesem Grund wird empfohlen, bei komplexen Arbeitsprozessen betriebliche Messungen durchzuführen, um beispielsweise dreidimensionale Bewegungen erfassen zu können. Die präzisesten Aussagen zur körperlichen Belastungssituation liefert die Labormessung unter standardisierten Versuchsbedingungen. Sowohl betriebliche Messungen als auch

Labormessungen sind mit einem hohen Aufwand verbunden und sind daher nur für ausgewählte Belastungsschwerpunkte anzuwenden (Hartmann et al., 2013, S. 134-140).

Für die Bewertung körperlicher Belastungen stehen verschiedene Bewertungsverfahren zur Verfügung. Diese können in Anlehnung an Kugler et al. (2010, S. 17) und Hartmann et al. (2013, S. 134-140) nach dem Beurteilungsniveau (Grobscreening, spezielle Screening, Experten, betriebliche Messung und Labormessungen) und den Belastungsarten (Körperhaltung, Aktionskräfte, Lastenhandhabung und repetitive Tätigkeiten) strukturiert werden. Um eine Übersicht relevanter Bewertungsverfahren erstellen zu können, wurden zunächst Literaturquellen mit Verfahren zur Bewertung von repetitiven Tätigkeiten der letzten 20 Jahre gesichtet.

Folgende Literaturquellen zur Identifizierung relevanter Bewertungsverfahren körperlicher Belastungen dienten den weiteren Untersuchungen in der vorliegenden Arbeit:

- REVUE DES METHODES D´EVALUATION ET/OU DE PREVENTION DES TMS DES MEMBRES SUPERIEURS (Malchaire, 2004, S. 3-5)
- BGIA-Report 5/2004 (Ellegast R. , 2005, S. 39-88)
- BGIA-Report 2/2007 (Hoehne-Hückstädt et al., 2007, S. 70-157)
- Forschungsbericht 1994 (Steinberg et al., 2007, S. 111-148)
- Ergonomie in der Industrie – aber wie? (Kugler, et al., 2010, S. 17)
- Systematic evaluation of observational methods assessing biomechanical exposures at work (Takala, et al., 2010, S. 6-15)
- The European Assembly Worksheet (Schaub et al., 2012, S. 2-3)
- Forschungsbericht 2195 (Steinberg U. , et al., 2012, S. 42-44)
- Arbeitsbezogene Muskel-Skelett-Erkrankungen (Hartmann et al., Ellegast, 2013, S. 133-140)

Anhand dieser Literaturquellen können 73 Bewertungsverfahren zur Bewertung körperlicher Belastungen ermittelt werden. Diese sind im Anhang aufgeführt. Die Unterteilung der Verfahren basiert auf dem beschriebenen

Beurteilungsniveau und weist die zu betrachtenden Belastungsarten (Körperhaltung, Aktionskraft, Lastenhandhabung und repetitive Tätigkeiten) im jeweiligen Verfahren aus.

Die Unterteilung der Bewertungsverfahren nach dem Bewertungsniveau ermöglicht die Identifizierung von 37 Verfahren zur Bewertung repetitiver Tätigkeiten. Diese sind in Tabelle 9 aufgeführt. Die identifizierten Verfahren zur Bewertung repetitiver Tätigkeiten werden nach Beurteilungsniveau (Grobscreening-, spezielle Screening- und Expertenscreening-Verfahren) unterschieden. Darüber hinaus wird die Erfassung arbeitsbedingter Risikofaktoren repetitiver Tätigkeiten für jedes Verfahren aufgeführt. Die Tabelle enthalten keine ISO 11228-3 und DIN EN 1005-5, da diese auf dem OCRA-Verfahren basieren. Darüber hinaus werden die Verfahren für betriebliche Messungen beziehungsweise Labormessungen wie das „Computer-Unterstützte Erfassung und Langzeit-Analyse von Belastungen des Muskel-Skelett-Systems" (CUELA) nicht weiter aufgeführt, da es kontinuierlich biomechanische Belastungsgrößen erfasst und analysiert sowie für die Gegenüberstellung der Beobachtungsverfahren nicht von Bedeutung sind.

Der Abdeckungsgrad der Kategorien über alle Verfahren zeigt, dass die Kategorien Kraftaufwendung (97 Prozent), Gelenkbewegung (89 Prozent) und Gelenkstellung (86 Prozent) am häufigsten in den Verfahren berücksichtigt werden. Die Kategorien Belastungsdauer (76 Prozent), Umgebungsbedingungen (73 Prozent) und Takt- beziehungsweise Zykluszeit (60 Prozent) folgen den drei Top-Kategorien. Hingegen treten die Kategorien Pausengestaltung (41 Prozent), Aufgabenanforderung (35 Prozent) und Geschwindigkeit (32 Prozent) am geringsten auf. Ein Zusammenhang der erfassten Risikofaktoren zum Bewertungsniveau kann nicht abgeleitet werden, da die arbeitsbedingten Risikofaktoren in jeweils unterschiedlicher Ausprägung pro Beurteilungsniveau auftreten.

Tabelle 9: Bewertungsverfahren repetitiver Tätigkeiten
*Quelle:* *Eigene Darstellung*

| Bewertungs-niveau | Bewertungs-verfahren | Kategorien arbeitsbedingter Risikofaktoren repetitiver Tätigkeiten | | | | | | | | |
|---|---|---|---|---|---|---|---|---|---|---|
| | | Aufgabenanforderung | Belastungsdauer | Gelenkbewegung | Gelenkstellung | Geschwindigkeit | Kraftaufwendung | Pausengestaltung | Umgebungsbedingung | Takt-/Zykluszeit |
| **Grob-screening-Verfahren (14)** | AWS light | ○ | ● | ● | ○ | ○ | ● | ○ | ● | ● |
| | Basis Screening Tool | ● | ● | ○ | ● | ○ | ● | ○ | ● | ○ |
| | BGI 504-46 | ○ | ● | ● | ○ | ○ | ● | ○ | ○ | ○ |
| | IGACheck-Profil | ● | ○ | ● | ○ | ○ | ● | ○ | ○ | ○ |
| | Keyserling´s checklist | ○ | ● | ● | ● | ● | ● | ○ | ● | ● |
| | Kilbom | ● | ● | ● | ● | ● | ● | ○ | ○ | ● |
| | OSHA-Draft Standard | ● | ● | ● | ● | ○ | ● | ○ | ● | ○ |
| | PLIBEL | ● | ○ | ● | ● | ○ | ● | ● | ● | ○ |
| | QEC | ○ | ● | ● | ● | ○ | ● | ● | ● | ● |
| | RF for HSG60 | ○ | ● | ● | ● | ○ | ● | ○ | ● | ● |
| | Risk Identification Checklist | ● | ○ | ● | ● | ○ | ● | ○ | ● | ○ |
| | Stetson´s checklist | ○ | ● | ● | ● | ○ | ● | ○ | ● | ● |
| | ULDs checklist | ● | ○ | ● | ● | ○ | ● | ● | ● | ○ |
| | WSE checklist | ● | ● | ● | ● | ○ | ● | ○ | ● | ● |

● = Kategorie arbeitsbedingter Risikofaktoren wird im Verfahren berücksichtigt.
○ = Kategorie arbeitsbedingter Risikofaktoren wird nicht im Verfahren berücksichtigt.

Fortführung Tabelle 9

| Bewertungsniveau | Bewertungsverfahren | Kategorien arbeitsbedingter Risikofaktoren repetitiver Tätigkeiten | | | | | | | | |
|---|---|---|---|---|---|---|---|---|---|---|
| | | Aufgabenanforderung | Belastungsdauer | Gelenkbewegung | Gelenkstellung | Geschwindigkeit | Kraftaufwendung | Pausengestaltung | Umgebungsbedin- | Takt-/ Zykluszeit |
| **Spezielle Screening-Verfahren (18)** | AFS 1998:1 | ● | ● | ● | ● | ● | ● | ○ | ● | ● |
| | AET | ○ | ○ | ● | ● | ○ | ● | ● | ○ | ● |
| | ART | ○ | ● | ● | ● | ● | ● | ○ | ● | ○ |
| | CTD Risk Index | ○ | ● | ● | ● | ● | ● | ● | ● | ● |
| | HAL-TLVs | ○ | ● | ● | ○ | ● | ● | ● | ○ | ○ |
| | HARM | ○ | ● | ● | ● | ○ | ● | ○ | ● | ○ |
| | HSE | ● | ● | ● | ● | ○ | ● | ○ | ● | ○ |
| | IRMW | ● | ● | ● | ● | ● | ● | ● | ● | ● |
| | LMM-mA | ○ | ● | ● | ● | ○ | ● | ● | ● | ● |
| | LUBA | ○ | ○ | | ● | ○ | ○ | ○ | ○ | ○ |
| | ManTRA | ○ | ● | ● | ● | ○ | ● | ○ | ● | ○ |
| | OCRA-Checkliste | ○ | ● | ● | ● | ● | ● | ● | ● | ● |
| | OREGE | ○ | ○ | ○ | ● | ● | ● | ● | ○ | ○ |
| | REBA | ○ | ○ | ● | ● | ○ | ● | ○ | ● | ● |
| | RAW for HSG60 | ● | ● | ● | ● | ● | ● | ○ | ● | ● |
| | RULA | ○ | ○ | ○ | ● | ○ | ● | ○ | ○ | ○ |
| | Strain Index | ○ | ● | ● | ● | ● | ● | ○ | ○ | ● |
| | Survey Methods | ● | ● | ● | ● | ○ | ● | ● | ● | ● |

● = Kategorie arbeitsbedingter Risikofaktoren wird im Verfahren berücksichtigt.
○ = Kategorie arbeitsbedingter Risikofaktoren wird nicht im Verfahren berücksichtigt.

Fortführung Tabelle 9

| Bewertungs-niveau | Bewertungs-verfahren | Kategorien arbeitsbedingter Risiko-faktoren repetitiver Tätigkeiten | | | | | | | | |
|---|---|---|---|---|---|---|---|---|---|---|
| | | Aufgabenanforderung | Belastungsdauer | Gelenkbewegung | Gelenkstellung | Geschwindigkeit | Kraftaufwendung | Pausengestaltung | Umgebungsbedingung | Takt-/ Zykluszeit |
| **Experten-screening-Verfahren (5)** | CTS-Erfas-sungsbogen | ○ | ● | ● | ○ | ● | ● | ● | ● | ● |
| | EAWS-Sektion 4 | ○ | ● | ● | ● | ○ | ● | ● | ● | ● |
| | IAD-BkB | ○ | ● | ● | ● | ○ | ● | ● | ○ | ● |
| | Ketola´s upper-limb expert tool | ○ | ● | ● | ● | ○ | ● | ○ | ○ | ● |
| | OCRA-Index | ○ | ● | ● | ● | ○ | ● | ● | ● | ● |
| **Anzahl arbeitsbedingter Risiko-faktoren** | | 13 | 28 | 33 | 32 | 12 | 36 | 15 | 27 | 22 |
| **Abdeckungsgrad in Prozent** | | 35 | 76 | 89 | 86 | 32 | 97 | 41 | 73 | 60 |

● = Kategorie arbeitsbedingter Risikofaktoren wird im Verfahren berücksichtigt.
○ = Kategorie arbeitsbedingter Risikofaktoren wird nicht im Verfahren berücksichtigt.

Für die Überprüfung der Qualität von Verfahren werden Gütekriterien eingesetzt, die sich in Haupt- und Nebengütekriterien unterscheiden lassen (Lienert & Raatz, 1994, S. 6-14). Demnach werden Objektivität, Reliabilität und Validität als Hauptgütekriterien bezeichnet. Hingegen werden unter anderem Wirtschaftlichkeit, Nützlichkeit, Normung und Vergleichbarkeit bei empirischen Untersuchungen den Nebengütekriterien zugeordnet. Die Validität stellt das Hauptziel bei der Entwicklung von Erhebungsinstrumenten dar (Häder, 2005, S. 109). Aus diesem Grund thematisiert das Kapitel 2.11 zunächst den aktuellen Stand bisheriger Untersuchungen zur Überprüfung der Hauptgütekriterien von Verfahren zur Bewertung repetitiver Tätigkeiten. Anschließend werden die Untersuchungsergebnisse zur Validität näher ausgewiesen.

## 2.11 Erfüllung der Hauptgütekriterien in der Bewertung von repetitiven Tätigkeiten

Die Erfüllung der Verfahrensgüte ist ein wesentliches Qualitätsmerkmal, um das Risiko von Muskel-Skelett-Beschwerden oder Muskel-Skelett-Erkrankungen richtig identifizieren zu können. Ein geeignetes Verfahren sollte die Hauptgütekriterien Objektivität, Reliabilität und Validität erfüllen (Klußmann, et al., 2013, S. 34-35). Aus diesem Grund widmet sich das Kapitel 2.11.1 zunächst der Charakterisierung der Hauptgütekriterien Objektivität, Reliabilität und Validität und den Interpretationsformen des Zusammenhanges. Anschließend werden in Kapitel 2.11.2 die bisherigen Untersuchungsergebnisse zu den Hauptgütekriterien von Verfahren zur Bewertung repetitiver Tätigkeiten aufgezeigt.

### 2.11.1 Definitionen von Objektivität, Reliabilität und Validität

Die jeweilige Definition zum Gütekriterium nach DIN EN ISO 10075-3 (2004) und deren Unterformen nach Bortz und Döring (2005, S. 192-200) sind in Tabelle 10 aufgeführt. Anhand der Gütekriterien Objektivität, Reliabilität und Validität ist die Qualität von Verfahren bestimmbar (Bortz & Döring, 2005, S. 192). Zwischen Objektivität, Reliabilität und Validität bestehen Beziehungen, welche sich unter mathematischen Annahmen in Formeln beschreiben lassen. In diesem Zuge wird die Objektivität als logische Voraussetzung für die Reliabilität und diese als logische Voraussetzung für die Validität gesehen (Rost, 2004, S. 33). Allerdings stellt die Erfüllung der Validität das Hauptziel bei der Entwicklung von Verfahren dar.

Die Bedeutung der Validität gegenüber der Objektivität und Reliabilität wird nach Häder (2005) wie folgt beschrieben:

> „Würde ein Instrument nur objektiv und reliabel messen, könnte man sagen: Ich weiß zwar, dass ich (beziehungsweise eine beliebig andere Person) mit dem Instrument stets das gleiche Ergebnis erziele, aber ich weiß nicht, was ich damit eigentlich gemessen habe." (Häder, 2005, S. 109)

Tabelle 10: Definitionen und Unterformen von Objektivität, Reliabilität und Validität
*Quelle: Balderjahn (2003); Bortz und Döring (2005)*

| Kriterien | Definition (Quelle) | Unterformen (Quelle) |
|---|---|---|
| **Objektivität** | „Objektivität ist der Grad, in dem die mit einem Messinstrument gewonnenen Ergebnisse unabhängig davon sind, welche Person die Messung durchführt, die Daten analysiert und interpretiert." (DIN EN ISO 10075-3, 2004, S. 5) | • Durchführungsobjektivität<br>• Auswertungsobjektivität<br>• Interpretationsobjektivität<br>(Bortz & Döring, 2005, S. 194-195) |
| **Reliabilität** | „Die Reliabilität oder Zuverlässigkeit ist die Genauigkeit, mit der ein Messinstrument, das misst, was es messen soll." (DIN EN ISO 10075-3, 2004, S. 5) | • Retestreliabilität<br>• Paralleltestreliabilität<br>• Testhalbierungsreliabilität<br>(Bortz & Döring, 2005, S. 195-199) |
| **Validität** | „Die Validität oder Gültigkeit ist der Grad, in dem ein Verfahren oder Instrument tatsächlich das misst, was es messen soll." (DIN EN ISO 10075-3, 2004, S. 5) | • Inhaltsvalidität<br>• Kriteriumsvalidität<br>• Konstruktvalidität<br>- Konvergenzvalidität<br>- Diskriminanzvalidität<br>(Bortz & Döring, 2005, S. 199-200; Balderjahn, 2003, S. 132) |

Zur Erfüllung der Objektivität ist die Durchführungs-, Auswertungs- und Interpretationsobjektivität sicherzustellen. Diese soll die Beeinflussung des

Ergebnisses durch den Untersuchungsleiter ausschließen. Hierzu dienen standardisierte Instruktionen, unabhängige Punktvergaben für die Antworten und eindeutige Vorschriften für das untersuchte Merkmal. Darüber hinaus ist die individuelle Interpretation des erzielten Ergebnisses durch die Untersuchungsleiter zu unterbinden (Bortz & Döring, 2005, S. 194-195).

Die Untersuchungen zur Reliabilität werden nach Bortz und Döring (2005, S. 199) zwischen eindimensionalen und mehrdimensionalen Tests unterschieden. Die Retest-, die Paralleltest- und die Testhalbierungs-Reliabilität sind den eindimensionalen Untersuchungen zuzuordnen. Die Untersuchungen sind durch zwei unterschiedliche Zeitpunkte, zwei Testversionen und der Item-Aufteilung mit Ermittlung der gemeinsamen Varianz charakterisiert. Im Falle von mehrdimensionalen Untersuchungen ist es sinnvoll, die interne Konsistenz der Subskalen einzeln zu bestimmen (Bortz & Döring, 2005, S. 199).

Die Validität wird in drei Hauptarten (Inhalts-, Kriteriums- und Konstruktvalidität) unterschieden. Die Inhaltsvalidität basiert auf subjektiven Einschätzungen und wird erfüllt, wenn alle notwendigen Aspekte beziehungsweise alle Items des zu messenden Konstrukts erfasst werden. Daraus ableitend wird die Höhe der Inhaltsvalidität über die Anzahl der Items an der Grundgesamtheit ermittelt. Die Kriteriumsvalidität vergleicht ein latentes Merkmal mit einem korrespondierenden Merkmal und überprüft die Vorhersagegültigkeit. Je nach Messzeitpunkt kann die Kriteriumsvalidität zwischen der prognostischen Validität und der Übereinstimmungsvalidität unterschieden werden (Bortz & Döring, 2005, S. 199-200). Innerhalb der Konstruktvalidität wird untersucht, ob ein bestimmtes Konstrukt durch den Test erfasst werden kann. Daraus ableitend hat der Test eine hinreichende Konstruktvalidität, wenn das erfasste Merkmal mit dem theoretischen Konstrukt übereinstimmt (Lienert & Raatz, 1994, S. 11).

Als Konstrukt wird eine „Arbeitshypothese oder gedankliche Hilfskonstruktion für die Beschreibung erschlossenen Phänomenen“ verstanden (Dudenverlag, 2016).

Für die Erfüllung der Konstruktvalidität kann nach Balderjahn (2003, S. 132) zum einen die Konvergenz- und zum anderen Diskriminanzvalidität geprüft werden. Die Höhe des Zusammenhanges unterschiedlicher Messungen zu demselben Konstrukt wird über die Konvergenzvalidität geprüft.

Hingegen werden in der Diskriminanzvalidität die Ergebnisse des gleichen Messinstrumentes bei unterschiedlichen Konstrukten untersucht.

Die Korrelation zwischen zwei Variablen stellt ein Maß für die Validität dar (Rost, 2004, S. 34). Aufgrund der Untersuchungen zur Validität von Bewertungsverfahren in der vorliegenden Arbeit wird auf die Interpretation der Stärke des Zusammenhanges und auf die Methoden zur Ermittlung des Korrelationskoeffizienten näher eingegangen. Nach Rost (2004, S. 34) wird die Korrelation als „Zusammenhang zwischen zwei quantitativen Variablen" bezeichnet. Der Korrelationskoeffizient (r) kann die Werte zwischen minus Eins und plus Eins erreichen. Eine Korrelation von Null weist dabei keinen Zusammenhang auf. Darüber hinaus wird mit den möglichen Werten sowohl die Stärke des Zusammenhanges als auch die Richtung des Zusammenhanges angezeigt (Rost, 2004, S. 34-35). Berger (2010, S. 167) unterscheidet die Stärke des Zusammenhanges in sechs, Kuckartz, Rädiker, Ebert, & Schehl (2013, S. 213) hingegen in fünf Kategorien. Um die Untersuchungsergebnisse zum Zusammenhang bestmöglich differenzieren zu können, wird die Stärke des Zusammenhanges zwischen den Bewertungsverfahren in der vorliegenden Arbeit nach Berger ausgewiesen. Tabelle 11 zeigt die Unterscheidung der Stärke des Zusammenhanges nach Berger (2010, S. 167) auf.

Tabelle 11: Unterscheidung der Stärke des Zusammenhanges
*Quelle:* *Berger (2010)*

| Korrelationskoeffizient | Interpretation |
|---|---|
| **$r = 0$** | kein Zusammenhang |
| **$0 < r \leq 0{,}2$** | sehr geringer Zusammenhang |
| **$0{,}2 < r \leq 0{,}5$** | geringer Zusammenhang |
| **$0{,}5 < r \leq 0{,}7$** | mittlerer Zusammenhang |
| **$0{,}7 < r \leq 0{,}9$** | hoher Zusammenhang |
| **$0{,}9 < r \leq 1{,}0$** | sehr hoher Zusammenhang |

In der Berechnung des Korrelationskoeffizienten sind sechs Formen zu unterscheiden. Dabei ist das Skalenniveau der beiden korrelierenden Variablen zu untersuchen. Tabelle 12 zeigt den Korrelationskoeffizienten in Abhängigkeit des Skalenniveaus der Variablen (Kronthaler, 2010, S. 85).

Tabelle 12: Korrelationskoeffizient nach dem Skalenniveau der Variablen
*Quelle:* *Kronthaler (2010)*

| Variable X | Variable Y | Korrelationskoeffizient |
|---|---|---|
| **Nominal (0/1)** | **Nominal (0/1)** | Vierfelderkorrelation |
| **Nominal** | **Nominal** | Kontingenzkoeffizient |
| **Ordinal** | **Nominal** | biseriale Rangkorrelation |
| **Ordinal** | **Ordinal** | Spearman Rangkorrelationskoeffizient |
| **Metrisch** | **Nominal** | punktbiseriale Korrelation |
| **Metrisch** | **Ordinal** | Spearman Rangkorrelationskoeffizient |
| **Metrisch** | **Metrisch** | Bravais-Pearson-Korrelationskoeffizient |

In der Ermittlung der Korrelation nach Pearson oder nach Spearman ist zu beachten, dass der Bravias-Pearson-Korrelationskoeffizient die gleich- oder gegenläufigen Abhängigkeiten nur in einem linearen Zusammenhang bewertet. Folglich ist die Korrelation nach Pearson sensitiv gegenüber den Ausreißern. Im Gegensatz dazu ist bei der Rangkorrelation nach Spearman der Effekt von Ausreißern wesentlich geringer (Weigand, 2009, S. 108).

Die Aufbereitung des aktuellen Standes der Untersuchungen zu den Hauptgütekriterien bei Verfahren zur Bewertung repetitiver Tätigkeiten erfolgt in Kapitel 2.11.2.

### 2.11.2 Untersuchungsergebnisse zu den Hauptgütekriterien

Zur Ermittlung bisheriger Untersuchungen zur Güte der Bewertungsverfahren repetitiver Tätigkeiten wurde ein strukturiertes Literatur-Review nach Brocke et al. (2009) mit repräsentativen Datenbanken (ACM, EBSCO Host, Web of Science und Science direct) durchgeführt. Der Review-Umfang baut auf der Veröffentlichung nach Takala et al. (2010) auf und bezieht die identifizierten Bewertungsverfahren siehe Kapitel 2.9 ein. Das Literatur-Review ergab 52 Veröffentlichungen zu den Hauptgütekriterien, die im Anhang aufgeführt sind. Dabei wiesen nur 18 Verfahren (49 Prozent) eine Veröffentlichung zu Objektivität, Reliabilität und/oder Validität auf. Das Ergebnis zum Abdeckungsgrad bestehender Untersuchungen zu den Hauptgütekriterien wird in Tabelle 13 dargestellt.

Tabelle 13: Abdeckungsgrad der Verfahren hinsichtlich Objektivität, Reliabilität und Validität

*Quelle: Eigene Darstellung*

| Hauptgüte-kriterien | ART | EAWS-Sektion 4 | HARM | HAL TLVs | Ketola´s expert tool | Keyserling´s checklist | LMM-mA | ManTRA | OCRA-Checkliste | OCRA-Index | OREGE | PLIBEL | QEC | REBA | RULA | Strain Index | Stetson´s checklist | WSE Checklist |
|---|---|---|---|---|---|---|---|---|---|---|---|---|---|---|---|---|---|---|
| **Objektivität** | ● | ○ | ○ | ● | ● | ○ | ● | ○ | ● | ○ | ○ | ○ | ● | ● | ● | ● | ● | ● |
| **Reliabilität** | ● | ○ | ● | ● | ○ | ● | ● | ○ | ● | ○ | ○ | ● | ● | ● | ● | ● | ● | ○ |
| **Validität** | ● | ● | ● | ● | ● | ○ | ● | ● | ● | ● | ● | ● | ● | ● | ● | ● | ○ | ● |

● = Untersuchung des Verfahrens nach dem jeweiligen Gütekriterium ist erfolgt.
○ = Untersuchung des Verfahrens nach dem jeweiligen Gütekriterium ist nicht erfolgt.

Dem Großteil der Verfahren (89 Prozent) weist Untersuchungen zur Validität auf, wobei vier Verfahren (22 Prozent) ausschließlich Untersuchungen zur Validität aufzeigen. Hierzu gehören die EAWS-Sektion 4, das Manual Tasks Risk Assessment (ManTRA), das OCRA-Index-Verfahren und das Outil de Reperage et d´Evaluation des Gestes (OREGE). Dem gegenüber stehen acht Verfahren (44 Prozent) durch die alle Hauptgütekriterien untersucht wurden.

Anhand des Literatur-Reviews ergeben sich zu elf Bewertungsverfahren relevante Untersuchungsergebnisse, in denen die Bewertungsverfahren miteinander verglichen wurden. Diese Ergebnisse zur Ermittlung des Rangkorrelationskoeffizienten sind in Tabelle 14 zusammengefasst.

Tabelle 14: Gegenüberstellung der Bewertungsverfahren anhand des Rangkorrelationskoeffizienten

*Quelle:* *Eigene Darstellung*

| | ART | EAWS-Sektion 4 | HAL TLVs | LMM-mA | ManTRA | OCRA-Checkliste | OCRA-Index | QEC | REBA | RULA | Strain Index |
|---|---|---|---|---|---|---|---|---|---|---|---|
| **ART** | / | o | o | C | o | o | o | o | o | o | o |
| **EAWS-Sektion 4** | o | / | o | o | o | o | A | o | o | o | o |
| **HAL TLV** | o | o | / | C | o | D | o | o | o | o | B |
| **LMM-mA** | C | o | C | / | C | o | o | o | o | C | o |
| **ManTRA** | o | o | o | C | / | o | o | o | o | o | o |
| **OCRA-Checkliste** | o | o | D | o | o | / | o | o | o | E | C |
| **OCRA-Index** | o | A | o | o | o | o | / | o | E | D | D |
| **QEC** | o | o | o | o | o | o | o | / | D | D | o |
| **REBA** | o | o | o | o | o | o | E | D | / | C | D |
| **RULA** | o | o | o | C | o | E | D | D | C | / | D |
| **Strain Index** | o | o | B | o | o | C | D | o | D | D | / |
| **Anzahl Gegenüberstellungen** | 1 | 1 | 3 | 4 | 2 | 3 | 3 | 2 | 4 | 6 | 5 |

o = Keine Untersuchung zur Gegenüberstellung der Verfahren vorhanden.
A = sehr hoher Zusammenhang (r = > 0,9 bis 1,0);
B = hoher Zusammenhang (r = > 0,7 bis ≤ 0,9);
C = mittlerer Zusammenhang (r = > 0,5 bis ≤ 0,7);
D = geringer Zusammenhang (r = > 0,2 bis ≤ 0,5);
E = sehr geringer Zusammenhang (r = > 0,0 bis ≤ 0,2);
F = kein Zusammenhang (r = 0,0)

Die Untersuchung nach Serranheira und de Sousa Uva (2008, S. 35-44) konzentrierte sich auf die Betrachtung der OCRA-Checkliste, dem SI, dem RULA und den HAL-TLVs. Die durchgeführten Untersuchungen basieren auf 366 Arbeitsplätzen in der Automobilindustrie. Für den zugrunde liegenden Verfahrensvergleich wurden 71 Arbeitsplätze berücksichtigt, welche ein hohes Risiko mit der OCRA-Checkliste erzielten. Die identifizierten Arbeitsplätze wurden zusätzlich mit dem RULA, dem SI und dem HAL-TLVs bewertet. Der Rangkorrelationskoeffizient ergab zwischen der OCRA-

Checkliste und dem SI (r = 0,52) einen mittleren sowie zwischen der OCRA-Checkliste und dem HAL-TLVs (r = 0,42) einen geringen Zusammenhang. Weiterhin wurde zwischen dem SI und dem HAL-TLVs (r = 0,77) ein hoher Zusammenhang festgestellt. Lediglich zwischen der OCRA-Checkliste und dem RULA (r = -0,13) sowie zwischen dem RULA und den weiteren Bewertungsverfahren wurde ein sehr geringer Zusammenhang ermittelt.

Die Untersuchung nach Drinkaus et al. (2003, S. 165-172) führt zu einem vergleichbaren Ergebnis. Hierbei wurden 95 Montagearbeitsplätze mit insgesamt 244 Arbeitstätigkeiten mit dem RULA und dem SI bewertet und die Ergebnisse verglichen. Der Rangkorrelationskoeffizient ergab ebenfalls einen sehr geringen Zusammenhang (r = 0,11).

Weitere Untersuchungsergebnisse zum Vergleich der Verfahren bietet die Studie nach Chaisson et al. (2012, S. 478-488). Im Rahmen dieser Studie wurden neben dem HAL-TLVs, dem OCRA-Index, dem RULA und dem SI auch DIN EN 1005-3, das QEC und das REBA gegenübergestellt. Die Untersuchung wurde an 224 Arbeitsplätzen mit insgesamt 567 Arbeitstätigkeiten in der industriellen Fertigung durchgeführt. Der Vergleich zwischen dem HAL-TLVs und dem SI bestätigte einen mittleren Zusammenhang (r = 0,69) auf Basis von 195 Arbeitstätigkeiten. Ein ähnliches Ergebnis erzielte der Vergleich zwischen dem REBA und dem RULA. Auf Grundlage von 543 Arbeitstätigkeiten wurde ein mittlerer Zusammenhang (r = 0,67) ermittelt. Dieses Ergebnis ist allerdings nicht überraschend, da sich beide Verfahren sehr stark ähneln. Der Vergleich zwischen dem QEC und dem REBA oder RULA ergaben nur einen geringen Zusammenhang (QEC und RULA mit r = 0,37 sowie QEC und REBA mit r = 0,35). Die Gegenüberstellungen mit dem OCRA-Index sind nur wenig aussagefähig, da sich der Verfahrensvergleich auf unterschiedliche Körperregionen bezog.

Die Untersuchung nach O´Sullivan und Gallwey (2005, S. 173-179) bezog sich auf 30 Arbeitstätigkeiten aus der Elektroindustrie und diente der Ermittlung des Rangkorrelationskoeffizienten zwischen dem OCRA-Index, dem REBA, dem RULA und dem SI. Der Vergleich zwischen dem REBA und dem RULA erzielte einen mittleren Zusammenhang (linke Hand mit r = 0,58 und rechte Hand mit r = 0,57). Die Gegenüberstellung zwischen dem RULA und dem SI ergab einen sehr geringen Zusammenhang (linke Hand mit r = 0,19 und rechte Hand mit r = 0,18). Ein ähnliches Ergebnis erzielte der Vergleich zwischen dem REBA und dem SI mit einem geringen Zusammenhang (linke Hand mit r = 0,29 und rechte Hand mit r = 0,22). Ebenso erzielte der Vergleich zwischen dem OCRA-Index und dem SI einen geringen Zusammenhang (linke Hand mit r = 0,40 und rechte Hand mit r = 0,44). Eine vergleichende Untersuchung zwischen dem OCRA-Index und dem REBA oder dem RULA bestätigt ebenfalls die bisherigen Erkenntnisse. Zwischen dem OCRA-Index und dem REBA wurde ein sehr geringer beziehungsweise geringer Zusammenhang (linke Hand mit r = 0,13 und rechte Hand mit r = 0,22) und mit dem RULA ein geringer Zusammenhang (linke Hand mit r = 0,35 und rechte Hand mit r = 0,46) in Abhängigkeit der zu betrachtenden oberen Extremität ermittelt.

Eine bedeutsame Untersuchung für die vorliegende Arbeit stellt die Untersuchung zum Rangkorrelationskoeffizienten nach Lavatelli et al. (2012, S. 4440-4442) dar. Diese untersuchte den Zusammenhang zwischen der EAWS-Sektion 4 und dem OCRA-Index. Auf Grundlage von 45 Arbeitsplätzen aus der Automobilindustrie wurde ein sehr hoher Zusammenhang (r = 0,95) zwischen beiden Verfahren ermittelt.

Ergänzend ist der „Bericht über die Erprobung, Validierung und Revision“ der LMM-mA 2011 nach Steinberg et al. (2012, S. 14-122) aufzuführen. Ein Schwerpunkt dieses Berichtes stellt die Untersuchung der Konvergenzvalidität zwischen der LMM-mA und weiteren Verfahren dar. Aus der Vielzahl an existierenden Verfahren wurden das ART, HAL-TLVs, HARM, ManTRA und RULA und ausgewählt. Der Vergleich wurde durch die unterschiedliche Merkmalsauswahl, Skalierung und Bewertung der Verfahren als wenig erfolgsversprechend beschrieben. Auf Grundlage der formalen Normierung der Verfahren und dem Bilden von Korrekturfaktoren konnte jedoch eine grundsätzliche Übereinstimmung in den linearen Trendlinien und ähnliche Bewertungsergebnisse erzielt werden.

Bei eingehender Betrachtung der Validität zwischen den Verfahren werden deutliche Unterschiede sichtbar. Zusammenfassend erzielten die Gegenüberstellungen zwischen dem HAL-TLVs, der OCRA-Checkliste, dem OCRA-Index und dem SI geringe bis mittlere Zusammenhänge. Des Weiteren erzielten diese Bewertungsverfahren im Vergleich zu dem REBA oder RULA stets sehr geringe bis geringe Zusammenhänge. Den höchsten

Zusammenhang zwischen den Bewertungsverfahren weist der Vergleich zwischen der EAWS-Sektion 4 und dem OCRA-Index auf. Ergänzend wird anhand Tabelle 14 deutlich, dass ART und EAWS-Sektion 4 die bisher wenigsten Überprüfungen zur Konvergenzvalidität aufweisen. Folglich ist der Vergleich zu den Verfahren HAL-TLVs, LMM-mA, OCRA-Checkliste und SI zu empfehlen, da diese Verfahren in vergleichbaren Untersuchungen mittlere bis hohe Zusammenhänge nachwiesen und somit einen vollumfänglichen Nachweis der Konvergenzvalidität von EAWS-Sektion 4 sicherstellen. Die Untersuchung der Konvergenzvalidität von EAWS-Sektion 4 mit HAL-TLVs wird in der vorliegenden Arbeit nicht weiterverfolgt, da dieses Verfahren keine Punktwerte ermittelt und dies die Ermittlung des Rangkorrelationskoeffizienten zwischen den Bewertungsverfahren erschwert.

Für die Untersuchung der Konvergenzvalidität von EAWS-Sektion 4 werden zunächst in Kapitel 2.12 die identifizierten Verfahren EAWS, LMM-mA, OCRA-Checkliste und SI vorgestellt. Ergänzende Informationen zur Untersuchung der Konvergenzvalidität zwischen den identifizierten Verfahren werden anschließend in Kapitel 2.13 thematisiert.

## 2.12 Vorstellung von EAWS-Sektion 4, LMM-mA, OCRA-Checkliste und SI

Das Kapitel beschreibt jeweils zu den Verfahren EAWS-Sektion 4, LMM-mA, OCRA-Checkliste und SI die Entwicklungshistorie, die Vorgehensweise zur Verfahrensanwendung und die Art der Risikobewertung. Zusätzlich wird in Kapitel 2.12.5 die Unterscheidung zwischen realer und technischer Aktion zur Anwendung von EAWS-Sektion 4 beziehungsweise dem OCRA-Verfahren aufgeführt.

### 2.12.1 Ergonomic Assessment Worksheet (EAWS)

Das Ergonomic Assessment Worksheet (EAWS) ist ein Verfahren des International MTM Directorate (IMD) und bietet die Einhaltung der einschlägigen CEN- und ISO-Normen. Das Verfahren bietet die Möglichkeit einer ergonomischen Risikobewertung gemäß Ampelschema und kombiniert komplexe Belastungssituationen. Unter Berücksichtigung von relevanten Eigenschaften der vorhandenen Zielgruppe werden die ermittelten Risikopunkte für alle Belastungsfaktoren pro Zeiteinheit aufsummiert (Schaub et al., 2012, S. 4-5). Das EAWS beruht auf verschiedenen Entwicklungsstufen beziehungsweise Entwicklungsverfahren durch das Institut für Arbeitswissenschaft der Technischen Universität Darmstadt (IAD). Die Grundlage bildet die Entwicklung des New Production Worksheet (NPW) mit General Motors Europe (GME) von 1997 (Schaub & Dietz, 2000, S. 759-762) und das DesignCheck mit der Porsche AG von 1999 (Winter, Schaub, Landau, Großmann, & Laun, 1999, S. 35). Die nächste Entwicklungsstufe stellte das AAWS dar (Schaub, Landau, & Bruder, 2008, S. 230). Die letzte Entwicklungsstufe zum EAWS stellt das IAD-BkB von 2007 dar (Schaub & Ghezel-Ahmadi, 2007, S. 601-604).

Der Aufbau des EAWS gliedert sich in zwei Bereiche. Der erste Bereich dient zur Bewertung des Ganzkörpers, um biomechanische Überlastungen im Muskel-Skelett-System der Wirbelsäule sowie des Nacken- und Schulterbereiches beurteilen zu können. Die Ganzkörperbewertung unterteilt sich noch einmal in Sektion 1 zur Bewertung von Körperhaltung und Bewegungen, in Sektion 2 zur Bewertung von Aktionskräften, in Sektion 3 zur Bewertung von Lastenhandhabung und in Sektion 0 zur Bewertung ergänzender körperlicher Belastungen bei der sogenannte Extrapunkte vergeben werden, die nicht in Sektion 1 bis 3 berücksichtigt werden. Der zweite Bereich (Sektion 4) dient zur Bewertung der oberen Extremitäten mit Fokus auf repetitive Tätigkeiten, um biomechanische Überlastungen des Hand-, Ellenbogen- und Schulterbereiches zu beurteilen. Um das Gesamtergebnis ermitteln zu können, müssen zunächst die Punktbewertungen der Sektionen zur Ganzkörperbewertung aus den Belastungsarten Körperhaltung, Aktionskräfte, Lastenhandhabung und Extrapunkte aufsummiert werden. Diese Gesamtpunktzahl ist der Punktbewertung der

Sektion 4 gegenüberzustellen. Der höchste Punktwert der beiden Bereiche wird anschließend für die Risikoeinstufung nach dem Ampelprinzip (siehe Tabelle 15) in Anlehnung an DIN EN 614-1 herangezogen (Schaub et al., 2012, S. 4).

Tabelle 15: Risikobewertung des ermittelten Punktwertes im EAWS
*Quelle:* *Schaub et al. (2012)*

| Punktwert | Ampelbereich | Beschreibung |
|---|---|---|
| **≤ 25,0** | grün | „Niedriges Risiko, empfehlenswert, Maßnahmen sind nicht erforderlich." |
| **> 25,0 bis 50,0** | gelb | „Mögliches Risiko, nicht empfehlenswert, Maßnahmen zur erneuten Gestaltung/ Risikobeherrschung sind zu ergreifen." |
| **> 50,0** | rot | „Hohes Risiko, vermeiden, Maßnahmen zur Risikobeherrschung sind erforderlich." |

### 2.12.2 Leitmerkmalmethode manuelle Arbeitsprozesse (LMM-mA)

Die Leitmerkmalmethode manuelle Arbeitsprozesse (LMM-mA) wurde durch die Bundesanstalt für Arbeitsschutz und Arbeitsmedizin (BAuA) entwickelt. Das Verfahren dient der Beurteilung von Tätigkeiten mit Belastungen auf den Hand-Arm-Schulter-Bereich, um das Risiko für das Auftreten von arbeitsbedingten Beschwerden und Erkrankungen zu vermeiden (Steinberg U. , et al., 2012, S. 14-15).

Die Risikoanalyse gliedert sich in drei Schritte. Im ersten Schritt wird die Zeitwichtung bestimmt. Die Gesamtdauer der zu beurteilenden Tätigkeit ergibt anhand einer vorgegebenen Tabelle die Wichtungspunkte „Zeit". Im nächsten Schritt erfolgt zunächst die Ermittlung der Kraftpunkte. Die benötigten Krafthöhen werden durch Beobachtung oder durch Befragung ermittelt und in sieben Kraftklassen von sehr geringen Kräften bis Schlagen eingeteilt. Weiterhin wird nach dynamischen und statischen Kraftfällen unterschieden. Bei dynamischen Kraftfällen werden die Aktionen gezählt, welche der Mitarbeiter im Rahmen der Tätigkeit ausübt. Eine Differenzierung hinsichtlich realer oder technischer Aktionen wird nicht vorgenommen. Aus diesem Grund wird für die Anwendung der LMM-mA die Bestimmung der Anzahl von Gelenkbewegungen über reale Aktionen vorgenommen. Im Falle von statischen Kraftfällen wird die Haltedauer bestimmt. Mit diesen Informationen kann die Kraftwichtung für jeden Arm einzeln bestimmt werden. Die höhere Wichtung, linke oder rechte Hand, stellt die tatsächliche Kraftwichtung dar. Im Anschluss werden die benötigte Greifart und Form der Kraftübertragung untersucht. Je nach Greifart, Griffgestaltung und Greifoberfläche sind die Wichtungspunkte dem Formblatt zu entnehmen. Mit dem Merkmal Hand-Armstellung und Armbewegung wird die Belastung der Finger-, Hand-, Ellenbogen- und Schultergelenke beurteilt. Aus vier Kategorien von gut bis schlecht können die jeweiligen Bewertungspunkte entnommen werden. Die Arbeitsorganisation bewertet einen möglichen Belastungswechsel des Mitarbeiters durch andere Tätigkeiten und vergibt dementsprechend Punkte. Zusätzlich werden in den Ausführungsbedingungen die Arbeitsumweltfaktoren wie Blendung, Zugluft, Kälte, Nässe oder Geräusche, welche das Konzentrationsvermögen minimieren können, berücksichtigt. Abschließend erfolgt die Wichtung der Körperhaltung in vier Kategorien von gut bis schlecht (Steinberg U. , et al., 2012, S. 167-186). Der dritte und letzte Schritt umfasst die Bewertung der Gesamttätigkeit. Diese erfolgt anhand eines tätigkeitsbezogenen Punktwertes und errechnet sich durch die Addition der Wichtungen der Leitmerkmale sowie durch Multiplikation mit der Zeitwichtung. Die Auswertung des Punktwertes der LMM-mA erfolgt über das Ampelschema. Dabei wird der jeweilige Punktwert einem möglichen Risikobereich (siehe Tabelle 16) zugeordnet.

Tabelle 16: Risikobewertung des erzielten Punktwertes in der LMM-mA
*Quelle: Steinberg et al. (2012)*

| Punktwert | Risikobereich | Beschreibung |
|---|---|---|
| **< 10,0** | 1 | „Geringe Belastung, Gesundheitsgefährdung durch körperliche Überbeanspruchung ist unwahrscheinlich." |
| **10,0 bis < 25,0** | 2 | „Mittlere Belastung, eine körperliche Überbeanspruchung ist bei vermindert belastbaren Personen möglich. Für diesen Personenkreis sind Gestaltungsmaßnahmen sinnvoll." |
| **25,0 bis < 50,0** | 3 | „Erhöhte Belastung, körperliche Überbeanspruchung ist auch für normal belastbare Personen möglich. Gestaltungsmaßnahmen sind zu prüfen." |
| **≥ 50,0** | 4 | „Hohe Belastung, körperliche Überbeanspruchung ist wahrscheinlich. Gestaltungsmaßnahmen sind erforderlich." |

Die Grenzen zwischen den Risikobereichen sind aufgrund der individuellen Arbeitsweisen und Leistungsvoraussetzungen fließend. Damit darf die Einstufung nur als Orientierungshilfe verstanden werden (Steinberg U. , et al., 2012, S. 186).

### 2.12.3 Occupational Risk Assessment (OCRA)-Checkliste

Die Occupational Risk Assessment (OCRA)-Checkliste ist eine verkürzte Vorgehensweise zur Feststellung der Belastung im Bereich der oberen Extremitäten durch repetitive Tätigkeiten. Die OCRA-Checkliste wurde von der italienischen Arbeitsgruppe um Colombini, Occhipinti und Grieco im Jahr 2002 entwickelt (Colombini, Occhipinti, & Grieco, 2002, S. 111-118). Die OCRA-Checkliste basiert auf dem OCRA-Index, stellt aber eine vereinfachte Analysemöglichkeit gegenüber diesem dar. Das Verfahren bewertet die einzelnen Risikofaktoren beziehungsweise Einflussfaktoren Pausengestaltung, Repetition, Kraftaufwand, Körper- und Gelenkbewegungen, Körperhaltungen in ungünstigen Winkelbereichen sowie zusätzliche Faktoren wie Vibration, lokaler Druck, Kälte und Hitze. Im Unterschied zum OCRA-Index sind in der Checkliste zu jedem Faktor bereits vorgegebene Konstellationen formuliert. Zutreffende Situationsbeschreibungen sind anzukreuzen und mit den angegebenen Punkten zu versehen (Hoehne-Hückstädt et al., 2007, S. 87-96). Zu beachten ist, dass OCRA grundsätzlich die Repetition mit bewegungstechnischen Aktionen beschreibt. Die OCRA-Checkliste besteht aus sechs Arbeitsbögen, mit denen die angegebenen Risikofaktoren einzeln untersucht werden. Um den Gesamtindex der Tätigkeiten zu berechnen, werden die Punktwerte der fünf Kategorien (Erholung, Frequenz, Kraft, Haltung und zusätzliche Faktoren) addiert. Anschließend kann dieser Indexwert durch Vergleich mit den Werten des Ampelschemas beurteilt werden (DIN EN 1005-5, 2007, S. 7). Sowohl die OCRA-Checkliste als auch die Berechnung des OCRA-Index sind in DIN EN 1005-5 (DIN EN 1005-5, 2007) und in ISO 11228-3 (ISO 11228-3, 2007) international standardisiert. Tabelle 17 zeigt die Zuordnung des ermittelten Punktwertes aus der OCRA-Checkliste zur Risikobewertung auf (Colombini et al., 2002, S. 117).

Tabelle 17: Risikobewertung des erzielten Punktwertes in der OCRA-Checkliste
*Quelle:* *Colombini et al. (2002)*

| Punktwert | Risikobewertung |
|---|---|
| **≤ 6,0** | „kein Risiko“ |
| **6,1 bis 11,9** | „niedriges Risiko“ |
| **12,0 bis 18,9** | „vorhandenes Risiko“ |
| **≥ 19,0** | „hohes Risiko“ |

### 2.12.4 Strain Index (SI)

Moore und Garg entwickelten 1995 den Strain Index (SI) vor dem Hintergrund, dass frühere Bewertungsverfahren subjektiv waren, keine Standardisierung vorlag und Wechselwirkungen zwischen den Risikofaktoren nicht berücksichtigt wurden (Moore & Garg, 1995, S. 443-444). Der SI wird beschrieben durch Arbeitsvariablen, die gemessen oder gegebenenfalls geschätzt werden. Je nach Ausprägung werden ihnen Multiplikationsfaktoren zugeordnet. Um ein besseres Verständnis gegenüber dem Risikofaktor „Intensität der Anstrengung“ zu erhalten, definieren die Autoren ihre Einteilung der Kraft nach der Borg-Scala. Hierbei verweisen die Autoren auf die modifizierte CR-10-Skala. Diese entspricht einer nicht linearen Funktion in Bezug auf die erbrachte Leistung beziehungsweise aufgebrachte Kraft und weist elf Unterscheidungen von null (überhaupt nichts) bis zehn (sehr, sehr stark) auf (Schefer, 2008, S. 41-42). Die Auswertung des SI erfolgt nach vier Kategorien (siehe Tabelle 18) (Moore & Garg, 1995, S. 444).

Tabelle 18: Risikobewertung des Punktwertes im SI
*Quelle:* *Moore und Garg (1995)*

| Punktwert | Risikobewertung |
|---|---|
| **≤ 3,0** | „wahrscheinlich sicher“ |
| **4,0 bis 5,0** | „kann sicher sein“ |
| **6,0** | „kann gefährlich sein“ |
| **≥ 7,0** | „wahrscheinlich gefährlich“ |

Der SI ist das Produkt der Arbeitsvariablen und folglich das Produkt der kennzeichnenden Multiplikatoren. Wenn ein Risiko entdeckt wurde, zeigen die Höhen der einzelnen Multiplikatoren auf, über welche Arbeitsvariablen die Arbeit am ehesten sicherer gestaltet werden kann (ISO 11228-3, 2007, S. 66-68).

### 2.12.5 Gegenüberstellung technischer und realer Aktionen zur Anwendung von EAWS und OCRA

Innerhalb der Begriffsdefinition repetitiver Tätigkeiten wird sowohl der Begriff Tätigkeiten als auch der Begriff Bewegungen verwendet. Hingegen wird zur Analyse und Bewertung von Tätigkeiten beziehungsweise Bewegungen in den speziellen Screening-Verfahren und Expertenscreening-Verfahren von Aktionen gesprochen. Aus diesem Grund werden in diesem Kapitel die Abgrenzung der Begriffe und die möglichen Auswirkungen auf die Anwendung vorhandener Bewertungsverfahren aufgezeigt.

Tätigkeiten werden als eine Handlung des Menschen bezeichnet, die sowohl körperliche als auch geistige Aktivität umfassen kann (Dudenverlag, 2013). Im Sinne der körperlichen Tätigkeiten werden Teiltätigkeiten als elementare manuelle Tätigkeiten definiert, welche notwendig sind, um Arbeitsschritte innerhalb einer Zykluszeit auszuführen. Die Teiltätigkeiten implizieren muskuloskeletale Aktivitäten beispielsweise durch die oberen Extremitäten. Allerdings beziehen sich die Aktivitäten nicht ausschließlich auf einzelne Gelenkbewegungen, sondern auch auf komplexe Bewegungen zur Ausführung ein er einfachen Arbeitsaufgabe (DIN EN 1005-5, 2007, S. 21). Als Bewegung kann die Ortsveränderung eines Grundkörpers oder als geistige oder politische Bestrebung einer Anzahl von Menschen mit einem gemeinsamen Ziel bezeichnet werden (Dudenverlag, Duden, 2013). Im Sinne repetitiver Tätigkeiten wird in der weiteren Betrachtung von körperlichen Bewegungen gesprochen, wenn diese durch das Muskel-Skelett-System ausgelöst werden und den Energieverbrauch über den Grundumsatz anhebt (HHS, 1996, S. 13). Sowohl in den Definitionen zu repetitiven Tätigkeiten als auch in der Anwendung von vereinzelten Belastungsverfahren, wie dem EAWS oder dem OCRA, werden Tätigkeiten beziehungsweise Bewegungen als Aktionen beschrieben. Allerdings liegen in der Definition erkennbare Unterschiede vor, welche in Tabelle 19 in Anlehnung an DIN EN 1005-5 (2007) aufgezeigt werden.

Im OCRA werden Betätigungen der Gelenke, Muskeln und Sehnen der oberen Extremitäten als technische Aktionen beschrieben (Hoehne-Hückstädt et al., 2007, S. 90). Allerdings ist im Vergleich zwischen der EAWS-Anwendung und der OCRA-Anwendung zu beachten, dass sich die technischen Aktionen von MTM-1 und MTM-UAS unterscheiden. Im Gegensatz zum OCRA-Verfahren wird im EAWS der abgeschlossene Bewegungsablauf mit einem Gegenstand als reale Aktion definiert. Dadurch ergeben sich Unterschiede im Tragen von Lasten, in der Greifbewegung sowie gegebenenfalls mit dem anschließenden Positionieren und dem Übergeben eines Arbeitsmittels von der rechten in die linke Hand.

Tabelle 19: Gegenüberstellung Bewegungen, Teiltätigkeiten und Aktionen
*Quelle: DIN EN 1005-5 (2007)*

| Teiltätigkeit oder Bewegung | Beschreibung | Anzahl realer Aktionen (EAWS) | Anzahl technischer Aktionen (OCRA) |
|---|---|---|---|
| **Umsetzen** | Transport (≥ 1 kg FZG, ≥ 2 kg HZG, ≥1 m) | 1 | 1 |
| **Tragen** | | 0 | 1 |
| **Greifen** | Gegenstand ergreifen | nicht definiert | 1 |
| **Greifen und Positionieren** | Ergreifen und Platzieren | 1 | nicht definiert |
| **Übergeben** | Gegenstand reichen | rechts 1; links 1 | rechts 1; links 1 |
| **Positionieren** | Gegenstand platzieren | 1 | 1 |
| **Reichen** | außerhalb Arbeitsbereichs | 1 | 1 |
| **Ziehen und Schieben,** | Kraftaufwand ≥ 30 N | 1 | 1 |
| **Drücken und Herausziehen** | | 0 | 0 |
| **Spezifische Tätigkeiten** | u. a. Falten, Biegen, Drehen, Anstreichen und Schleifen | n x 1 | n x 1 |

FZG = Fingerzufassungsgriff
HZG = Handzufassungsgriff

In den beschriebenen Anwendungsfällen werden mehr oder weniger Aktionen berücksichtigt. Aus diesem Grund können insbesondere in der Montage, wo eine Vielzahl von Arbeitsmitteln pro Takt gehandhabt werden, Unterschiede in der Anzahl von ermittelten Aktionen zwischen dem EAWS-Verfahren und dem OCRA-Verfahren entstehen (Hoehne-Hückstädt et al., 2007, S. 90-91). Zur genauen Ermittlung der realen Aktionen im Rahmen der EAWS-Sektion 4-Anwendung können die MTM-Bausteine wie zum Beispiel MTM-SD oder MTM-UAS herangezogen werden (DMTM, 10/2014, S. 131). Diese Definition der realen Aktionen bildet die Grundlage für die Arbeitsplatzbewertung in der vorliegenden Arbeit. Tabelle 20 ordnet die Anzahl an realen Aktionen den jeweiligen MTM-UAS-Bausteinen zu.

Tabelle 20: MTM-UAS-Umrechnungstabelle für reale Aktionen
*Quelle:* *DMTM (2014)*

| MTM-UAS | Bedeutung | Anzahl realer Aktionen |
|---|---|---|
| **Axx** | Aufnehmen und Platzieren | 1 |
| **Pxx** | Platzieren | 1 |
| **Hxx** | Hilfsmittel aufnehmen, ansetzen und ablegen | 2 |
| **EHx** | Hilfsmittel aufnehmen und zurücklegen | 1 |
| **ZAx** | eine Bewegung | 1 |
| **ZBx** | Bewegungsfolge, zum Beispiel Schraubzyklus | 1 |
| **ZD** | Festmachen und Lösen | 1 |
| **ZCx** | Werkzeug umsetzen und eine Bewegung | 2 |
| **Bxxx** | Betätigung (u. a. Heben, Schalter) | 1 |
| **Kx** | Körperbewegungen | 0 |
| **VA** | Visuelle Kontrolle | 0 |

Aufgrund von Abweichungen zwischen den MTM-Prozessbausteinsystemen MTM-SD und MTM-UAS zeigt Tabelle 21 die Anzahl realer Aktionen für die MTM-SD auf (DMTM, 3/2015, S. 3).

Tabelle 21: MTM-SD-Umrechnungstabelle für reale Aktionen
*Quelle: DMTM (2015)*

| MTM-SD | Bedeutung | Anzahl realer Aktionen |
|---|---|---|
| **PAExx** | Platzieren | 1 |
| **PUExx** | Platzieren | 1 |
| **PUZxx** | Platzieren | 1 |
| **PLExx** | Platzieren | 1 |
| **PLZxx** | Platzieren | 1 |
| **PEExx** | Platzieren | 1 |
| **PEZxx** | Platzieren | 1 |
| **GDT** | Drehen pro Turnus | 1 |
| **GRU** | Rotieren pro Umdrehung | 1 |
| **SKx** | Schreiben | 2 |
| **SGB** | Schreiben | 2 |
| **SZZ** | Schreiben | 2 |

In Kapitel 2.12 wird deutlich, dass die identifizierten Verfahren zur Untersuchung der Konvergenzvalidität von EAWS-Sektion 4 vereinzelte Unterschiede in der Risikobeurteilung aufweisen. Folglich sind die Verfahren gegenüberzustellen und mit der Risikobeurteilung abzugleichen. Festlegungen zur Vergleichbarkeit der Verfahren werden in Kapitel 2.13 aufgeführt.

## 2.13 Voraussetzungen zur Vergleichbarkeit der Verfahren

Neben dem Anspruch zur Validität der vergleichenden Bewertungsverfahren müssen diese gleiche Zielgrößen messen und eine gleiche Klassifizierung der Bewertungsergebnisse ausweisen (Cronbach & Meehl, 1955, S. 282-302). Die identifizierten Verfahren zur Bewertung repetitiver Tätigkeiten unterscheiden sich inhaltlich voneinander. Unterschiede können im Umfang der Messungen und in der Art der Bewertung liegen. Alle Verfahren bewerten repetitive Tätigkeiten der oberen Extremitäten und beziehen in ihre Berechnungen die Häufigkeit, die Dauer und den benötigten Kraftaufwand ein. Aufgrund der verschiedenen Skalierungen der im Weiteren betrachteten Verfahren hinsichtlich des Kraftniveaus und der Gelenkstellung sind die einzelnen Skalierungen miteinander abzugleichen und zu harmonisieren. Dieser Abgleich ist zwingend notwendig, um vergleichbare Ergebnisse in der Bewertung zu erhalten.

Mit Hilfe der Borg-Skala, welche ein einfaches Werkzeug zur Festlegung der subjektiven Belastungsintensität darstellt (Borg, 1998, S. 104), werden zunächst die einzelnen Kraftniveaus in Tabelle 22 gegenübergestellt und miteinander abgeglichen.

Das Skalenniveau in EAWS-Sektion 4 mit seinen sieben Kategorien basiert auf objektiven Kraftwerten. Hingegen erfolgt die Einschätzung des Kraftniveaus in der LMM-mA, in der OCRA-Checkliste und im SI über eine beschreibende Skalierung. Mit Hilfe der Borg-Skala werden die verfahrensspezifischen Kraftlevel strukturiert und eine einheitliche Skalierung des Kraftniveaus gewährleistet. Aufgrund der gröberen Skalierung der LMM-mA, OCRA-Checkliste und des SI gegenüber der Borg-Skala werden die jeweiligen Kraftniveaus zusammengefasst. Dadurch wird zum Beispiel der große, sehr große und sehr, sehr große Kraftaufwand der Borg-Skala in der OCRA-Checkliste als hoher Kraftaufwand vereint.

Tabelle 22: Einheitliche Skalierung des Kraftniveaus
*Quelle: Eigene Darstellung*

| Borg-Skala | | EAWS-Sektion 4 | LMM-mA | OCRA-Checkliste | SI |
|---|---|---|---|---|---|
| **0** | **gar kein Kraftaufwand** | 0 N - 5 N | sehr geringe Kräfte | kein Kraftaufwand | leicht |
| **1** | **geringer Kraftaufwand** | 5 N - 20 N | geringe Kräfte | | |
| **2** | **geringer Kraftaufwand (mäßig)** | 20 N - 35 N | mittlere Kräfte | | |
| **3** | **mäßiger Kraftaufwand** | 35 N - 90 N | hohe Kräfte | mäßiger Kraftaufwand | etwas schwer |
| **4-5** | **großer Kraftaufwand** | 90 N - 135 N | sehr hohe Kräfte | hoher Kraftaufwand | schwer |
| **6-7** | **sehr großer Kraftaufwand** | 135 N - 225 N | | | sehr schwer |
| **8-10** | **sehr, sehr großer Kraftaufwand (beinahe maximal)** | 225 N - 300 N | Spitzenkräfte | | fast maximal |

Eine weitere Harmonisierung ist innerhalb der Gelenkstellung in der Intensität und Dauer vorzunehmen. Zunächst werden in Tabelle 23 die Gelenkstellungen nach der Intensität dargestellt.

Tabelle 23: Einheitliche Skalierung der Gelenkstellungen in Abhängigkeit der Intensität

*Quelle:* *Eigene Darstellung*

| Gelenkstellung | EAWS-Sektion 4 | | LMM-mA | | OCRA-Checkliste | | SI | | |
|---|---|---|---|---|---|---|---|---|---|
| | günstig | ungünstig | günstig | ungünstig | günstig | ungünstig | sehr gut, gut | in Ordnung | schlecht, sehr schlecht |
| **Handgelenk** | | | | | | | | | |
| Flexion/<br>Extension | < 45°/<br>< 45° | ≥ 45°/<br>≥ 45° | < 45°/<br>< 50° | ≥ 45°/<br>≥ 50° | < 45°/<br>< 45° | ≥ 45°/<br>≥ 45° | < 20°/<br>< 25° | < 45°/<br>< 45° | ≥ 45°/<br>≥ 45° |
| Radialduktion/<br>Ulnarduktion | < 15°/<br>< 25° | ≥ 15°/<br>≥ 25° | < 15°/<br>< 25° | ≥ 15°/<br>≥ 25° | < 15°/<br>< 20° | ≥ 15°/<br>≥ 20° | < 10°/<br>< 10° | < 15°/<br>< 25° | ≥ 15°/<br>≥ 25° |
| **Ellenbogen** | | | | | | | | | |
| Supination/<br>Pronation | < 60°/<br>< 60° | ≥ 60°/<br>≥ 60° | < 55°/<br>< 40° | ≥ 55°/<br>≥ 40° | < 60°/<br>< 60° | ≥ 60°/<br>≥ 60° | < 30°/<br>< 20° | < 60°/<br>< 60° | ≥ 60°/<br>≥ 60° |
| Flexion/<br>Extension | < 60°/<br>< 60° | ≥ 60°/<br>≥ 60° | < 60°/<br>< 60° | ≥ 60°/<br>≥ 60° | < 60°/<br>< 60° | ≥ 60°/<br>≥ 60° | < 60°/<br>< 60° | | ≥ 60°/<br>≥ 60° |
| **Schulter** | | | | | | | | | |
| Abduktion/<br>Adduktion | < 40°/<br>< 20° | ≥ 40°/<br>≥ 20° | < 60°/<br>0° | ≥ 60°/<br>≥ 0° | < 45°/<br>< 20° | ≥ 45°/<br>≥ 20° | < 20°/<br>0° | < 40°/<br>< 20° | ≥ 40°/<br>≥ 20° |
| Flexion/<br>Extension | < 60°/<br>< 20° | ≥ 60°/<br>≥ 20° | < 60°/<br>0° | ≥ 60°/<br>≥ 0° | < 80°/<br>< 0° | ≥ 80°/<br>≥ 0° | < 20°/<br>0° | < 60°/<br>< 20° | ≥ 60°/<br>≥ 20° |
| Innenrotation/<br>Außenrotation | < 60°/<br>< 30° | ≥ 60°/<br>≥ 30° | < 60°/<br>< 30° | ≥ 60°/<br>≥ 30° | < 60°/<br>< 30° | ≥ 60°/<br>≥ 30° | < 30°/<br>< 15° | < 60°/<br>< 30° | ≥ 60°/<br>≥ 30° |

Die Skalierung der ungünstigen Gelenkstellung in der EAWS-Sektion 4 und OCRA-Checkliste basieren auf konkreten Grenzwerten aus dem OCRA-Index (Colombini et al., 2002, S. 115). Hingegen beinhaltet die LMM-mA und der SI eine beschreibende Skalierung. Die LMM-mA gliedert die Gelenkstellung in günstig und ungünstig (Steinberg U. , et al., 2012, S. 161), der SI in sehr gute beziehungsweise gute Gelenkstellung, in Ordnung und schlechte beziehungsweise sehr schlechte Gelenkstellung (Moore & Garg, 1995, S. 443-444). Auf Grundlage des BGIA-Reports 2/2007 nach Hoehne-Hückstädt et al. (2007, S. 72) wurden die Grenzwerte zur ungünstigen Gelenkstellung der LMM-mA und dem SI zugeordnet.

Aufgrund unterschiedlicher Skalierungen zum Zeitanteil mussten ebenfalls die Grenzen der Dauer ungünstiger Gelenkstellungen harmonisiert werden. Diese sind in Tabelle 24 gegenübergestellt.

Tabelle 24: Einheitliche Skalierung der Gelenkstellungen in Abhängigkeit der Dauer
*Quelle: Eigene Darstellung*

| Nummer | EAWS-Sektion 4 | LMM-mA | OCRA-Checkliste | SI |
|---|---|---|---|---|
| **1** | < 10 % | selten | keine | < 10 % |
| **2** | 10 % - 25 % | nur selten | | 10 - 29 % |
| **3** | 25 % - 33 % | | 33 - 49 % | 30 - 49 % |
| **4** | 34 % - 49 % | häufig | | |
| **5** | 50 % - 66 % | | 50 - 66 % | 50 - 79 % |
| **6** | 67 % - 84 % | ständig/ lang dauernde | ≥ 67 % | |
| **7** | ≥ 85 % | | | ≥ 80 % |

Tabelle 23 und Tabelle 24 zeigen die Unterschiede in der Skalierung der Gelenkstellung zur Intensität und Dauer zwischen den Verfahren auf. Mit der Harmonisierung beziehungsweise der Konkretisierung der Grenzbereiche wurde eine Objektivierung der Verfahrensanwendung vorgenommen.

Um schlussendlich die Bewertungsergebnisse der Verfahren vergleichen zu können, sind die verfahrensspezifischen Risikobereiche gegenüberzustellen und einem einheitlichen Skalenbereich zuzuordnen. EAWS-Sektion 4, LMM-mA, OCRA-Checkliste und SI bewerten alle einheitlich nach dem sogenannten Ampelschema. DIN EN 614-1 beschreibt ein 3-Zonen-Bewertungssystem zur Klassifizierung von ergonomischen Risiken. Damit wird das Ziel verfolgt, geeignete Maßnahmen innerhalb des Gestaltungsprozesses festzulegen.

Tabelle 25 führt die einzelnen Skalenniveaus zusammen und ordnet diese den drei Risikobereichen niedriges, mögliches und hohes Risiko zu. Mit Ausnahme der EAWS-Sektion 4 haben alle weiteren Verfahren ein 4-Zonen-Bewertungssystem.

Tabelle 25: Einheitliche Skalierung der Risikobereiche
*Quelle:* *Eigene Darstellung*

| Risikobereiche | EAWS-Sektion 4 | | LMM-mA | | OCRA-Checkliste | | SI | |
|---|---|---|---|---|---|---|---|---|
| **1 (niedriges Risiko)** | 0 bis 25 Punkte | niedriges Risiko | 0 bis < 10 Punkte | geringe Belastung | 0 bis 6 Punkte | kein Risiko | 0 bis < 3 Punkte | wahrscheinlich sicher |
| | | | 10 bis < 25 Punkte | mittlere Belastung | > 6 bis < 12 Punkte | niedriges Risiko | | |
| **2 (mögliches Risiko** | > 25 bis 50 Punkte | mögliches Risiko | 25 bis < 50 Punkte | erhöhte Belastung | 12 bis < 19 Punkte | mittleres Risiko | 3 bis 5 Punkte | gegebenenfalls sicher |
| | | | | | | | > 5 bis 7 Punkte | gegebenenfalls riskant |
| **3 (hohes Risiko)** | > 50 Punkte | hohes Risiko | ≥ 50 Punkte | hohe Belastung | ≥ 19 Punkte | hohes Risiko | > 7 Punkte | wahrscheinlich riskant |

Unter Berücksichtigung der Beschreibung zu den einzelnen Risikobereichen konnten die ersten beiden Risikobereiche der LMM-mA und OCRA-Checkliste dem Risikobereich 1 (niedriges Risiko) und der zweite und dritte Risikobereich des SI dem Risikobereich 2 (mögliches Risiko) zugeordnet werden.

Das 3-Zonen-Bewertungssystem basiert auf der Grundlage, dass ergonomische Gefährdungen oftmals mehrdeutig sind. Sie werden durch einen großen Bereich von Eigenschaften, Fähigkeiten und Bedürfnissen des Verfahrensanwenders bestimmt und stehen nur äußerst selten mit einem einzigen Faktor in Zusammenhang. Ein weiterer Vorteil besteht darin, dass es sich um einen sehr praktikablen Weg der Darstellung komplexer ergonomischer Daten unter Berücksichtigung von prozessrelevanten Faktoren, wie Kompatibilität, Anzahl und Dauer der Aufgaben handeln. Es ist zu beachten, dass das Modell hauptsächlich auf die körperlichen Aspekte der Wechselwirkung zwischen Mensch und Maschine angewandt werden kann (DIN EN 614-1 , 2009, S. 20-21).

Verschiedene Verfahrensentwickler haben zur genaueren Einschätzung eventuell auftretender ergonomischer Risiken ein 4-Zonen-Bewertungssystem eingesetzt. Diese Möglichkeit der genaueren Einschätzung ist von Vorteil, wenn bei der Auswertung der Arbeitsplatzbewertungen keine Belastungspunkte aufgeführt werden. Das Ausweisen von Belastungspunkten ermöglicht dem Anwender den Effekt, jede Gestaltungsmaßnahme darstellen zu können. Aus diesem Grund ist es von Vorteil die gelbe Zone zu teilen, um zu erkennen, wo sich das Risiko an dem Arbeitsplatz befindet.

Die Bewertungsverfahren weisen sowohl das Ampelschema als auch die Belastungspunkte aus. Dahingehend ist es für einen Vergleich der Verfahren unkritisch, dass die OCRA-Checkliste und die LMM-mA in einem 4-Zonen-Bewertungssystem bewerten, während EAWS-Sektion 4 und SI in einem 3-Zonen-Bewertungssystem bewerten. Trotz dieser Unterschiede ist eine Vergleichbarkeit möglich, da zwei Zonen zusammengefasst werden können.

## 2.14 Durchführung und Auswertung von Experteninterviews

Neben der Arbeitsplatzbewertung durch Verfahren zur Bewertung repetitiver Tätigkeiten werden in der vorliegenden Arbeit bisher erzielte Erfahrungen und Handlungsanforderungen zur Bewertung repetitiver Tätigkeiten durch Experteninterviews erfasst. Aus diesem Grund widmet sich dieses Kapitel mit der Zuordnung der Experteninterviews in die Datenerhebungstechniken und zeigt auf, wie die Transkription und Inhaltsanalyse der Experteninterviews erfolgten.

### 2.14.1 Experteninterview als Technik der Datenerhebung

Um Erfahrungen aus Wissenschaft und Praxis zur EAWS-Anwendung abrufen zu können, sind Instrumente oder Techniken der Datenerhebung zu berücksichtigen. Abbildung 6 dient der Zuordnung leitfadengestützter, systematisierender Experteninterviews den Datenerhebungstechniken.

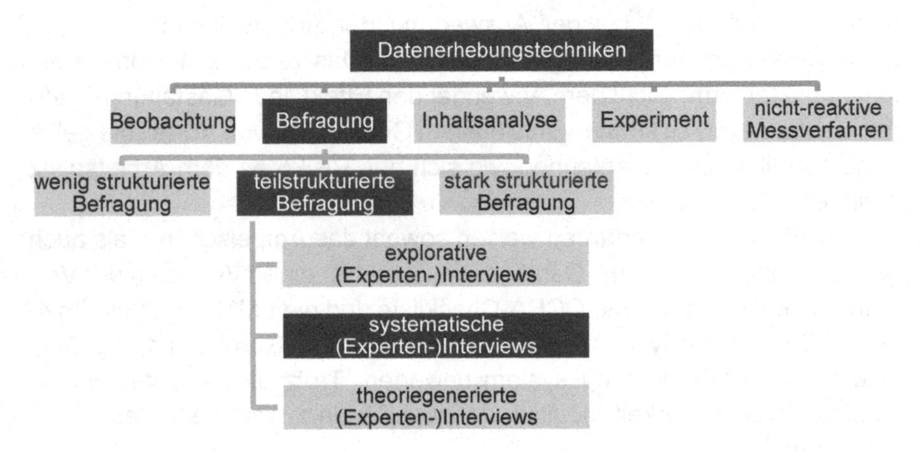


Abbildung 6: Zuordnung leitfadengeführter, systematischer Experteninterviews zu den Datenerhebungstechniken

*Quelle:* *Atteslander et al. (2006)*

Neben den drei Datenerhebungstechniken mit der Beobachtung, Befragung und Inhaltsanalyse (Mayntz, Holm, & Hübner, 1978, S. 103-167) werden noch das Experiment (Atteslander, Cromm, Grabow, Klein, Maurer, & Siegert, 2006, S. 177-194) und nicht-reaktive Messverfahren (Schnell, Hill, & Esser, 2011, S. 414-418) zur Datenerhebung genutzt.

Nach Atteslander et al. (2006, S. 109) werden Befragung und Beobachtung wie folgt definiert:

> „Befragung ist die Kommunikation zwischen zwei oder mehreren Personen. Durch verbale Stimuli (Fragen) werden verbale Reaktionen (Antworten) hervorgerufen. Dies geschieht in bestimmten Situationen und wird geprägt durch gegenseitige Erwartungen. Die Antworten beziehen sich auf erlebte und erinnerte soziale Ereignisse, stellen Meinungen und Bewertungen dar. Beobachtung ist das systematische Erfassen, Festhalten und Deuten von sinnlich wahrnehmbarem Verhalten zum Zeitpunkt seines Geschehens.“ (Atteslander, et al., 2006, S. 109)

Sowohl bei der Befragung als auch bei der Beobachtung kann zwischen wissenschaftlichem und alltäglichem unterschieden werden (König, 1973, S. 1). Eine mögliche Abgrenzung der wissenschaftlichen zur alltäglichen Beobachtung oder Befragung kann in einem kontrollierten und systematischen Vorgehen liegen (Cranach & Frenz, 1969, S. 269-330). Die Inhaltsanalyse ist hingegen eine empirische Datenerhebungstechnik. Nach Atteslander et al. (2006, S. 195) lassen sich dabei „Kommunikationsinhalte wie Texte, Bilder und Filme untersuchen, wobei der Schwerpunkt auf der Analyse von Texten liegt". Im Gegensatz zu den voran beschriebenen Datenerhebungstechniken ist das Experiment keine spezielle Art der Datenerhebung, sondern beschreibt in der Sozialforschung eine bestimmte Untersuchungsanordnung. Aus diesem Grund ist nach Atteslander et al. (2006, S. 177) "nur jene Untersuchung als Experiment zu bezeichnen, bei welcher ein Höchstmaß an Kontrolle der sozialen Situation vorliegt". Nichtreaktive Messverfahren werden als Datenerhebungstechnik bezeichnet, wenn rückwirkend den untersuchten Personen die Art der Untersuchung und die Folgen ihrer Handlungen nicht bewusst waren. Hierzu werden spezielle Bewertungsverfahren, Inhaltsanalysen und Feldexperimente eingesetzt. Allerdings erfüllen die nicht-reaktiven Messverfahren kaum die Hauptgütekriterien von Objektivität, Reliabilität und Validität (Lienert & Raatz, 1994, S. 6-14) und stellen große Schwierigkeiten im zeitlichen und räumlichen Vergleich der Ergebnisse dar. Dies ist dadurch begründet, dass Unterschiede in der untersuchten Population oder Selektivitätsprobleme durch Gültigkeitsverlust von Daten und Ergebnisse auftreten können (Schnell et al., 2011, S. 414-418).

Neben dem Begriff der Befragung werden auch die Begriffe des Interviews oder des Gesprächs verwendet. Das Interview oder Gespräch ist eine mündliche Befragung und wird unter anderem als Forschungsinstrument nach Scheuch (1973, S. 123) als "ein planmäßiges Vorgehen mit wissenschaftlicher Zielsetzung [verstanden], bei dem die Versuchsperson durch eine Reihe gezielter Fragen oder mitgeteilter Stimuli zu verbalen Informationen veranlasst werden soll".

Bei der Identifizierung der wesentlichen Befragungstypen unterstützt die Nutzung von Kommunikationsformen und Kommunikationsarten. Die Kommunikationsformen werden in wenig strukturiert, teilstrukturiert und stark strukturiert unterschieden. Die Steigerung der Strukturierung hängt von der Kontrolle oder Beeinflussung des Interviewers über die Befragung ab. Bei wenig strukturierten Befragungen können die Interviewer die Anordnungen oder Formulierungen der Fragen individuell gestalten und somit die Gesprächsführung anpassen. Insbesondere bei der Ermittlung von Erfahrungen ist die Gesprächsführung flexibel zu gestalten, um Sinnzusammenhänge oder Meinungsstrukturen zu erfassen. Hingegen wird bei der stark strukturierten Befragung der Freiheitsspielraum des Interviewers und des Experten stark eingeschränkt (Atteslander et al., 2006, S. 134).

Die Unterscheidung der Kommunikationsarten zwischen mündlichen und schriftlichen Befragungen wirkt sich wie bei den Kommunikationsformen auf die Kontrolle des Interviewers über die Befragung aus. Während bei der mündlichen Befragung der Interviewer einen Einfluss auf den Gesprächsverlauf und somit eine Regel- und Kontrollfunktion wahrnimmt, entfällt dies weitestgehend bei der schriftlichen Befragung. Durch die Unterscheidung in Kommunikationsform und Kommunikationsart können sieben Typen der Befragung abgeleitet werden. Allerdings kann in Abhängigkeit des Forschungsziels oder des Forschungsvorhabens dieselbe Befragungsform in unterschiedlichen Typen vorkommen. Beispielsweise können Experten- oder Panelbefragungen sowohl mündlich als auch schriftlich durchgeführt werden. Mit wenig bis teilstrukturierte Befragungen können qualitative Aspekte erfasst werden. Hingegen werden mit der teilstrukturierten bis stark strukturierte Befragung eher quantitative Aspekte erfasst (Atteslander et al., 2006, S. 135-136).

Neben Gruppendiskussionen oder Telefoninterviews können auch Leitfadengespräche oder Leitfadenbefragungen angewendet werden. Die teilstrukturierte Befragung wird mündlich anhand eines Leitfadens durchgeführt. Die Leitfadengespräche können zur Systematisierung des Verständnisses (Scheuch, 1973, S. 123), zur Analyse seltener Gruppen (Friedrichs, 1973, S. 226), als Ergänzung und Validierung anderer Forschungsinstrumente und als Instrument einer qualitativen Sozialforschung eingesetzt werden (Schnell et al., 2011, S. 414-418). Die Leitfadengespräche werden bei der Erforschung individueller Erfahrungen angewendet. Wie der Name schon sagt, werden die Befragungen auf Grundlage eines

Leitfadens durchgeführt. Dadurch soll garantiert werden, dass alle Themen, die forschungsrelevant für die Untersuchung sind, angesprochen werden, und eine Vergleichbarkeit der Befragungsergebnisse gewährleistet wird (Schnell et al., 2011, S. 414-418). Um die verschiedenen Themenkomplexe im Rahmen der Befragung abzuarbeiten, bedient sich der Interviewer zum einen den "Schlüsselfragen" und zum anderen den "Eventualfragen". Die "Schlüsselfragen" müssen in jedem Fall gestellt werden, da diese für das Forschungsvorhaben unverzichtbar sind. Hingegen stellen die "Eventualfragen" eine sekundäre Bedeutung dar und können in Abhängigkeit des Interviewverlaufes gestellt werden (Friedrichs, 1973, S. 227).

Eine Form der Leitfadenbefragung stellt das Experteninterview dar. Auf Basis von teilstrukturierten Leitfäden werden Experten mündlich oder schriftlich befragt. Die Interviewteilnehmer stehen nicht im Mittelpunkt der Untersuchung, sondern diese gelten als repräsentative Vertreter für die Sichtweisen der gesamten Expertengruppe (Heistinger, 2006, S. 6). Aus diesem Grund stellt das Experteninterview ein sehr beliebtes Instrument in der Forschung dar, um zukünftige Entwicklungen abschätzen zu lassen. Darüber hinaus bieten die Experteninterviews in der frühen Phase der Untersuchung eine differenzierte Datengewinnung gegenüber quantitativen Untersuchungen (Bogner, Littig, & Menz, 2002, S. 7).

Der Experte unterscheidet sich in seinem Handeln und Wissen von anderen Formen des sozialen Handelns und Wissens und verfügt über einen Wissensvorsprung gegenüber fachfremden Personen in dem forschungsrelevanten Thema. Die Auswahl des Experten erfolgt nicht nach beispielsweise soziodemografischen Merkmalen, sondern orientiert sich in erster Linie an der Forschungsfrage. Der Expertenstatus ist ein zugeschriebener, in Abhängigkeit vom Forschungsinteresse, verliehener Status, um Informationen über den gewählten Forschungsgegenstand Auskunft mit besonderer Bedeutung zu bekommen (Bogner, Littig, & Menz, 2014, S. 65). Darüber hinaus lassen sich nach Bogner et al. (2014, S. 13)

Experten werden als Personen "ausgehend von einem spezifischen Praxis- oder Erfahrungswissen, sich auf einen klar begrenzten Problemkreis beziehen und die Möglichkeit geschaffen haben, mit ihren Deutungen das konkrete Handlungsfeld sinnhaft und handlungsleitend für Andere zu strukturieren".

Daraus ableitend wird das Expertenwissen nach Bogner et al. (2014, S. 14) „praxiswirksam und damit orientierungs- und handlungsleitend für andere Akteure".

Mit Bezug auf Meuser und Nagel (1991, S. 445-448) werden nach Bogner und Menz (2005, S. 37) die Experteninterviews in explorative, systematisierende und theoriegenerierende Experteninterviews unterschieden. Das explorative Experteninterview dient „zur Schärfung des Problembewusstseins" und hilft die Untersuchungsthematik zu strukturieren und Hypothesen generieren zu können. Diese Form des Experteninterviews sollte an und für sich ohne stringenten Leitfaden geführt werden. Das systematisierende Experteninterview beabsichtigt einen systematischen und lückenlosen Gewinn von Informationen. Der Experte gilt vorwiegend als Ratgeber in der Untersuchungsthematik. Für die Durchführung des Experteninterviews kann ein ausdifferenzierter Leitfaden genutzt werden, da die Vergleichbarkeit der gewonnenen Daten im Vordergrund steht. Schließlich dient das theoriegenerierende Experteninterview zur kommunikativen Erschließung und analytischen Rekonstruktion des fachspezifischen Expertenwissens, um eine „theoretisch gehaltvolle Konzeptualisierung von (impliziten) Wissensbeständen, Weltbildern und Routinen" anzustreben.

Nach theoretischer Einordnung von leitfadengestützten Experten-interviews in die empirischen Datenerhebungstechniken wird im Anschluss in Kapitel 2.14.2 auf die strukturierte Vorgehensweise und den Regeln zur Transkription hingewiesen.

### 2.14.2 Transkription von Experteninterviews

Die Auswertung der Experteninterviews orientiert sich an thematischen, inhaltlich zusammengehörenden Einheiten. Diese können zum Teil an den unterschiedlichen Teilen der Befragung auftreten. Die Äußerungen der Experten werden nach Meuser und Nagel (2009, S. 465-479) "im Kontext ihrer institutionellen-organisatorischen Handlungsbedingungen verortet und nicht an welcher Stelle des Interviews sie fallen". Aus diesem Grund ist die Transkription essenzielle Voraussetzung für die anschließende Auswertung der Interviewtexte.

Die Transkription erfolgt nach den spezifischen Transkriptionsregeln von Dresing und Pehl (2013, S. 21-23), um das audiographisch aufgezeichnete Interview niederzuschreiben. Stimmlage sowie nonverbale und parasprachliche Elemente der Experten sind nicht Gegenstand der Verschriftlichung. Die Transkriptionsregeln nach Dresing und Pehl (2013, S. 21-23) lauten wie folgt:

- Wortwörtliche Transkription
- Keine Transkription von Wortverschleifungen
- Kennzeichnung der Wort- und Satzabbrüche mit "/"
- Kennzeichnung von Sprechpausen mit "(kurze Pause)"
- Keine Transkription zustimmender oder bestätigender Lautäußerungen
- Kennzeichnung der Sprechbeiträge durch Absätze mit Zeitmarken
- Kennzeichnung unverständlicher Wörter mit "(unv.)"
- Benennung der Gesprächspartner mit "Interviewer" und "Experte(r)"

Nach Meuser und Nagel (2009, S. 465-479) sollte die Auswertung systematisch fünf Stufen durchlaufen und keine übersprungen werden. Vielmehr sollte mit Fortschritt des Auswertungsprozesses auf eine vorangegangene Stufe zurückgegangen werden, um die Fundierung der ermittelten Daten zu kontrollieren. Der Auswertungsprozess gliedert sich in die Paraphrase, das Kodieren, den thematischen Vergleich, die soziologische Konzeptualisierung und die theoretische Generalisierung. In der Paraphase erfolgt die Sequenzierung des Interviewtextes in thematische Einheiten. Dabei ist es wichtig, den Gesprächsverlauf wiederzugeben, damit die "Wirklichkeit" nicht ausgeschlossen wird. Der nächste Schritt ist das Kodieren. Hierbei werden paraphrasierte Textpassagen thematisch geordnet und verdichtet. Im thematischen Vergleich werden vergleichbare Textpassagen aus verschiedenen Experteninterviews gebündelt. Die Vielzahl an Daten kann eine Überprüfung der definierten Kategorien notwendig machen. Die Ablösung der relevanten Aussagen von den Textpassagen beziehungsweise von der Terminologie der Interviewten erfolgt erst in der soziologischen Konzeptualisierung. Zusätzlich werden Gemeinsamkeiten und Unterschiede aufgearbeitet. Zum Schluss erfolgt die theoretische Generalisierung. In dieser letzten Stufe werden die Ergebnisse auf eine höhere empirisch generalisierte Ebene gehoben und Typologien und Theorien abgeleitet.

Nach erfolgter Transkription folgt die Inhaltsanalyse. Die Anforderungen zur Inhaltsanalyse werden im folgenden Kapitel 2.14.3 thematisiert.

### 2.14.3 Inhaltsanalyse von Experteninterviews

Die Basis jeder Inhaltsanalyse ist die Bildung von Kategorien. Diese sind nach Harder (1974, S. 236) im Rahmen der Inhaltsanalyse zunächst "Oberbegriffe", die entweder mit den Begriffen für die problemrelevanten Umfänge deckungsgleich sind oder diese in Teilumfänge untergliedern. Anschließend werden Unterkategorien gebildet, welche den Merkmalsausprägungen von Variablen entsprechen.

Anhand der Kategorien können theoretische Annahmen abgeleitet werden. Atteslander et al. (2006, S. 204) bedienen sich der definierten Anforderungen an die Kategorienbildung nach Holsti (1969, S. 95) und Merten (1995, S. 98-105). Es werden sechs Kriterien beschrieben, welche im Rahmen der Kategorienbildung zu beachten sind. Die Kategorien müssen aus den Hypothesen theoretisch abgeleitet sein, die einzelnen Kategorien müssen voneinander unabhängig sein, und die Ausprägungen jeder Kategorie müssen vollständig sein. Des Weiteren dürfen diese sich nicht überschneiden und müssen sich nach einer Dimension ausrichten. Schlussendlich müssen jede Kategorie und die jeweilige Ausprägung eindeutig definiert sein. Die Strukturierung der Kategorien kann nach zwei Analyserichtungen unterschieden werden. Die deduktive Kategorienentwicklung erfolgt theoriegeleitet vor der Analyse und somit "von der Theorie zum konkreten Material". Hingegen wird bei der induktiven Kategorienentwicklung eine umgekehrte Analyserichtung verfolgt, indem das Textmaterial der Ausgangspunkt für die Kategorien ist und sich die Kategorienbildung an den Textpassagen orientiert (Mayring, 2000, S. 74-75).

In einem leitfadengestützten Experteninterview werden die Kategorien sowohl deduktiv als auch induktiv entwickelt. Der Leitfaden zum Experteninterview baut sich so auf, dass die relevanten Kategorien vorher identifiziert werden und sich danach die einzelnen Fragen ableiten. Jedoch können sich im Rahmen des Interviews weitere Inhalte zum Forschungsinteresse und somit zusätzliche Kategorien ergeben. Aufgrund der deduktiven und induktiven Kategorienentwicklung ist für das leitfadengeführte Experteninterview das Ablaufmodell nach Mayring (2000, S. 74-75) für die induktive Kategorienentwicklung heranzuziehen. Auf Basis der Fragestellungen werden die Kategorien und das Abstraktionsniveau für die Kategorienbildung festgelegt. Anschließend können weitere Kategorien aus dem Material in Bezug auf Definition und Abstraktionsniveau gebildet werden. In Abhängigkeit der Materialbearbeitung können formative und summative Reliabilitätsprüfungen erfolgen, die in die Vervollständigung der Kategoriendefinition einfließen.

## 2.15 Ableitung der Forschungsfragen

Aus der Aufbereitung des gegenwärtigen Standes der Wissenschaft und Praxis wird deutlich, dass relevante Risikofaktoren hinsichtlich repetitiver Tätigkeiten in der Automobilindustrie vorliegen, aber eine flächendeckende Betrachtung in den Unternehmen noch nicht implementiert ist. Ursachen für die geringe Etablierung und Anforderungen zur praktikablen Anwendung unterstützender Verfahren zur Bewertung repetitiver Tätigkeiten sind für die deutsche Automobilindustrie noch nicht beschrieben. Zudem gibt es bislang keine umfassende Untersuchung von EAWS-Sektion 4 zur Konvergenzvalidität mit validen Bewertungsverfahren (LMM-mA, der OCRA-Checkliste und dem SI). Aus diesem Grund soll die vorliegende Arbeit einen Beitrag leisten, die Forschungsdefizite zur Bewertung von repetitiven Tätigkeiten in der Automobilproduktion zu beseitigen und Handlungsempfehlungen zur betrieblichen Praxis abzuleiten.

Ableitend aus den Zielen der vorliegenden Arbeit sollen folgende Forschungsfragen beantwortet werden:

**Forschungsfrage 1:** Welcher Zusammenhang besteht zwischen den Arbeitsplatzbewertungen mit EAWS-Sektion 4 und den Arbeitsplatzbewertungen mit der LMM-mA, der OCRA-Checkliste und dem SI am Beispiel einer Montagelinie in der Automobilindustrie?

Die Untersuchung von Forschungsfrage 1 dient der Überprüfung der Konvergenzvalidität von EAWS-Sektion 4. Die abgeleiteten Hypothesen sind in Tabelle 26 aufgeführt.

Tabelle 26: Hypothesen zur Beantwortung von Forschungsfrage 1
*Quelle:* *Eigene Darstellung*

| Hypothesen-Nummer | Beschreibung | Methode |
|---|---|---|
| **$H1_1$** | Es besteht ein signifikanter Zusammenhang zwischen den Bewertungspunktzahlen von EAWS-Sektion 4 und LMM-mA. | Spearman-Rho-Korrelation |
| **$H1_0$** | Es besteht kein signifikanter Zusammenhang zwischen den Bewertungspunktzahlen von EAWS-Sektion 4 und LMM-mA. | Spearman-Rho-Korrelation |
| **$H2_1$** | Es besteht ein signifikanter Zusammenhang zwischen den Bewertungspunktzahlen von EAWS-Sektion 4 und OCRA-Checkliste. | Spearman-Rho-Korrelation |
| **$H2_0$** | Es besteht kein signifikanter Zusammenhang zwischen den Bewertungspunktzahlen von EAWS-Sektion 4 und OCRA-Checkliste. | Spearman-Rho-Korrelation |
| **$H3_1$** | Es besteht ein signifikanter Zusammenhang zwischen den Bewertungspunktzahlen von EAWS-Sektion 4 und SI. | Spearman-Rho-Korrelation |
| **$H3_0$** | Es besteht kein signifikanter Zusammenhang zwischen den Bewertungspunktzahlen von EAWS-Sektion 4 und SI. | Spearman-Rho-Korrelation |

**Forschungsfrage 2:** Welcher Zusammenhang besteht zwischen den Messgrößen arbeitsbedingter Risikofaktoren und dem Bewertungsergebnis von EAWS-Sektion 4 in der Automobilindustrie?

Zur Beantwortung der Forschungsfrage 2 werden Messgrößen arbeitsbedingter Risikofaktoren, welche im Rahmen der Bewertung von EAWS-Sektionen 0-3 und der MTM-Ablaufbeschreibung erstellt werden, herangezogen. Diese 12 Messgrößen sind in Kapitel 6.3.1 einzeln aufgeführt. Die Untersuchung der identifizierten Messgrößen dient der Ermittlung eines Grobscreenings zur Vorprüfung der Anwendung von EAWS-Sektion 4. Die Hypothesen zu den identifizierten Messgrößen werden zur besseren Übersichtlichkeit in Tabelle 27 zusammengefasst.

Aufgrund der EAWS-Risikobewertungssystematik, indem die Risikobewertung aus dem höchsten Punktwert zwischen EAWS-Sektion 0-3 und EAWS-Sektion 4 abgeleitet wird, wird der höchste beziehungsweise schlechteste Punktwert in Form von EAWS-Sektionen 0-4 aufgeführt.

Tabelle 27: Hypothesen zur Beantwortung von Forschungsfrage 2
*Quelle: Eigene Darstellung*

| Hypothesen-Nummer | Beschreibung | Methode |
|---|---|---|
| **$H41_1$ ... $H412_1$** | Es besteht ein signifikanter Zusammenhang zwischen der jeweiligen Messgröße arbeitsbedingter Risikofaktoren und der Bewertungspunktzahl von EAWS-Sektion 4. | Pearson-Korrelation |
| **$H41_0$ ... $H412_0$** | Es besteht kein signifikanter Zusammenhang zwischen der jeweiligen Messgröße arbeitsbedingter Risikofaktoren und der Bewertungspunktzahl von EAWS-Sektion 4. | Pearson-Korrelation |
| **$H51_1$ ... $H512_1$** | Es besteht ein signifikanter Zusammenhang zwischen der jeweiligen Messgröße arbeitsbedingter Risikofaktoren und der Bewertungspunktzahl von EAWS-Sektionen 0-4. | Pearson-Korrelation |
| **$H51_0$ ... $H512_0$** | Es besteht kein signifikanter Zusammenhang zwischen der jeweiligen Messgröße arbeitsbedingter Risikofaktoren und der Bewertungspunktzahl von EAWS-Sektionen 0-4. | Pearson-Korrelation |

Ergänzend zu den Forschungsfragen sollen im Rahmen der Vor- und Hauptstudien folgende Fragestellungen beantwortet werden:

- Welche Ursachen bestehen zur geringen Etablierung von EAWS-Sektion 4 in der Automobilindustrie?
- Welche Anforderungen bestehen für eine praktikable Anwendung von EAWS-Sektion 4 in der Automobilindustrie?
- Welcher Zusammenhang besteht zwischen dem Bewertungsergebnis mit EAWS-Sektion 4 und dem Bewertungsergebnis EAWS-Sektionen 0-4 an Arbeitsplätzen in der Automobilindustrie?
- Wie hoch ist der Erfüllungsgrad der ermittelten Messgröße zur Vorprüfung der Anwendung von EAWS-Sektion 4 an Arbeitsplätzen in der Fahrzeugmontage?

Die Beantwortung dieser Fragestellungen hat einen großen Praxisbezug. Darüber hinaus können anhand der notwendigen Untersuchungen weitere Forschungsaktivitäten abgeleitet werden. Ergänzend zur Untersuchung des Zusammenhanges zwischen dem Bewertungsergebnis mit EAWS-Sektion 4 und EAWS-Sektionen 0-4 wurden Hypothesen aufgestellt, die in Tabelle 28 aufgeführt sind.

Tabelle 28: Hypothesen zur Beantwortung des Zusammenhanges zwischen EAWS-Sektion 4 und EAWS-Sektionen 0-4

*Quelle:* *Eigene Darstellung*

| Hypothesen-Nummer | Beschreibung | Methode |
|---|---|---|
| **$H6_1$** | Es besteht ein signifikanter Zusammenhang zwischen den Bewertungspunktzahlen von EAWS-Sektion 4 und EAWS-Sektionen 0-4. | Pearson-Korrelation |
| **$H6_0$** | Es besteht kein signifikanter Zusammenhang zwischen den Bewertungspunktzahlen von EAWS-Sektion 4 und EAWS-Sektionen 0-4. | Pearson-Korrelation |

# 3 Vorstudie I: Überprüfung der Konvergenzvalidität von EAWS-Sektion 4

Um den Einsatz von EAWS-Sektion 4 in der Automobilindustrie gewährleisten zu können, werden Informationen über die Erfüllung der Hauptgütekriterien benötigt. Hierzu zählen abgesicherte Untersuchungen zur Validität. Die EAWS-Sektion 4 weist die Konvergenzvalidität mit dem Vergleich zum OCRA-Index nach (Lavatelli et al., 2012, S. 4440-4442). Zusätzlich ergab das Literatur-Review in Kapitel 2.11.2 keine weiteren Untersuchungen zur Konvergenzvalidität von EAWS-Sektion 4 sowie mittlere bis sehr hohe Zusammenhänge in den Untersuchungen zur Konvergenzvalidität der LMM-mA, der OCRA-Checkliste und dem SI. Daher ist das Ziel dieser Vorstudie, ergänzende Aussagen zur Konvergenzvalidität von EAWS-Sektion 4 mit diesen Bewertungsverfahren zu formulieren.

## 3.1 Fragestellung und Hypothesen

Auf Grundlage des gegenwärtigen Standes der Wissenschaft zur Überprüfung des Konvergenzvalidität von EAWS-Sektion 4, LMM-mA, OCRA-Checkliste und SI kann eine Fragestellung und anhand der angewendeten Methodik die dazugehörigen Hypothesen abgeleitet werden. Die Fragestellung soll am Beispiel eines Automobilherstellers beantwortet werden und lautet wie folgt:

- Welcher Zusammenhang besteht zwischen den Arbeitsplatzbewertungen mit EAWS-Sektion 4 und den Arbeitsplatzbewertungen mit der LMM-mA, der OCRA-Checkliste und dem SI am Beispiel einer Montagelinie in der Automobilindustrie?

Ergänzend werden zur Messbarkeit der Forschungsfrage 1 verschiedene Hypothesen, siehe Tabelle 29, abgeleitet, die in dieser Vorstudie geprüft werden.


T. Kunze, *Entwicklung und Evaluierung eines Grobscreenings zur Anwendung von EAWS-Sektion 4 in der Automobilindustrie*, Gestaltung hybrider Mensch-Maschine-Systeme/Designing Hybrid Societies, https://doi.org/10.1007/978-3-658-27893-9_3

Tabelle 29: Hypothesen für die Studie zur Überprüfung der Konvergenzvalidität von EAWS-Sektion 4

*Quelle:* *Eigene Darstellung*

| Hypothesen-Nummer | Beschreibung | Methode |
|---|---|---|
| **$H1_1$** | Es besteht ein signifikanter Zusammenhang zwischen den Bewertungspunktzahlen von EAWS-Sektion 4 und LMM-mA. | Spearman-Rho-Korrelation |
| **$H1_0$** | Es besteht kein signifikanter Zusammenhang zwischen den Bewertungspunktzahlen von EAWS-Sektion 4 und LMM-mA. | Spearman-Rho-Korrelation |
| **$H2_1$** | Es besteht ein signifikanter Zusammenhang zwischen den Bewertungspunktzahlen von EAWS-Sektion 4 und OCRA-Checkliste. | Spearman-Rho-Korrelation |
| **$H2_0$** | Es besteht kein signifikanter Zusammenhang zwischen den Bewertungspunktzahlen von EAWS-Sektion 4 und OCRA-Checkliste. | Spearman-Rho-Korrelation |
| **$H3_1$** | Es besteht ein signifikanter Zusammenhang zwischen den Bewertungspunktzahlen von EAWS-Sektion 4 und SI. | Spearman-Rho-Korrelation |
| **$H3_0$** | Es besteht kein signifikanter Zusammenhang zwischen den Bewertungspunktzahlen von EAWS-Sektion 4 und SI. | Spearman-Rho-Korrelation |

## 3.2 Datenerhebung

Die vorliegende Untersuchung zur Konvergenzvalidität von EAWS-Sektion 4 wurde in der Cockpit-Vormontagelinie eines Automobilherstellers durchgeführt. Abbildung 7 stellt diese Fertigungslinie mit den zu bewertenden Arbeitsplätzen in den jeweiligen Fertigungsabschnitten dar. An den Takten 3 und 14 liegen jeweils zwei Arbeitsplätze (siehe Punkte) vor.

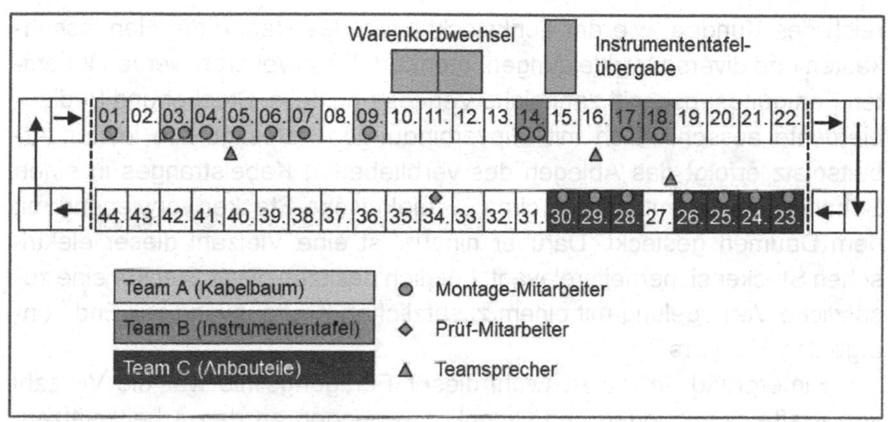


Abbildung 7: Aufbau der Cockpit-Vormontage
*Quelle:* *Eigene Darstellung*

Die Cockpit-Vormontagelinie besteht aus 19 Arbeitsplätzen zur manuellen Montage eines Cockpits für einen Personenkraftwagen (PKW). Bei einer Taktzeit von 60 Sekunden können in einer Schicht mit einer Nettoarbeitszeit von 387 Minuten ebenso viele Cockpits gefertigt werden. Die Mitarbeiter arbeiten innerhalb von Teams entweder allein oder zu zweit an einem Arbeitsplatz. Die Fertigung des Cockpits erfolgt auf einem Teileträger, welcher auf einem Förderband die Cockpit-Vormontagelinie durchläuft und mit Hilfe einer elektronisch angetriebenen Hängebahn zur PKW-Endmontage transportiert wird. Im Durchschnitt arbeiten 40 Mitarbeiter pro Schicht in der Cockpit-Vormontagelinie. Die Mitarbeiter sind in drei Teams (Team A, Team B und Team C) aufgeteilt. Weiterhin arbeiten an der Cockpit-Vormontagelinie drei Teamsprecher, zwei Mitarbeiter zur Qualitätssicherung und zwei Mitarbeiter zum Warenkorbwechsel. Jedes Team ist einem Fertigungsabschnitt zugeordnet. Im ersten Fertigungsabschnitt werden der kundenspezifische Kabelstrang aufgelegt, der Modulträger und das Heiz-Klimagerät montiert sowie die Lenksäule und verschiedene Luftkanäle angebaut. Im zweiten Fertigungsabschnitt werden die Instrumententafel, der Knieairbag und der Temperaturfühler montiert. Darüber hinaus wird der Teileträger mit weiteren Anbauteilen für den dritten Fertigungsabschnitt bestückt. Im dritten Fertigungsabschnitt werden die Anbauteile im Sichtbereich des Kunden, wie der Lenkstockhalter, das Radio, der Handschuhkasten und diverse Verkleidungen, montiert. Des Weiteren werden im dritten Fertigungsabschnitt zahlreiche Verkleidungsteile, Stecker und Bedienelemente ausschließlich mit Clipverbindungen befestigt. Am letzten Arbeitsplatz erfolgt das Ablegen des verbliebenen Kabelstranges in einen Behälter. Insgesamt werden circa 36 elektrische Stecker vorwiegend mit dem Daumen gesteckt. Darüber hinaus ist eine Vielzahl dieser elektrischen Stecker sicherheitsrelevant. Folglich besitzen diese Stecker eine zusätzliche Verriegelung mit einem zusätzlichen Kraftaufwand zur Endmontage des Steckers.

Hintergrund für die Auswahl dieser Fertigungslinie war die Vielzahl von Kraftaufwendungen und Gelenkbewegungen an den Arbeitsplätzen. Darüber hinaus wurden im Rahmen einer Mitarbeiterbefragung nach Höbel (2013, S. 36-47) typische Belastungsfaktoren an den Arbeitsplätzen und körperliche Beschwerden in den oberen Extremitäten ermittelt. Von den 85 Mitarbeitern haben 80 Prozent angegeben, dass die Arbeit zu mittleren und schweren Beschwerden führe. Zehn Prozent der Mitarbeiter gaben leichte Beschwerden und weitere zehn Prozent der Mitarbeiter keine Beschwerden an. In der Benennung der Ursachen führten die Mitarbeiter als Hauptursachen häufiges Bücken, dicht gefolgt von Zwangshaltungen auf. Hohe Kraftaufwendungen, häufiges Umgreifen, lange Laufwege und hohe Lastenhandhabungen wurden annähernd in gleichem Maße angegeben. Weitere Beschwerden wie Platzmangel wurden aufgrund des geringen prozentualen Anteils den sonstigen Beschwerden zugeordnet. Abbildung 8 gibt zusammengefasst einen Überblick über die prozentuale Verteilung der körperlichen Belastungsarten.

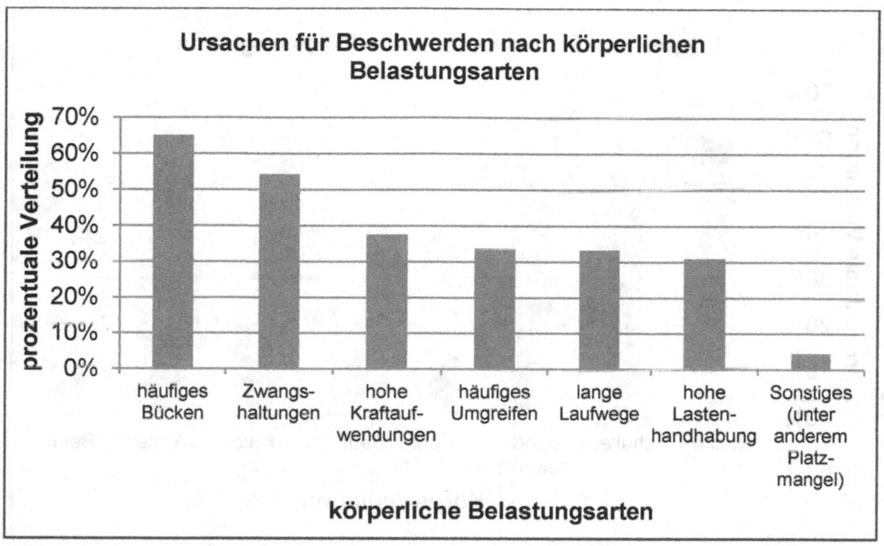


Abbildung 8: Prozentuale Verteilung der körperlichen Belastungsarten in der Cockpit-Vormontage

*Quelle:* *Höbel (2013)*

Hinsichtlich der gesundheitlichen Beschwerden nach Körperregionen wurde eine vermehrte Angabe von Beschwerden im unteren Rücken, in der Schulter, in den Handgelenken und in den Fingern verzeichnet. Die prozentuale Verteilung der Beschwerden nach Körperregionen ist in Abbildung 9 dargestellt.

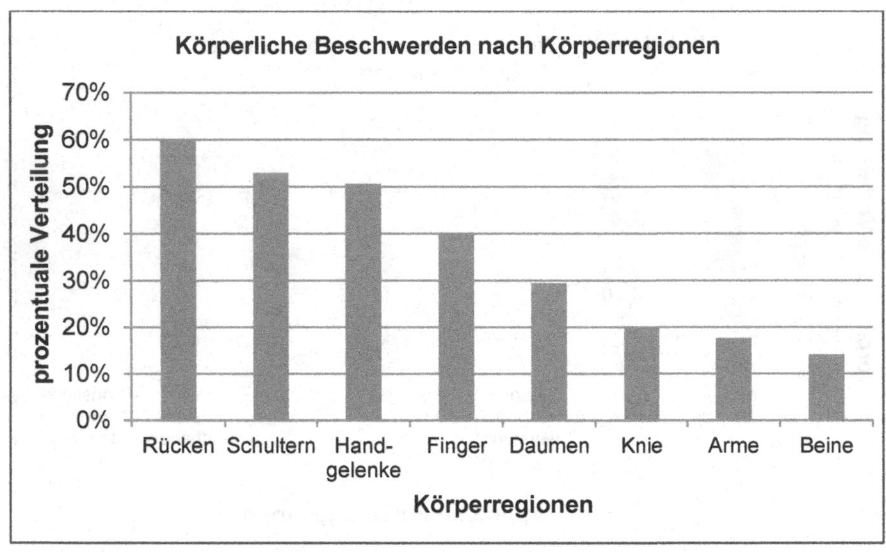


Abbildung 9: Prozentuale Verteilung der körperlichen Beschwerden in der Cockpit-Vormontage

*Quelle:* *Höbel (2013)*

Ursachen für die Problemfelder basieren auf der Ausgestaltung der Montageinhalte. Zum einen sind große Lasten durch die Montage des Kabelstranges, des Modulquerträgers, der Instrumententafel und des Kabelsackes zu heben. Zum anderen sind eine Vielzahl von aufzubringenden Clip- und Steckverbindungen über die gesamte Montagelinie verteilt. Insgesamt müssen im Cockpit circa 36 elektrische Stecker in Abhängigkeit der jeweiligen Variante verbaut werden. Dies entspricht bei 19 Arbeitsplätzen etwa zwei elektrischen Steckern pro Arbeitsplatz. In der Betrachtung der Beschwerdeanzahl wurden durchschnittlich 2,9 Beschwerden pro Mitarbeiter identifiziert. Bei differenzierter Betrachtung des Alters wiesen die Mitarbeiter zwischen 16 und 25 Jahren durchschnittlich 2,6 Beschwerden pro Mitarbeiter und die Mitarbeiter zwischen 26 und 40 Jahren durchschnittlich 2,7 Beschwerden pro Mitarbeiter auf. Eine deutlich höhere Beschwerdeanzahl gegenüber den beiden Alterskategorien zeigten die Mitarbeiter zwischen 41 und 55 Jahren auf. Bei dieser Alterskategorie wurden durchschnittlich 3,9 körperliche Beschwerden pro Mitarbeiter erfasst.

Die Bewertung der Arbeitsplätze wurde durch den Autor der vorliegenden Arbeit auf Basis der EAWS V1.3.3 durchgeführt. Dieser weist sowohl die EAWS-Praktiker-Ausbildung als auch die EAWS-Instruktoren-Ausbildung aus. Die Punktwertberechnung von Sektion 0 bis Sektion 4 unterliegt den Regeln der EAWS-Lehrgangsunterlage G/AD (07/2014). Die zugrundeliegende MTM-Prozessbeschreibung zur Ermittlung der Belastungshäufigkeit oder Belastungsdauer basiert auf MTM-UAS-Grundvorgängen und wurde durch einen qualifizierten Mitarbeiter der Zeitwirtschaft aus dem Bereich des Industrial Engineering erstellt. Alle weiteren Einflussgrößen zur Belastungsintensität wurden vor Ort analysiert. Der analysierten Körperhaltungen und den Hand-Arm-Gelenkstellungen liegt das 50. Körpergrößenperzentil einer männlichen Person (18 bis 65 Jahre) zu Grunde.

Die Taktzeit von 60 Sekunden und die Arbeitsdauer von 387 Minuten für die Arbeitsplatzbewertung entsprechen der Ist-Situation an der Fertigungslinie. Darüber hinaus erhält der Mitarbeiter eine Pausendauer von insgesamt 54 Minuten, bestehend aus zweimal zwölf Minuten und einmal 30 Minuten. Andere offizielle Pausen oder Zeitanteile nicht-repetitiver Tätigkeiten lagen nicht vor. Aufgrund der getakteten Fertigungslinie mit wenigen Leertakten zwischen einzelnen Arbeitsplätzen und dem Vorhandensein eines Teamsprechers für die Entlastung des Mitarbeiters sind Arbeitsunterbrechungen nur innerhalb der vorgegebenen Rahmenbedingungen möglich.

## 3.3 Ergebnisse

Die bewerteten Arbeitsplätze am Takt 7 und 17 erzielten ein niedriges Risiko (10,5 Prozent). Hingegen wurde an den Arbeitsplätzen vom Takt 1, 3a, 5, 6, 14a, 14b, 18, 23, 24, 25, 26 und 30 ein mögliches Risiko (63,2 Prozent) sowie an den Takten 3b, 4, 9, 28 und 29 (26,3 Prozent) ein hohes Risiko ermittelt. An sieben der 19 Arbeitsplätze (36,8 Prozent) wurde ein höherer Punktwert in der EAWS-Sektion 4 gegenüber den EAWS-Sektionen 0-3 ermittelt. Allerdings führte der höhere Punktwert der EAWS-Sektion 4 nur an drei von 19 Arbeitsplätzen (15,8 Prozent) zu einer höheren Risikobewertung. Diese erzielten Arbeitsplatzbewertungen spiegeln sich in den körperlichen Beschwerden der Mitarbeiter wider, da sich die Bewertung der EAWS-Sektionen 0-3 auf die Reduzierung von Beschwerden im Rücken-Schulter-Bereich (siehe Abbildung 9) bezieht, hingegen die Bewertung der EAWS-Sektion 4 auf die Reduzierung von Beschwerden im Hand-Arm-Bereich abzielt.

Abbildung 10 beinhaltet die Punktbewertungen der einzelnen Sektionen und die EAWS-Bewertung pro Arbeitsplatz.

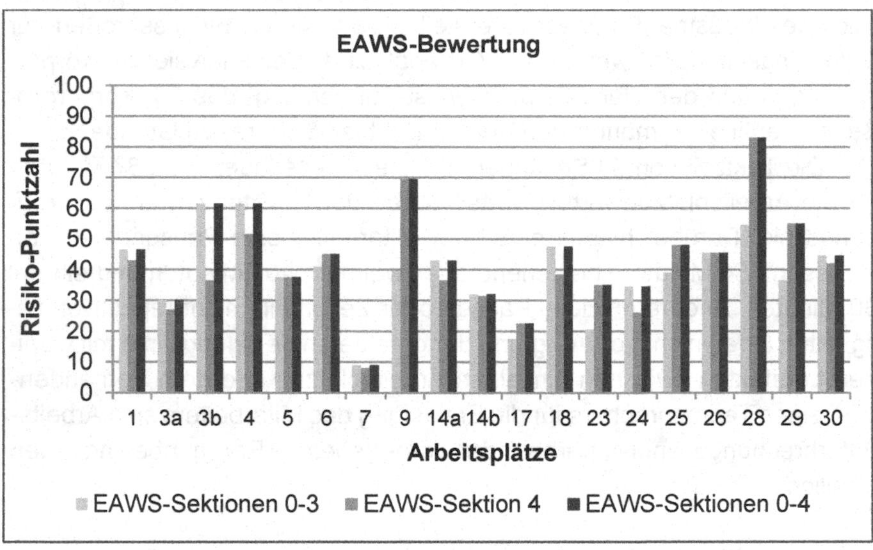


Abbildung 10: Arbeitsplatzbewertung der Cockpit-Vormontage mit EAWS
*Quelle:* *Eigene Darstellung*

Um den Zusammenhang zwischen den Bewertungsverfahren EAWS-Sektion 4, LMM-mA, OCRA-Checkliste und SI untersuchen zu können, wurden die körperlichen Belastungen an den Arbeitsplätzen der Cockpit-Vormontagelinie mit den ergänzenden Verfahren bewertet. Abbildung 11 stellt zunächst die jeweiligen Punktwerte der Arbeitsplätze pro Verfahren dar. Aufgrund der Übersichtlichkeit werden die Ergebnisse zu den Risikobereichen der Verfahren in Abbildung 12 abgebildet.

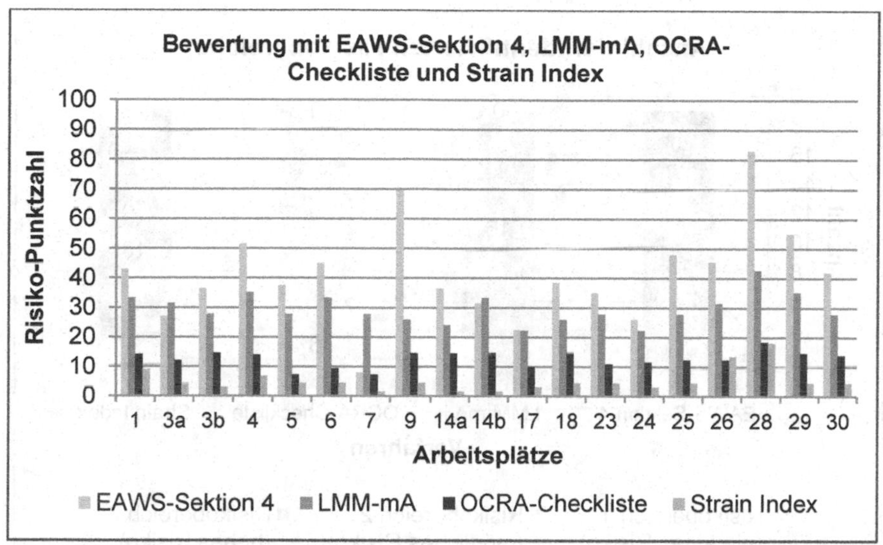


Abbildung 11: Arbeitsplatzbewertung der Cockpit-Vormontage mit EAWS-Sektion 4, LMM-mA, OCRA-Checkliste und SI

*Quelle:* *Eigene Darstellung*

Unter Berücksichtigung der Verfahrensregeln sowie der einheitlichen Skalierung zum Kraftniveau, zur Gelenkstellung und zum Risikobereich konnten die Verfahren angewendet und gegenübergestellt werden. Die Durchführung der Arbeitsplatzbewertungen basiert bei der LMM-mA auf der Version 2012 (Steinberg U. , et al., 2012), der OCRA-Checkliste auf Basis des Arbeitsbogens zum OCRA-Verfahren (DGUV, 2013, S. 20-24) und beim SI auf Basis der Excel-Version 2.2 (Bernard & Walton, 2001).

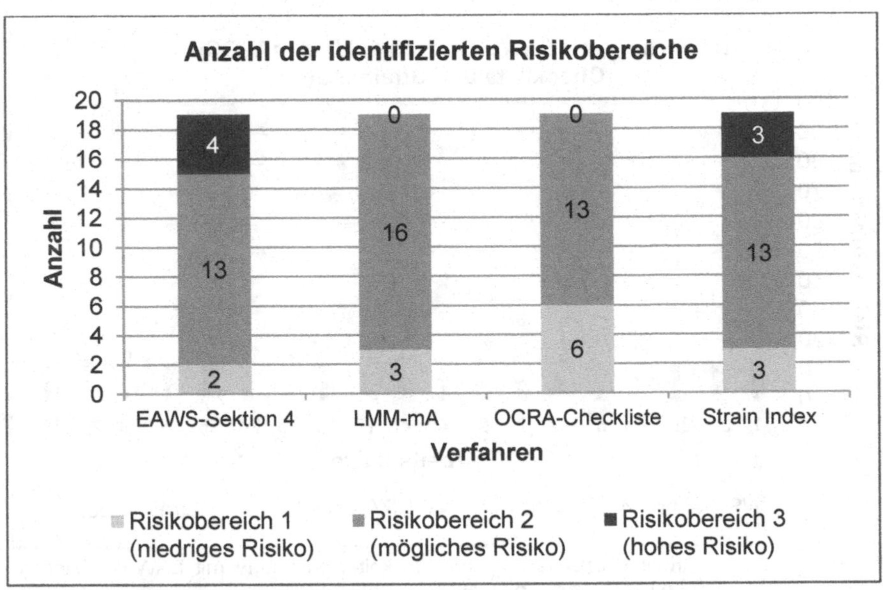


Abbildung 12: Anzahl der identifizierten Risikobereiche im Verfahrensvergleich in der Cockpit-Vormontage

*Quelle:* *Eigene Darstellung*

Abbildung 12 zeigt auf, dass alle Risikobereiche (niedriges, mittleres und hohes Risiko) ausschließlich mit EAWS-Sektion 4 und SI ermittelt wurden. Hingegen wurden die Belastungen durch die LMM-mA und die OCRA-Checkliste nur dem niedrigen und möglichen Risiko zugeordnet. Unter Berücksichtigung der prozentualen Verteilung der Risikobereiche wird durch EAWS-Sektion 4 die höchste Risikobewertung der vorliegenden Arbeitsplätze erzielt. Mit weiteren drei Arbeitsplätzen im hohen Risikobereich, der gleichen Anzahl von Arbeitsplätzen im niedrigen Risikobereich gegenüber der LMM-mA, folgt der SI. Aufgrund der höchsten Anzahl von Arbeitsplätzen mit einem niedrigen Risiko ist die OCRA-Checkliste nach der LMM-mA und gegenüber allen Verfahren mit der niedrigsten Risikobewertung einzuordnen. Allerdings liegen alle Risikobewertungen der angewendeten Verfahren dicht beisammen. Dies wird an dem hohen Anteil von mindestens 68 Prozent der Arbeitsplätze mit einem ermittelten möglichen Risiko deutlich.

Die Gegenüberstellung der Verfahren anhand der Anzahl an gemeinsamen und unterschiedlichen Risikobereichen lässt keine Rückschlüsse auf die Konvergenzvalidität der EAWS-Sektion 4 zu. Aus diesem Grund ist der mathematische Zusammenhang zwischen den Bewertungsergebnissen der EAWS-Sektion 4 und den vergleichbaren Verfahren zu untersuchen.

Die Grundlage einer Vergleichbarkeit von Bewertungsergebnissen unterschiedlicher Bewertungsverfahren ist die einheitliche Anwendung der Verfahren. Die Bewertungsverfahren verfolgen zwar alle das Ziel, das gesundheitliche Risiko durch körperliche Belastungen zu identifizieren, besitzen jedoch unterschiedliche Skalierungen sowie objektive und subjektive Bewertungskriterien. Eine spezifische oder allgemeingültige Anwendung, zugrundeliegende Normen und Standards sowie länderspezifische Regelungen können eine Ursache für die Unterschiede in den Bewertungsverfahren sein. Im Kapitel 2.13 zur einheitlichen Skalierung der Eingangsgrößen wurden die Unterschiede zwischen den Bewertungsverfahren sichtbar dargestellt und miteinander abgestimmt. Für die Vergleichbarkeit der Belastungsarten sind einzelne Einflussgrößen in den Verfahren zusammenzufassen. Beispielsweise sind die Punktwerte in der LMM-mA zu den Aktionskräften und Greifbedingungen sowie in der OCRA-Checkliste zu den technischen Aktionen und zur Kraftaufwendung aufzusummieren. Hintergrund dieser gewählten Vorgehensweise ist die zugrundeliegende Berechnung der Fingerpunkte in EAWS-Sektion 4, Zeile 20a. Der ermittelte Punktwert beinhaltet die Belastungsgrößen wie Anzahl an Aktionen, Kraftaufwendungen und Greifarten sowie Greifbedingungen. Eine Zusammenfassung im SI ist nicht möglich, da weitere Belastungsgrößen wie die Greifbedingungen nicht erfasst werden.

Für die Auswahl der richtigen Methode für den mathematischen Zusammenhang ist der mögliche lineare Zusammenhang zu prüfen. Daraus kann abgeleitet werden, ob die Untersuchung der Korrelation nach Pearson oder der Rangkorrelation nach Spearman-Rho erfolgt. Aufgrund der unterschiedlichen Wertigkeit und den unterschiedlichen Punktwerthöhen der Belastungsgrößen innerhalb der Verfahren ist die Korrelation nach Spearman-Rho anzuwenden.

Tabelle 30 zeigt die Ergebnisse des mathematischen Zusammenhanges zwischen Skalierungen der Kraftaufwendungen und Greifbedingungen auf. Die zugrundeliegenden Punktwerte der jeweiligen Bewertungsverfahren generieren sich wie folgt:

- EAWS-Sektion 4: Punktwert aus den Fingerpunkten (Zeile 20a)
- LMM-mA: Punktwerte aus der Bewertung der Kraftaufwendung und den Greifbedingungen
- OCRA-Checkliste: Punktwerte aus der Bewertung der technischen Aktionen, des Kraftaufwandes und der Greifart
- SI: Punktwert aus der Bewertung der Kraftintensität

Tabelle 30: Zusammenhang zwischen der Skalierung der Kraftaufwendungen und den Greifbedingungen

*Quelle:* *Eigene Darstellung*

| Kraftaufwendungen und Greifbedingungen | | EAWS-Sektion 4 | LMM-mA | OCRA-Checkliste | SI |
|---|---|---|---|---|---|
| **EAWS-Sektion 4** | Spearman-Rho-Korrelation | 1,0 | **0,568*** | **0,566*** | **0,462*** |
| | Signifikanz (2-seitig) | 0,0 | **0,011** | **0,012** | **0,046** |
| | Anzahl (N) | 19 | 19 | 19 | 19 |
| **LMM-mA** | Spearman-Rho-Korrelation | | 1,0 | 0,430 | **0,626**** |
| | Signifikanz (2-seitig) | | 0,0 | 0,066 | **0,004** |
| | Anzahl (N) | | 19 | 19 | 19 |
| **OCRA-Checkliste** | Spearman-Rho-Korrelation | | | 1,0 | 0,183 |
| | Signifikanz (2-seitig) | | | 0,0 | 0,452 |
| | Anzahl (N) | | | 19 | 19 |
| **SI** | Spearman-Rho-Korrelation | | | | 1,0 |
| | Signifikanz (2-seitig) | | | | 0,0 |
| | Anzahl (N) | | | | 19 |

* = Korrelation ist bei Niveau 0,05 ist signifikant (zweiseitig).
** = Korrelation ist bei Niveau 0,01 ist hoch signifikant (zweiseitig).

Die Untersuchungen der Punktwerte zur Kraftaufwendung und Greifbedingung ergaben jeweils einen mittleren signifikanten Zusammenhang (r = 0,57*) zwischen der EAWS-Sektion 4 und der LMM-mA sowie zwischen der EAWS-Sektion 4 und der OCRA-Checkliste. Weiterhin wurde ein geringer signifikanter Zusammenhang (r = 0,46*) zwischen der EAWS-Sektion 4 und dem SI erzielt. Dem gegenüber erzielte die Harmonisierung der Kraftaufwendungen und Greifbedingungen zwischen der LMM-mA und der OCRA-Checkliste einen geringen nicht signifikanter Zusammenhang (r = 0,43), zwischen der LMM-mA und dem SI einen mittleren signifikanten Zusammenhang (r = 0,63**) sowie zwischen der OCRA-Checkliste und dem SI einen sehr geringen nicht signifikanten Zusammenhang (r = 0,18).

Im Anschluss wird der mathematische Zusammenhang zwischen den Gelenkstellungen aufgezeigt. Tabelle 31 stellt den mathematischen Zusammenhang nach Spearman-Rho zwischen den Punktwerten zur Gelenkstellung dar.

Die zugrundeliegenden Punktwerte der jeweiligen Bewertungsverfahren generieren sich wie folgt:

- EAWS-Sektion 4: Punktwert aus den Hand-Armpunkten (Zeile 20b)
- LMM-mA: Punktwerte aus der Bewertung von Armstellung und Armbewegung
- OCRA-Checkliste: Punktwert aus der Bewertung der Gelenkstellung
- SI: Punktwert aus der Bewertung des Handgelenkes

Tabelle 31: Zusammenhang zwischen den Punktwerten zur Gelenkstellung
*Quelle:* *Eigene Darstellung*

| Gelenkstellung | | EAWS-Sektion 4 | LMM-mA | OCRA-Checkliste | SI |
|---|---|---|---|---|---|
| **EAWS-Sektion 4** | Spearman-Rho-Korrelation | 1,0 | **0,735**** | **0,471*** | **0,681**** |
| | Signifikanz (2-seitig) | 0,0 | **0,000** | **0,042** | **0,001** |
| | Anzahl (N) | 19 | 19 | 19 | 19 |
| **LMM-mA** | Spearman-Rho-Korrelation | | 1,0 | **0,650**** | **0,600**** |
| | Signifikanz (2-seitig) | | 0,0 | **0,003** | **0,007** |
| | Anzahl (N) | | 19 | 19 | 19 |
| **OCRA-Checkliste** | Spearman-Rho-Korrelation | | | 1,0 | **0,650**** |
| | Signifikanz (2-seitig) | | | 0,0 | **0,003** |
| | Anzahl (N) | | | 19 | 19 |
| **SI** | Spearman-Rho-Korrelation | | | | 1,0 |
| | Signifikanz (2-seitig) | | | | 0,0 |
| | Anzahl (N) | | | | 19 |

* = Korrelation bei Niveau 0,05 ist signifikant (zweiseitig).
** = Korrelation bei Niveau 0,01 ist hoch signifikant (zweiseitig).

Die Untersuchungen der Punktwerte zur Gelenkstellung ergaben einen hohen signifikanten Zusammenhang (r = 0,74**) zwischen der EAWS-Sektion 4 und der LMM-mA, einen geringen signifikanten Zusammenhang (r = 0,47*) zwischen der EAWS-Sektion 4 und der OCRA-Checkliste und einen mittleren signifikanten Zusammenhang (r = 0,68*) zwischen der EAWS-Sektion 4 und dem SI. Die Zuordnung der Gelenkstellung erzielte einen mittleren signifikanten Zusammenhang (r = 0,65**) zwischen der LMM-mA und der OCRA-Checkliste, mittleren signifikanten Zusammenhang (r = 0,60**) zwischen der LMM-mA und dem SI sowie mittleren signifikanten Zusammenhang (r = 0,65**) zwischen der OCRA-Checkliste und dem SI.

Die Ergebnisse zur Harmonisierung von Kraftaufwand, Greifbedingung und Gelenkstellung zeigen die Voraussetzungen für Untersuchungen zur Konvergenzvalidität von EAWS-Sektion 4. Hierfür werden die Punktwerte des Endergebnisses nach Spearman-Rho gegenübergestellt. Die erzielten Untersuchungsergebnisse sind in Tabelle 32 aufgeführt.

Tabelle 32: Zusammenhang zwischen den Gesamtergebnissen der Bewertungsverfahren
*Quelle:* *Eigene Darstellung*

| Gesamtergebnis | | EAWS-Sektion 4 | LMM-mA | OCRA-Checkliste | SI |
|---|---|---|---|---|---|
| **EAWS-Sektion 4** | Spearman-Rho-Korrelation | 1,0 | **0,519*** | **0,463*** | **0,737**** |
| | Signifikanz (2-seitig) | 0,0 | **0,023** | **0,046** | **0,000** |
| | Anzahl (N) | 19 | 19 | 19 | 19 |
| **LMM-mA** | Spearman-Rho-Korrelation | | 1,0 | 0,285 | **0,569*** |
| | Signifikanz (2-seitig) | | 0,0 | 0,237 | **0,011** |
| | Anzahl (N) | | 19 | 19 | 19 |
| **OCRA-Checkliste** | Spearman-Rho-Korrelation | | | 1,0 | 0,134 |
| | Signifikanz (2-seitig) | | | 0,0 | 0,586 |
| | Anzahl (N) | | | 19 | 19 |
| **SI** | Spearman-Rho-Korrelation | | | | 1,0 |
| | Signifikanz (2-seitig) | | | | 0,0 |
| | Anzahl (N) | | | | 19 |

* = Korrelation bei Niveau 0,05 ist signifikant (zweiseitig).
** = Korrelation bei Niveau 0,01 ist hoch signifikant (zweiseitig).

Die Ergebnisse des mathematischen Zusammenhanges zwischen den Punktbewertungen der EAWS-Sektion 4 und den Punktbewertung der LMM-mA, der OCRA-Checkliste und dem SI ergaben ein annähernd gleiches Ergebnis. Ein hoher signifikanter Zusammenhang (r = 0,74**) konnte zwischen der EAWS-Sektion 4 und dem SI ermittelt werden. Darüber hinaus erzielte die Gegenüberstellung der Punktwerte zwischen der EAWS-Sektion 4 und der LMM-mA einen mittleren signifikanten Zusammenhang (r = 0,52*). Hingegen wurde ein geringer signifikanter Zusammenhang (r =

0,46*) zwischen der Punktbewertung der EAWS-Sektion 4 und der OCRA-Checkliste ermittelt. Zusätzlich ergab die Untersuchung des Punktwerte einen mittleren signifikanten Zusammenhang (r = 0,57*) zwischen der LMM-mA und dem SI. Alle weiteren Untersuchungen des Zusammenhanges zwischen der LMM-mA, der OCRA-Checkliste und dem SI erzielten einen geringen bis sehr geringen nicht signifikanten Zusammenhang.

## 3.4 Diskussion

Abgesicherte Untersuchungen zur Erfüllung der Hauptgütekriterien (Objektivität, Reliabilität und Validität) sind wesentliche Voraussetzungen zur betrieblichen Anwendung von Bewertungsverfahren (Klußmann, et al., 2013, S. 34-35). Das Literatur-Review in Kapitel 2.11.2 ergab Forschungsdefizite in der Untersuchung der Hauptgütekriterien von EAWS-Sektion 4. Insbesondere in der Überprüfung der Konvergenzvalidität von EAWS-Sektion 4 fehlen ergänzende Untersuchungen mit geeigneten Bewertungsverfahren wie der LMM-mA, der OCRA-Checkliste und dem SI. Um dieses Forschungsdefizit zu beseitigen, wurde diese Vorstudie zur Überprüfung der Konvergenzvalidität von EAWS-Sektion 4 in der Automobilindustrie durchgeführt.

Zunächst wurden die verfahrensspezifischen Belastungsgrößen und Ergebnisinterpretationen zwischen dem EAWS, der LMM-mA, der OCRA-Checkliste und dem SI auf Basis der Verfahrensbeschreibungen harmonisiert. Dies stellt eine wesentliche Voraussetzung zur Vergleichbarkeit der Bewertungsverfahren dar (Cronbach & Meehl, 1955, S. 281-302). Des Weiteren diente die Cockpit-Vormontagelinie bestehend aus 19 Arbeitsplätzen mit körperlichen Beschwerden im Hand-Arm-Bereich (Höbel, 2013, S. 36-47) als repräsentativer Untersuchungsumfang für die Beantwortung der Forschungsfrage. Die Anwendung der Bewertungsverfahren erfolgte durch den Verfasser der vorliegenden Arbeit mit geprüften Kenntnissen in der Verfahrensanwendung.

Die Gegenüberstellung der Bewertungsergebnisse zeigt ein differenziertes Bild in der Risikobewertung. Nur 26 Prozent der untersuchten Arbeitsplätze in der Cockpit-Vormontagelinie wiesen in allen Verfahren ein gemeinsames Risiko aus. Allerdings zeigt das Gesamtbild der Arbeitsplatzbewertungen bei allen Verfahren durchschnittlich ein mögliches Risiko auf. Diese erzielten Ergebnisse in der Gegenüberstellung der Anzahl identifizierter Risiken spiegeln sich in der Untersuchung des Zusammenhanges zwischen den Punktbewertungen wider. Auf Basis des Rangkorrelationskoeffizienten nach Spearman-Rho konnte zwischen der EAWS-Sektion 4 und der LMM-mA (r = 0,52*), der OCRA-Checkliste (r = 0,46*) und dem SI (r = 0,74**) ein signifikanter Zusammenhang zwischen den Punktwerten der untersuchten Arbeitsplätzen erzielt werden.

Mit diesen Ergebnissen wurden die bisherige, positive Untersuchung zur Konvergenzvalidität von EAWS-Sektion 4 mit dem OCRA-Index (Lavatelli et al., 2012, S. 4440-4442) bestätigt. Dabei war die einheitliche Skalierung der Einflussgrößen vor der Verfahrensanwendung erfolgsunterstützend, um den geringen, mittleren und hohen signifikanten Zusammenhang erzielen zu können. Zusätzlich wird die Harmonisierung der Belastungsgrößen mit dem sehr geringen nicht signifikanten Zusammenhang zwischen der OCRA-Checkliste und der LMM-mA sowie dem SI bekräftigt. Im Vorfeld der Verfahrensanwendung erfolgte die Harmonisierung der Einflussgrößen mit Bezug zum EAWS-Sektion 4. Dadurch ergaben sich Abweichungen zwischen der ORCA-Checkliste und dem LMM-mA oder dem SI in den Belastungsgrößen zur Kraftaufwendung und Greifbedingung. Folglich erzielte die Untersuchungen der Belastungsgrößen Kraftaufwendung und Greifbedingung einen geringen signifikanten Zusammenhang zwischen der OCRA-Checkliste und der LMM-mA sowie einen sehr geringen nicht signifikanten Zusammenhang zwischen der OCRA-Checkliste und dem SI.

Die Untersuchung von 19 Arbeitsplätzen in der Automobilindustrie stellt trotz einer vollständigen Fertigungslinie einen geringen Untersuchungsumfang gegenüber der Untersuchung nach Lavatelli et al. (2012, S. 4440-4442) mit 45 Arbeitsplätzen oder der Untersuchung nach Serranheira und de Sousa Uva (2008, S. 34-44) mit 71 Arbeitsplätzen in der Automobilindustrie dar. Aus diesem Grund sollten weitere Untersuchungen mit den identifizierten Bewertungsverfahren folgen. Weiterhin fehlen Untersuchungen zur Reliabilität und Objektivität von EAWS-Sektion

4, um wichtige Informationen zur anwenderübergreifenden, standardisierten Verfahrensanwendung von EAWS-Sektion 4 liefern zu können. Insbesondere die Bestimmung der realen Aktionen oder ungünstigen Gelenkstellungen mit EAWS-Sektion 4 bei abwechselnder Arbeitsweise durch den ausführenden Mitarbeiter kann zu unterschiedlichen Bewertungsergebnissen führen (Landau, 2014, S. 220-221).

# 4 Vorstudie II: Ermittlung der Bedarfe an die Bewertung von repetitiven Tätigkeiten

Mit Ausnahme der BMW AG und MAN SE basieren die Verfahren zur Bewertung körperlicher Belastungen der deutschen Automobilhersteller auf den Entwicklungsständen des EAWS und bewerten ausschließlich körperliche Ganzkörperbelastungen. Die Bewertung repetitiver Tätigkeiten fand bislang keine Berücksichtigung. Um spezifisches Wissen, Erfahrungen und Meinungen zur Bewertung repetitiver Tätigkeiten in der Automobilindustrie ermitteln zu können, kann das Interview als geeignetes Verfahren herangezogen werden (Phillips, 1971, S. 18-19). Weiterhin kann durch eine exakte und sorgfältige Vorbereitung sowie Durchführung eines Experteninterviews auftretende Verständnisprobleme ausgeschlossen und verlässliche Informationen erzielt werden (Atteslander et al., 2006, S. 135-136). Daraus ableitend verfolgt diese Vorstudie das Ziel, Ursachen zur geringen Etablierung und Anforderungen zur praktikablen Anwendung von EAWS-Sektion 4 in der Automobilindustrie durch Experteninterviews zu ermitteln.

## 4.1 Fragestellungen

Ursachen zur geringen Etablierung und Handlungsanforderungen zur praktikablen Anwendung von EAWS-Sektion 4 in der Automobilindustrie werden bisher in der Literatur nicht thematisiert. Aus diesem Grund sollen anhand von Experteninterviews folgende Fragen beantwortet werden:

- Welche Ursachen bestehen zur geringen Etablierung von EAWS-Sektion 4 in der Automobilindustrie?
- Welche Anforderungen bestehen für eine praktikable Anwendung von EAWS-Sektion 4 in der Automobilindustrie?


T. Kunze, *Entwicklung und Evaluierung eines Grobscreenings zur Anwendung von EAWS-Sektion 4 in der Automobilindustrie*, Gestaltung hybrider Mensch-Maschine-Systeme/Designing Hybrid Societies, https://doi.org/10.1007/978-3-658-27893-9_4

## 4.2 Datenerhebung

Für die Datenerhebung wurden zehn Personen ausgewählt, die entweder eine medizinische oder arbeitswissenschaftliche Ausbildung nachweisen. Weiterhin bestand die Anforderung, dass die ausgewählten Interviewteilnehmer nicht nur Erfahrungen in der Automobilindustrie, sondern auch branchenübergreifendes Wissen mit Verfahren zur körperlichen Belastungsbewertung aufweisen. Schlussendlich sollten die Interviewteilnehmer orientierungs- und handlungsleitend für andere Personen sein. Aus diesem Grund wurden schwerpunktmäßig Verfahrensentwickler und/oder Instruktoren ausgewählt.

Tabelle 33 enthält die Auflistung der Interviewteilnehmer, das Datum des Interviews, das Handlungsfeld und die Erfahrungsdauer im ausgewählten Themengebiet.

Tabelle 33: Interviewteilnehmer
*Quelle:* *Eigene Darstellung*

| Nummer | Bezeichnung | Datum | Handlungsfeld | Erfahrungs-dauer |
|---|---|---|---|---|
| **1.** | Interviewteilnehmer | 07.05.2015 | Management | 9 Jahre |
| **2.** | Interviewteilnehmer | 08.05.2015 | EAWS-Instruktor | 10 Jahre |
| **3.** | Interviewteilnehmer | 17.11.2015 | Werkarzt | 17 Jahre |
| **4.** | Interviewteilnehmer | 29.11.2015 | EAWS-Instruktor | 5 Jahre |
| **5.** | Interviewteilnehmer | 10.12.2015 | Verfahrens-entwickler | 4 Jahre |
| **6.** | Interviewteilnehmer | 15.12.2015 | EAWS-Instruktor | 9 Jahre |
| **7.** | Interviewteilnehmer | 18.12.2015 | EAWS-Instruktor | 15 Jahre |
| **8.** | Interviewteilnehmer | 21.12.2015 | EAWS-Instruktor | 4 Jahre |
| **9.** | Interviewteilnehmer | 15.01.2016 | Verfahrens-entwickler | 6 Jahre |
| **10.** | Interviewteilnehmer | 26.01.2016 | Verfahrens-entwickler | 9 Jahre |

Der Erhebungszeitraum der zehn Experteninterviews erstreckte sich vom 07.05.2015 bis zum 26.01.2016. Die Experten weisen umfangreiche Erfahrungen in der Bewertung körperlicher Belastungen zwischen vier und fünfzehn Jahren mit einem Durchschnitt von circa neun Jahren auf. Des Weiteren können die Experten branchenübergreifende Erfahrungen aus der Metall- und Elektro-, Pharma- und Konsumgüterindustrie sowie aus der Branche Verkehr und Logistik benennen. Diese branchenübergreifenden Erfahrungen von mehr als vier Jahren gewährleisten ein repräsentatives Wissen zur Bewertung repetitiver Tätigkeiten.

Das umfangreiche Wissen für die Untersuchungsthematik wurde anhand eines leitfadengestützten, systematisierenden Experteninterview gewonnen. Die Interviews erfolgten nach dem Prinzip: "So offen wie möglich, so strukturiert wie nötig." (Helfferich, 2014, S. 161). Dadurch wurden bei der Gestaltung des Interviewleitfadens die Grundsätze Offenheit als Priorität, Übersichtlichkeit und Anschmiegen an den Erzählfluss nach Helfrich (2014, S. 567) berücksichtig. Somit setzten ergänzende Fragestellungen im Interview auf das Erfahrungswissen auf, um eine lückenlose Informationsgewinnung sicherzustellen.

Im Vorfeld zur Durchführung des Experteninterviews wurde ein Feedback zum Interviewleitfaden eingeholt. Dieser wurde mit zwei Ansprechpartnern im Themenfeld der Ergonomie durchgesprochen. Dadurch konnten fachspezifische Formulierungen geprüft und eine realistische Dauer des Experteninterviews von circa 45 Minuten abgeleitet werden. Diese Information war für die anschließende Organisation und Terminabsprache zur Durchführung der Experteninterviews wichtig. Das Feedback führte zur Umformulierung einzelner Fragestellungen und beseitigte mögliche Verständnisprobleme beim Interviewteilnehmer. Somit konnten mögliche Fehlerquellen nach von Alemann (1977, S. 97) hinsichtlich Vollständigkeit, Widerspruchsfreiheit, Eindeutigkeit und Handhabbarkeit der Interviews ausgeschlossen werden.

Der Interviewleitfaden wurde im Vorhinein dem Interviewteilnehmer zur Verfügung gestellt. Die einzelnen Fragenkomplexe dienten der übersichtlichen Orientierung, einer flexiblen Interviewdurchführung und der Hinführung zum Forschungsinteresse. Durch die Offenheit der Fragestellungen konnten weitere Fragen in Abhängigkeit des Gesprächsverlaufes zum jeweiligen Fragenkomplex ergänzt werden. Die Einladung der Interviewteilnehmer erfolgte per E-Mail. Diese enthielt neben dem Anschreiben den Interviewleitfaden. Die Interviews wurden direkt in einem separaten

Raum oder durch eine Telefonkonferenz zwischen Interviewteilnehmer und befragte Person durchgeführt. Jedes Experteninterview wurde mit einem Aufnahmegerät unter Beachtung der Datenschutzbestimmungen und nach Zustimmung des einzelnen Interviewteilnehmers aufgezeichnet und nach den spezifischen Regeln von Dresing und Pehl (2013, S. 21-23) transkribiert.

Der Interviewleitfaden unter dem Thema "Erfahrungen in der Bewertung von repetitiven Tätigkeiten" gliederte sich in folgende fünf Fragenkomplexe, welche die Oberkategorien der anschließenden Auswertung darstellen:

- Repetition
- Voraussetzungen zur Bewertung von repetitiven Tätigkeiten
- Durchführung der Bewertung von repetitiven Tätigkeiten
- Ergonomic Assessment Worksheet (EAWS)
- Praktikable Anwendung der Bewertungsverfahren

Diese Oberkategorien leiten sich aus den wissenschaftlichen Erkenntnissen zur Repetition, der Vorgehensweise zur Risikobewertung repetitiver Tätigkeiten, spezifischen Fragestellungen zum EAWS und der Identifizierung von geeigneten Hilfsmitteln zur Unterstützung der Bewertung ab. Zusätzlich wurde der Leitfaden mit allgemeinen Fragen zu den Erfahrungen im Umgang mit der Bewertung körperlicher Belastungen ausgestattet. Ergänzend wurden spezifische Fragen zu den Erfahrungen im Umgang mit den Verfahren zur Bewertung repetitiver Tätigkeiten gestellt. Diese Fragen dienten der Verifizierung des Interviewteilnehmers. Am Ende des Interviews wurde jedem Experten noch die Möglichkeit gegeben, ergänzende Hinweise und Anregungen zum Thema der Bewertung repetitiver Tätigkeiten zu äußern. Dadurch wurde ein umfassendes Bild der Erfahrungen vermittelt.

## 4.3 Ergebnisse

Die erzielten Ergebnisse basieren auf dem Auswertungsprozess (Paraphrase, Kodieren, thematischer Vergleich, soziologische Konzeptualisierung und theoretische Generalisierung nach Meuser und Nagel (2009, S. 465-479). Dadurch konnten für jede Oberkategorie die Aussagen der Experten mit Zitaten aufbereitet werden.

### 4.3.1 Repetition

Die erste Kategorie (Repetition) umfasst alle genannten Informationen zur Bedeutung repetitiver Tätigkeiten in den Unternehmen sowie zur Definition, Charakteristika und Bewertung repetitiver Tätigkeiten.

Die Interviewteilnehmer messen repetitiven Tätigkeiten eine hohe Relevanz bei. Der prozentuale Anteil repetitiver Tätigkeiten wird als branchen-, produkt- und arbeitsplatzabhängig bezeichnet (Interviewteilnehmer Nr. 7, 18.12.2015, Zeile 60-75) und als Resultat dessen, wie „die Arbeitsorganisation im Unternehmen verankert ist" (Interviewteilnehmer Nr. 5, 10.12.2015, Zeile 85), wahrgenommen. Bei Taktzeiten kleiner 30 Sekunden wird der prozentuale Anteil von 50 bis 80 Prozent und bei Taktzeiten von circa 60 Sekunden ein prozentualer Anteil von 10 bis 20 Prozent genannt (Interviewteilnehmer Nr. 7, 18.12.2015, Zeile 81-90). Allerdings geht die Entwicklung in der Metall- und Elektroindustrie hin zu immer kleineren Taktzeiten und dadurch wird auch in der Automobilindustrie der prozentuale Anteil repetitiver Tätigkeiten steigen (Interviewteilnehmer Nr. 7, 18.12.2015, Zeile 96-100). Insbesondere aus dem vollzogenen Wandel in der Automobilindustrie in den letzten Jahren resultiert eine wachsende Bedeutung repetitiver Tätigkeiten. Nach Interviewteilnehmer Nr. 6 (15.12.2015, Zeile 147-150) wird durch den „Produktivitätsdruck und die vielfältigen KVP-Maßnahmen, die Auslastung oder die Arbeitsdichte [das Thema repetitive Tätigkeiten in der Automobilindustrie] an Bedeutung gewinnen". Hierbei steht die Fließfertigung nach Interviewteilnehmer Nr. 3 (17.11.2015, Zeile 118-119) im Fokus, „ob nun im Bereich der Fahrzeugfertigung oder auch im Bereich der Komponente".

Repetitive Tätigkeiten werden, wie im Kapitel 2.7 aufbereitet, durch die Experten gleichermaßen definiert. Auszugweise definiert Interviewteilnehmer Nr. 3 (17.11.2015, Zeile 31-34) repetitive Tätigkeiten als „wiederkehrend gleichförmige Bewegungen von oberen Extremitäten oder anderen Körperteilen [...] mit einer immer wieder gleichförmigen Beanspruchung der Muskeln im Sinne von Bewegungsabläufen". Ergänzend werden repetitive Tätigkeiten mit „Taktzeiten von kleiner 30 Sekunden [...] oder mit mehr als 50 Prozent der [...] Schichtzeit [...] von gleichen Tätigkeiten" bezeichnet (Interviewteilnehmer Nr. 4, 29.11.2015, Zeile 50-52).

In Anlehnung an Rodgers (1986, S. 250) und Kilbom (1994, S. 51-57) werden die genannten Risikofaktoren in Tabelle 34 strukturiert und in den genannten Häufigkeiten mit den berücksichtigten Risikofaktoren in EAWS-Sektion 4 verglichen.

Mindestens 80 Prozent der Interviewteilnehmer nannten die Bewegungshäufigkeit, die Kraftaufwendungen und die Gelenkstellungen in Abhängigkeit des Körperteils als die häufigsten genannten Risikofaktoren. Hingegen lagen Taktzeit, Greifbedingung/Greifart, Bewegungsdauer, Zugänglichkeit, Ausführungsweise, Rückschlagkräfte, Expositionsdauer, Pausendauer und Trainingsgrad der Mitarbeiter bei kleiner als 30 Prozent der Nennungen. Im Vergleich zum EAWS werden mit Ausnahme der Risikofaktoren von gleichen Bewegungen und der Bewegungsgeschwindigkeit alle genannten Risikofaktoren, die durch die Interviewteilnehmer zu mindestens 30 Prozent genannt haben, in EAWS-Sektion 4 berücksichtigt.

Die häufigsten Beschwerden oder Erkrankungsbilder werden im Hand-Arm-Bereich beschrieben. Als typisches Erkrankungsbild werden das Karpaltunnelsyndrom, die Sehnenscheidenentzündung, Durchblutungsstörungen mit Taubheitsgefühlen an Daumen und Fingern sowie die Epicondylitis, auch der Tennisellenbogen genannt, aufgeführt (Interviewteilnehmer Nr. 4, 29.11.2015, Zeile 101-104). Als auffälliges Merkmal wird das Auftreten von Beschwerden und Erkrankungsbildern durch repetitive Tätigkeiten erst „nach sehr langer Expositionszeit [...] über Jahre, wo man an so einem Arbeitsplatz arbeitet, bevor man irgendwelche Beschwerden hat" genannt. Demgegenüber treten Rückenbeschwerden relativ schnell auf (Interviewteilnehmer Nr. 10, 26.01.2016, Zeile 145-149).

Tabelle 34: Genannte Risikofaktoren repetitiver Tätigkeiten nach Interviewteilnehmer
*Quelle: Eigene Darstellung*

| | Interviewteilnehmer Nr. 1 | Interviewteilnehmer Nr. 2 | Interviewteilnehmer Nr. 3 | Interviewteilnehmer Nr. 4 | Interviewteilnehmer Nr. 5 | Interviewteilnehmer Nr. 6 | Interviewteilnehmer Nr. 7 | Interviewteilnehmer Nr. 8 | Interviewteilnehmer Nr. 9 | Interviewteilnehmer Nr. 10 | Häufigkeit | EAWS-Sektion 4 |
|---|---|---|---|---|---|---|---|---|---|---|---|---|
| Individuelle Risikofaktoren | | | | | | | | | | | | |
| **Ausführungsweise** | ○ | ○ | ○ | ○ | ○ | ○ | ● | ● | ○ | ○ | 20 % | ○ |
| **Trainingsgrad** | ○ | ○ | ○ | ○ | ● | ○ | ○ | ○ | ○ | ○ | 10 % | ○ |
| Arbeitsbedingte Risikofaktoren | | | | | | | | | | | | |
| **Bewegungsdauer** | ○ | ○ | ● | ○ | ○ | ○ | ● | ○ | ○ | ○ | 20 % | ● |
| **Bewegungsgeschwindigkeit** | ○ | ● | ○ | ○ | ● | ○ | ○ | ○ | ○ | ● | 30 % | ○ |
| **Bewegungshäufigkeit** | ○ | ● | ● | ● | ● | ● | ● | ● | ○ | ● | 80 % | ● |
| **Expositionsdauer** | ○ | ○ | ○ | ○ | ○ | ○ | ○ | ○ | ○ | ● | 10 % | ● |
| **Ungünstige Gelenkstellung** | ● | ● | ● | ● | ● | ● | ● | ● | ○ | ○ | 80 % | ● |
| **Gleiche Bewegung** | ● | ○ | ○ | ○ | ● | ● | ○ | ○ | ○ | ○ | 30 % | ○ |
| **Greifbedingungen/-art** | ○ | ○ | ● | ○ | ○ | ○ | ● | ○ | ○ | ○ | 20 % | ● |
| **Klima** | ○ | ○ | ○ | ● | ○ | ○ | ○ | ● | ● | ● | 40 % | ● |
| **Körperteil** | ● | ● | ● | ○ | ● | ○ | ○ | ○ | ○ | ● | 50 % | ● |
| **Kraftaufwendungen** | ● | ● | ● | ● | ● | ● | | ● | ● | ● | 90 % | ● |
| **Pausendauer** | ○ | ○ | ○ | ○ | ○ | ○ | ● | ○ | ○ | ○ | 10 % | ● |
| **Pausengestaltung** | ○ | ● | ○ | ○ | ○ | ○ | ● | ○ | ○ | ● | 30 % | ● |
| **Rückschlagkräfte** | ● | ○ | ○ | ○ | ○ | ○ | ○ | ○ | ○ | ○ | 10 % | ● |
| **Taktzeit** | ● | ○ | ○ | ○ | ● | ○ | ○ | ○ | ○ | ○ | 20 % | ● |
| **Vibrationen** | ● | ○ | ○ | ○ | ● | ○ | ○ | ○ | ● | ○ | 30 % | ● |
| **Zugänglichkeit** | ● | ○ | ○ | ○ | ○ | ○ | ○ | ○ | ○ | ○ | 10 % | ○ |

● = Risikofaktor durch Interviewteilnehmer ist benannt.
○ = Risikofaktor durch Interviewteilnehmer ist nicht benannt.

In Anlehnung an Interviewteilnehmer Nr. 8 (21.12.2015, Zeile 136) werden „die Bewertungsverfahren immer mehr an Priorität" gewinnen. Diese Entwicklung wird in manchen europäischen Ländern, beispielsweise Spanien und Italien, bereits aufgegriffen und die Beurteilung repetitiver Tätigkeiten sowie das Einleiten von Maßnahmen zur Belastungsreduzierung gefordert (Interviewteilnehmer Nr. 10, 26.01.2016, Zeile 183-197). Die genannten Bewertungsverfahren und gestellten Rahmenbedingungen zur Verfahrensanwendung werden im Kapitel 4.3.2 thematisiert.

### 4.3.2 Voraussetzungen zur Bewertung repetitiver Tätigkeiten

Die zweite Kategorie (Voraussetzungen zur Bewertung repetitiver Tätigkeiten) umfasst allgemeine Informationen zur Bewertung repetitiver Tätigkeiten. Die vier Unterkategorien beinhalten die Verfahren zur Bewertung repetitiver Tätigkeiten, Gütekriterien der Bewertungsverfahren, Rahmenbedingungen oder Vorgaben zur notwendigen Verfahrensanwendung und die Bedeutung der Qualifizierung zur Sicherstellung der Verfahrensanwendung.

Die genannten Verfahren zur Bewertung repetitiver Tätigkeiten und die Beurteilung der Gütekriterien dienen zur Reflektion der aufbereiteten Literatur und der Untersuchungen zur Validität der EAWS-Sektion 4 in der vorliegenden Arbeit. Von den identifizierten 37 Verfahren zur Bewertung repetitiver Tätigkeiten in Kapitel 2.9 wurden durch die Interviewteilnehmer nur acht Bewertungsverfahren genannt, siehe Tabelle 35. Sowohl DIN EN 1005-5 als auch ISO 11228-3 basieren auf den OCRA-Verfahren und sind daher doppelt aufgeführt. Die beiden OCRA-Verfahren wurden am häufigsten, dicht gefolgt von der EAWS-Sektion 4 und der Leitmerkmalmethode manuelle Arbeitsprozesse, aufgezählt.

Tabelle 35: Genannte Verfahren zur Bewertung repetitiver Tätigkeiten
*Quelle: Eigene Darstellung*

| Bewertungsverfahren | Interviewteilnehmer Nr. 1 | Interviewteilnehmer Nr. 2 | Interviewteilnehmer Nr. 3 | Interviewteilnehmer Nr. 4 | Interviewteilnehmer Nr. 5 | Interviewteilnehmer Nr. 6 | Interviewteilnehmer Nr. 7 | Interviewteilnehmer Nr. 8 | Interviewteilnehmer Nr. 9 | Interviewteilnehmer Nr. 10 | Häufigkeit |
|---|---|---|---|---|---|---|---|---|---|---|---|
| **EAWS-Sektion 4** | ● | ● | ● | ● | ○ | ● | ● | ● | ● | ● | 90 % |
| **HAL TLVs** | ○ | ○ | ○ | ○ | ● | ○ | ● | ○ | ○ | ○ | 20 % |
| **Kilbom** | ○ | ○ | ○ | ○ | ● | ○ | ○ | ○ | ● | ○ | 20 % |
| **LMM-mA** | ○ | ● | ● | ○ | ● | ● | ● | ○ | ● | ● | 70 % |
| **OCRA-Checkliste** | ● | ● | ● | ● | ● | ● | ● | ● | ● | ● | 100 % |
| **OCRA-Index** | ● | ● | ● | ● | ● | ● | ● | ● | ● | ● | 100 % |
| **RULA** | ○ | ○ | ● | ○ | ○ | ○ | ○ | ○ | ○ | ● | 20 % |
| **Strain Index** | ○ | ○ | ● | ○ | ● | ○ | ● | ○ | ○ | ● | 40 % |
| **DIN EN 1005-5** | ● | ○ | ○ | ● | ● | ○ | ● | ○ | ○ | ○ | 40 % |
| **ISO 11228-3** | ○ | ○ | ○ | ○ | ● | ○ | ● | ○ | ○ | ○ | 20 % |

● = Bewertungsverfahren durch Interviewteilnehmer ist benannt.
○ = Bewertungsverfahren durch Interviewteilnehmer ist nicht benannt.

In der Beurteilung der Gütekriterien von Bewertungsverfahren gibt es unter den Interviewteilnehmern unterschiedliche Auffassungen. In der Anwendung, um eine Orientierung zu bestehenden Belastungen zu erhalten, sind die Bewertungsverfahren statthaft (Interviewteilnehmer Nr. 3, 17.11.2015, Zeile 124-131). Hinsichtlich Validität schätzen die Interviewteilnehmer ein, dass die Bewertungsverfahren „genau das messen, was sie messen sollen“ (Interviewteilnehmer Nr. 1, 07.05.2015, Zeile 1201). Allerdings wird an den Verfahren zur Überprüfung der Validität Kritik geäußert. „Meistens werden die Verfahren miteinander validiert, in dem ein System mit dem anderen verglichen wird“ (Interviewteilnehmer Nr. 5, 10.12.2015, Zeile

203-206). Aus diesem Grund wird bei zukünftigen Untersuchungen zur Validität der Wunsch nach arbeitsmedizinischer Unterstützung genannt (Interviewteilnehmer Nr. 7, 18.12.2015, Zeile 401-440). Bei der Gegenüberstellung zwischen OCRA und EAWS wurde „eine recht gute Korrelation festgestellt“ (Interviewteilnehmer Nr. 10, 26.01.2016, Zeile 207). In der Einschätzung von Objektivität und Reliabilität werden unterschiedliche Erfahrungen beschrieben. In diesem Zusammenhang werden Einflussfaktoren auf die Objektivität sowie Reliabilität, wie die Häufigkeit der Verfahrensanwendung (Interviewteilnehmer Nr. 1, 07.05.2015, Zeile 199-214) und die Ermittlung der Belastungsgrößen (Interviewteilnehmer Nr. 6, 15.12.2015, Zeile 243-260) genannt.

Können die Anwender auf standardisierte Daten zur Bewertung zurückgreifen, wie zum Beispiel in Schulungen, dann wurde „eine hohe Übereinstimmung in den Farben, also fast 95 Prozent Farbübereinstimmung, also gelb, rot oder grün“ angegeben (Interviewteilnehmer Nr. 7, 18.12.2015, Zeile 206-207).

Im Rahmen der Interviews wurden drei Arten von Vorgaben beschrieben. Am häufigsten wurden gesetzliche Vorgaben genannt. Mit der notwendigen Durchführung der Gefährdungsbeurteilung nach dem ArbSchG und der arbeitsmedizinischen Vorsorgeuntersuchung liegt ein gesetzlicher Auftrag zur Beurteilung repetitiver Tätigkeiten vor (Interviewteilnehmer Nr. 3, 17.11.2015, Zeile 92-99). Ergänzend ist zwingend die Bewertung repetitiver Tätigkeiten in Spanien oder Italien durchzuführen (Interviewteilnehmer Nr. 4, 29.11.2015, Zeile 132-137). Weiterhin können in den Unternehmen konkrete Regelungen vorhanden sein, die diese Bewertungsverfahren vorsehen. Zudem obliegt die Verantwortung bei dem Arbeitsplatzgestalter, „ein geeignetes Verfahren zur Bewertung“ auszuwählen, um präventive Arbeitsgestaltung durchführen zu können (Interviewteilnehmer Nr. 6, 15.12.2015, Zeile 120).

Abschließend wurde die Qualifizierung im Experteninterview thematisiert. Der Interviewteilnehmer 10 (26.01.2016, Zeile 221) bezeichnet die Bedeutung der Qualifizierung wie folgt: „Die Qualifizierung hat auf jeden Fall eine sehr große Rolle“. Darüber hinaus stellt die Qualifizierung nach Interviewteilnehmer Nr. 3 (17.11.2015, Zeile 136-137) „eine wesentliche Voraussetzung dar, um die [Verfahren] adäquat anwenden zu können“.

Folglich ist für die notwendige Ergebnisgüte im Unternehmen „eine ständige Qualifikation beziehungsweise durch einen guten Instruktor beigebrachte Instruktion in das Verfahren wesentlich" (Interviewteilnehmer Nr. 5, 10.12.2015, Zeile 216-218). Insbesondere nach den Grundschulungen ist in den Unternehmen regelmäßig „für eine gewisse Auffrischung zu sorgen und hier sehr viel Zeit auch in die entsprechende Qualifizierung zu stecken" (Interviewteilnehmer Nr. 4, 29.11.2015, Zeile 205-207). Ergänzend sollte mindestens „alle drei Jahre bis maximal [...] fünf Jahre [...] eine Nachqualifizierung stattfinden" (Interviewteilnehmer Nr. 8, 21.12.2015, Zeile 164-165), um das Wissen zu sichern sowie neue wissenschaftliche Erkenntnisse einfließen zu lassen und vermitteln zu können (Interviewteilnehmer Nr. 8, 21.10.2015, Zeile 157-173). Weiterhin ist der Übungsgrad entscheidend. Aus diesem Grund muss eine regelmäßige Anwendung gewährleistet sein, nach dem Motto: „Wenn man die Dinge nicht so oft anwendet, dann vergisst man sie wieder." (Interviewteilnehmer Nr. 10, 26.01.2016, Zeile 230).

Im Anschluss an die Voraussetzungen zur Bewertung von repetitiven Tätigkeiten folgt die dritte Kategorie (Durchführung der Bewertung von repetitiven Tätigkeiten). In dieser Kategorie werden alle genannten Aspekte zur Anwendung der Verfahren beschrieben.

### 4.3.3 Durchführung der Bewertung repetitiver Tätigkeiten

Die Durchführung der Bewertung repetitiver Tätigkeiten gliedert sich in die Herausforderungen bei der Bewertung, in Werkzeuge zur Unterstützung der Bewertung und mögliche Gestaltungsmaßnahmen zur Risikominimierung repetitiver Tätigkeiten. Insbesondere die genannten Erfahrungen der Interviewteilnehmer zu den Werkzeugen als Unterstützung in der praktikablen Anwendung können wichtige Anregungen für zukünftige Forschungsthemen liefern.

Eine wesentliche Herausforderung wird im Erfassen der einzelnen Risikofaktoren beschrieben. Interviewteilnehmer Nr. 2 (08.05.2015, Zeile 278-281) fasst die einzelnen Aspekte zusammen.

> „Die Fingerkräfte, Handkräfte und Armkräfte lassen sich messen. Wobei die Armkräfte noch einfach zu messen sind, hingegen das Messen von Handkräften oder sogar Fingerkräften schwieriger ist. Wenn es um Gelenkwinkel geht, dann wird es schon schwieriger. Die Gelenkwinkel im Ellenbogen sind noch messbar. Die Gelenkwinkel im Handgelenk, wenn es zum Beispiel um Verdrehung geht oder die Gelenkwinkel in der Schulter sind schon wesentlich schwieriger." (Interviewteilnehmer Nr. 2, 08.05.2015, Zeile 278-281)

Die Zusammenfassung der genannten Herausforderungen zur Bewertung repetitiver Tätigkeiten werden in Tabelle 36 dargestellt.

In der anschließenden Tabelle 37 werden die genannten Erfahrungen mit den einzelnen Werkzeugen aufgeführt. Im Rahmen der Interviews wurden verschiedene Werkzeuge beschrieben, die entweder für die Ermittlung der Risikofaktoren im Einsatz sind oder noch weiterentwickelt werden müssen. Die Interviewteilnehmer nannten den Einsatz von Kraftmessgeräten, Videos, Motion Capture, digitalen Menschmodellen und der Elektromyographie.

Nach Interviewteilnehmer Nr. 2 (08.05.2015, Zeile 325-328) ist der Einsatz von Elektromyographie kritisch zu betrachten, „da man keine realen Kräfte messen kann. Der Einsatz wäre zu aufwendig und man müsste normieren. Allerdings gibt es in jedem Fall Messgeräte, die man an den Gelenken platzieren kann, um die Gelenkwinkel herauszufinden."

Die Ableitung der Gestaltungsmaßnahmen kann auf Basis der „klassischen Maßnahmenpyramide aus der Sicherheitstechnik" (Interviewteilnehmer Nr. 10, 26.01.2016, Zeile 322-323) erfolgen. Dabei stehen die Einflussfaktoren repetitiver Tätigkeiten im Fokus. Darüber hinaus bietet die Job Rotation einen „wirklichen Tätigkeitswechsel" und schließt gleichartige, wiederkehrende Belastungen aus (Interviewteilnehmer Nr. 9, 15.01.2016, Zeile 317). Die Auflistung genannter Gestaltungsmaßnahmen werden in Tabelle 38 aufgeführt.

Tabelle 36: Genannte Herausforderungen bei der Bewertung repetitiver Tätigkeiten
*Quelle: Eigene Darstellung*

| Herausforderungen | Zitat | Quelle |
|---|---|---|
| **Streuung der ausgeführten Arbeitsweise** | „Das Thema Arbeitsweisenstreuung in dem Bereich hat meiner Meinung nach dem größeren Einfluss als etwa bei der Lastenhandhabung“. | Interviewteilnehmer Nr. 6, 15.12.2015, Zeile 243-244 |
| **Abweichung zwischen Arbeitsmethode und Arbeitsweise** | „Da ist schon bei vielen eine sehr große Lücke dazwischen, zwischen dem was geplant ist und was unten dann tatsächlich stattfindet“. | Interviewteilnehmer Nr. 8, 21.12.2015, Zeile 274-276 |
| **Analyse von Aktionskräften** | „Die Herausforderung besteht darin, wenn kleine Kräfte irgendwo auftreten, dann müssen die kleinen Kräfte irgendwie gemessen werden. Insbesondere wenn Kräfte um die 30 Newton auftreten und man eine Messungenauigkeit von circa 5 Newton hat.“ | Interviewteilnehmer Nr. 1, 07.05.2015, Zeile 223-226 |
| **Analyse von ungünstigen Gelenkstellungen** | „Ich mag mal behaupten, dass kein Analyst, den wir ausbilden, zu 100 Prozent genau die Gelenkstellung identifiziert und jederzeit auch jede Gelenkstellung zu jedem Zeitpunkt genau identifizieren zu können.“ | Interviewteilnehmer Nr. 4, 10.12.2015, Zeile 320-323 |
| **Analyse von Rückschlagkräften** | „Aktuell werden [Rückschlagkräfte] heute nicht gemessen. Ich wüsste auch nicht, wie man diese messen sollte. Es ist einfach umständlich.“ | Interviewteilnehmer Nr. 1, 07.05.2015, Zeile 229-231 |
| **Analyse der realen Aktionen** | „Die Erfassung der realen Aktionen ist nicht allzu einfach. Das MTM-Wissen vereinfacht es ein bisschen, objektiviert es auch ein bisschen, aber man darf nicht automatisiert vorgehen, sondern man muss trotzdem alles noch hinterfragen.“ | Interviewteilnehmer Nr. 2, 08.05.2015, Zeile 285-287 |

Tabelle 37: Genannte Werkzeuge zur Analyse der Einflussgrößen repetitiver Tätigkeiten

*Quelle: Eigene Darstellung*

| Werkzeuge | Zitat | Quelle |
|---|---|---|
| **Kraftmess-gerät** | „Über das Auswerten von Kraftverläufen mit dem [...] Kraftmessgeräten kann man natürlich auch sehr schön statische und dynamische Kräfte zeigen." | Interviewteilnehmer Nr. 7, 18.12.2015, Zeile 414-416 |
| **Video** | „Das Video als Werkzeug, um daran die Ergonomiebewertung durchzuführen. Das ist in der Praxis schwierig. In der Praxis darf man [...] keine Videos ohne einen entsprechenden Genehmigungsablauf aufnehmen. Es ist ein Mittel des Trainings, aber es hat aus meiner Sicht eine sehr hohe Relevanz." | Interviewteilnehmer Nr. 4, 29.11.2015, Zeile 354-359 |
| **Hoch-geschwindig-keitskamera** | „Bei einer Firma konnten wir mit Hochgeschwindigkeitskamera was sehen, was auch spannend ist, wo man sieht, wie sich die Hände bewegen." | Interviewteilnehmer Nr. 7, 18.12.2015, Zeile 421-423 |
| **Motion Capture** | „Motion Capture ist eine sehr gute Idee, um den Aufwand in Richtung der Erfassung der Gelenkwinkelstellungen zu minimieren." | Interviewteilnehmer Nr. 5, 10.12.2015, Zeile 378-379 |
| **CUELA** | „Vielleicht gibt es auch Möglichkeiten über das CUELA, die Gelenkwinkel zu messen." | Interviewteilnehmer Nr. 2, 08.05.2015, Zeile 323-324 |
| **Digitale Mensch-modelle** | „Perspektivisch sind die digitalen Menschmodelle stärker zu nutzen. Dort sollte die Sektion 4 intergiert werden, was die Auswertung stärker vereinfachen würde. Darüber hinaus sollte durch das digitale Menschmodell der Prozess leichter modelliert werden, um dann auch eine Sektion 4-Bewertung zu erhalten." | Interviewteilnehmer Nr. 5, 10.12.2015, Zeile 385-389 |

Tabelle 38: Genannte Gestaltungsmaßnahmen zur Vermeidung gesundheitlicher Risiken

*Quelle: Eigene Darstellung*

| Gestaltungsmaßnahmen | Zitat | Quelle |
|---|---|---|
| **Job Enrichment, Job Enlargement, Job Rotation** | "Wenn es nicht möglich ist von der Gestaltung der Produkte oder von der Automatisierung her, dann würde ich vorschlagen verstärkt in Job Rotation, in Job Enrichment zu arbeiten, um die Expositionsdauer der repetitiven Tätigkeiten herunter zu drehen. Wobei man sehr stark darauf achten muss, dass sich die Bewegungsabläufe auch tatsächlich unterscheiden.“ | Interviewteilnehmer Nr. 10, 26.01.2016, Zeile 328-333 |
| **Pausengestaltung** | „Bei hoher Wiederholungshäufigkeit sind entsprechende Pausen durch arbeitsorganisatorische Maßnahmen zu ermöglichen.“ | Interviewteilnehmer Nr. 3, 17.11.2015, Zeile 212-214 |
| **Vermeiden von hohen Kraftimpulsen** | „Also generell sind hohe Kräfte oder Kraftimpulse zu vermeiden. Alles was Kraftimpulse in schlechter Gelenkstellung angeht, ist komplett zu vermeiden.“ | Interviewteilnehmer Nr. 1, 07.05.2015, Zeile 310-312 |
| **Vermeiden von Scharfkantigkeit der Kontaktoberflächen von Clipverbindungen** | „Alles was das Thema Scharfkantigkeit angeht, auch Kontaktoberflächen von Clipverbindungen.“ | Interviewteilnehmer Nr. 1, 07.05.2015, Zeile 313-315 |
| **Art und Weise der Ausführung** | „Wichtig ist, dass die Arbeitssysteme gestaltet werden und dass man bei der Art und Weise beginnt, wie Tätigkeiten ausgeführt werden.“ | Interviewteilnehmer Nr. 7, 18.12.2015, Zeile 371-373 |

In den vorangegangenen Kategorien wurden allgemeine Aussagen zur Bewertung repetitiver Tätigkeiten beschrieben. Die vierte Kategorie (Ergonomic Assessment Worksheet (EAWS)) umfasst nun die genannten Vor- und Nachteile zum EAWS. Im Anschluss werden in Kapitel 4.3.5 die Anforderungen an eine praktikable Anwendung von EAWS-Sektion 4 thematisiert.

### 4.3.4 Ergonomic Assessment Worksheet (EAWS)

Eine Zusammenfassung aller genannten Vor- und Nachteile zum EAWS sind in nachfolgender Tabelle 39 hinterlegt. Ein wesentlicher Vorteil von EAWS gegenüber anderen Bewertungsverfahren wird in der Ganzheitlichkeit gesehen. Es werden „nicht nur repetitive Tätigkeiten abgebildet, sondern eben auch Aktionskräfte, Körperhaltungen, Lastenhandhabungen und so weiter“ (Interviewteilnehmer Nr. 2, 08.05.2015, Zeile 247-249). Allerdings besteht die Gefahr darin, dass in bestimmten Bereichen keine Kombinationsverfahren zum Einsatz kommen und sich die Arbeitsplatzbewertung nur auf eine Belastungsart konzentriert. Ist dies der Fall, können mögliche Engpässe in anderen Belastungsarten übersehen werden (Interviewteilnehmer Nr. 8, 21.12.2015, Zeile 371-386).

Insbesondere in den größeren Unternehmen mit verschiedenen Arbeitsplätzen und unterschiedlichen körperlichen Belastungen wird ein „breitbandiges Verfahren“ für vergleichbare Bewertungsergebnisse gegenüber einem Werkzeugkasten mit verschiedenen Verfahren empfohlen (Interviewteilnehmer Nr. 9, 15.01.2016, Zeile 254-272). Dieser ganzheitliche Ansatz ermöglicht es, das EAWS als bewährtes Instrument frühzeitig im Produktentstehungsprozess einzusetzen (Interviewteilnehmer Nr. 7, 18.12.2015, Zeile 267-280).

Tabelle 39: Genannte Vor- und Nachteile zum EAWS
*Quelle: Eigene Darstellung*

| Vorteile | Quelle |
|---|---|
| • Additives Verfahren für eine Gesamtbetrachtung manueller Tätigkeiten | • Interviewteilnehmer Nr. 1, 07.05.2015, Zeile 263-264 |
| • Ganzheitliches Verfahren zur vollständigen Erfassung der Engpässe | • Interviewteilnehmer Nr. 2, 08.05.2015, Zeile 244-249 |
| • „Breitbandiges Verfahren" für verschiedene Arbeitsplätze | • Interviewteilnehmer Nr. 4, 29.11.2015, Zeile 235-266 |
| • Kompatibilität zu Normen und internationalen Standards | • Interviewteilnehmer Nr. 5, 10.12.2015, Zeile 247-274 |
| • Stringenz der Bewertungslogik im EAWS-Verfahren | • Interviewteilnehmer Nr. 6, 15.12.2015, Zeile 200-210 |
| • Reduzierte Komplexität gegenüber OCRA-Index | • Interviewteilnehmer Nr. 7, 18.12.2015, Zeile 267-288 |
| • Ansprechpartner für methodische Fragestellungen | • Interviewteilnehmer Nr. 9, 15.01.2016, Zeile 237-249 |
| **Nachteile** | **Quelle** |
| • Aufwand zur Ermittlung der Belastungsrisikos durch hohen Genauigkeitsgrad | • Interviewteilnehmer Nr. 1, 07.05.2015, Zeile 273-279 |
| • Hoher Übungsgrad aufgrund der mathematischen Rechenoperationen | • Interviewteilnehmer Nr. 2, 08.05.2015, Zeile 351-360 |
| • Über- oder Unterbewertung durch fehlerhafte Abschätzung der realen Aktionen | • Interviewteilnehmer Nr. 4, 29.11.2015, Zeile 238-266 |
| • Anwendungsgrenzen bei Taktzeiten kleiner zehn Sekunden | • Interviewteilnehmer Nr. 5, 10.12.2015, Zeile 279-299 |
| • Keine umfangreiche Überprüfung der Validität von EAWS-Sektion 4 | • Interviewteilnehmer Nr. 7, 18.12.2015, Zeile 292-313 |
| • Keine Umsetzung von EAWS in den internationalen Standards | • Interviewteilnehmer Nr. 9, 15.01.2016, Zeile 254-272 |
| • Keine Aussage über gezielte Anwendung von EAWS-Sektion 4 | • Interviewteilnehmer Nr. 10, 26.01.2016, Zeile 268-279 und 431-454 |

Die praktische Anwendung von EAWS erzeugt aber auch viel Kritik im Hinblick auf die Validität von EAWS. Eine Gegenüberstellung zwischen dem

OCRA-Index-Verfahren und der EAWS-Sektion 4 erzielte eine hohe Übereinstimmung im Bewertungsergebnis (Interviewteilnehmer Nr. 10, 26.01.2016, Zeile 202-216). Allerdings fehlen umfangreiche Überprüfungen des gesamten EAWS-Verfahrens zwischen dem Bewertungsergebnis und den körperlichen Beschwerden oder dem Erkrankungsbild der Mitarbeiter (Interviewteilnehmer Nr. 4, 29.11.2015, Zeile 173-190). Ein weiterer Nachteil wird in der fehlenden Umsetzung des EAWS-Verfahrens in einem internationalen Standard erwähnt. Dadurch können Konflikte mit den länderspezifischen Gesetzgebungen auftreten und die internationale Verbreitung des EAWS-Verfahrens behindern. Insbesondere in den skandinavischen Ländern, wo sehr viele Erfahrungen mit dem RSI-Syndrom vorliegen, ist das EAWS-Verfahren noch nicht verbreitet. In diesem Zusammenhang spielen auch die häufigen Release-Wechsel eine entscheidende Rolle, die zu verschiedenen Versionen in den Unternehmen führen (Interviewteilnehmer Nr. 7, 18.12.2015, Zeile 292-313).

### 4.3.5 Praktikable Anwendung der EAWS-Sektion 4

Im Rahmen der Kategorie (Ergonomic Assessment Worksheet (EAWS)) wurde als wesentlicher Nachteil der hohe Aufwand zur Ermittlung des Belastungsrisikos mit dem EAWS-Verfahren beschrieben. Aus diesem Grund werden in der fünften Kategorie (Praktikable Anwendung der EAWS-Sektion 4) die verschiedenen Erfahrungen und Anregungen der Interviewteilnehmer zur effizienten Anwendung der EAWS-Sektion 4 im Unternehmen aufgeführt.

Im Allgemeinen wird der Aufwand der Bewertung repetitiver Tätigkeiten gegenüber der Bewertung von Ganzkörperbelastungen wie zum Beispiel der Körperhaltung, der Lastenhandhabung oder den Aktionskräften als anspruchsvoller, schwieriger und damit höher als eingeschätzt (Interviewteilnehmer Nr. 1, 07.05.2015, Zeile 244-256). „Ungefähr das Doppelte bis das Dreifache der Zeit [...] wird für die Bewertung von repetitiven Tätigkeiten“ benötigt (Interviewteilnehmer Nr. 4, 29.11.2015, Zeile 225-226). Jedoch distanzieren sich auch Interviewteilnehmer von einer pauschalen Aussage zum Aufwand, da „es darauf ankommt, was man für ein Verfahren verwendet“ (Interviewteilnehmer Nr. 5, 10.12.2015, Zeile 228-229).

Beispielsweise ermöglicht das „Kilbom-Verfahren einen viel geringeren Aufwand“ gegenüber EAWS-Sektion 4 (Interviewteilnehmer Nr. 5, 10.12.2015, Zeile 230-231). Des Weiteren ist der Anspruch an den Detaillierungsgrad in der Datenerhebung ausschlaggebend, um den Aufwand zur Bewertung von repetitiven Tätigkeiten ableiten zu können. Werden zum Beispiel die Gewichte eines Bauteils nur grob geschätzt, ist der Aufwand geringer als die genaue Messung des Bauteilgewichtes (Interviewteilnehmer Nr. 9, 15.01.2016, Zeile 217-230).

In Bezug auf das EAWS wird der Aufwand der EAWS-Sektion 4 gegenüber den EAWS-Sektionen 0-3 als deutlich höher eingeschätzt (Interviewteilnehmer Nr. 1, 07.05.2015, Zeile 244). Zunächst können viele Daten aus den EAWS-Sektionen 0-3 für die Anwendung der EAWS-Sektion 4 genutzt werden (Interviewteilnehmer Nr. 8, 21.11.2015, Zeile 221-240), allerdings müssen auch alle Einflussgrößen von kleiner 30 Newton zusätzlich erfasst werden (Interviewteilnehmer Nr. 5, 10.12.2015, Zeile 228-240). Folglich wird der notwendige Aufwand für die Bewertung der EAWS-Sektion 4 im Verhältnis zum Gesamtergebnis der EAWS-Risikobeurteilung als „deutlich höher und kritischer“ bezeichnet (Interviewteilnehmer Nr. 3, 17.11.2015, Zeile 183-184). Allerdings wird auch hier vor Pauschalaussagen gewarnt, da der Aufwand zu den einzelnen Sektionen im EAWS-Verfahren sehr stark von der Komplexität der Tätigkeit abhängig ist (Interviewteilnehmer Nr. 10, 26.01.2016, Zeile 236-243).

Aufgrund des Aufwandes, der Komplexität und der Relevanz von EAWS-Sektion 4 in der Automobilindustrie wird eine gezielte Anwendung durch wenige Verfahrensanwender gefordert (Interviewteilnehmer Nr. 1, 07.05.2015, Zeile 263-265). Zusätzlich wird die Relevanz eines Musterkataloges genannt, wo die konkret gefährdeten Arbeitsplätze pro Gewerk aufgeführt sind (Interviewteilnehmer Nr. 4, 29.11.2015, Zeile 422-434). Weiterhin können Bibliotheksbausteine mit modellierten Einflussgrößen repetitiver Tätigkeiten in Anlehnung an die MTM Verdichtungswerte den Aufwand reduzieren (Interviewteilnehmer Nr. 6, 15.12.2015, Zeile 292-300). Des Weiteren wird kritisch hinterfragt, ob die Bewertung repetitiver Tätigkeiten mit EAWS-Sektion 4 „in dieser Detailliertheit oder Schwierigkeit tatsächlich“ durchgeführt werden muss. In diesem Zusammenhang wird die Auswahl von bestimmten Eingangsgrößen in Anlehnung an die Last- oder

Kraftbewertung genannt. Beispielsweise wäre „die Häufigkeit von Bewegungen mit einer bestimmten Last- und Kraftkategorie" ein guter Indikator für die Bewertung repetitiver Tätigkeiten (Interviewteilnehmer Nr. 6, 10.12.2015, Zeile 298-299).

Aufgrund der Komplexität der EAWS-Sektion 4 und der Zielsetzung eines effizienten Ressourcen-Einsatzes wird die Relevanz eines Grobscreenings hoch eingeschätzt (Interviewteilnehmer Nr. 2, 08.05.2015, Zeile 337-342). Insbesondere „vor dem Hintergrund, dass die aktuellen Bewertungsverfahren doch sehr komplex sind [...] sollte hier eine Art Screening-Verfahren existieren, um die Arbeitsplätze zu identifizieren, die für eine Bewertung repetitiver Tätigkeiten relevant sind" (Interviewteilnehmer Nr. 4, 29.11.2015, Zeile 389-392). Die Anzahl an kritischen Arbeitsplätzen aufgrund repetitiver Tätigkeiten ist nicht sehr hoch. Dann wäre es „denkbar mit einem möglichst einfachen Screening zu filtern und die relevanten, vielleicht zehn Prozent, zu erkennen" (Interviewteilnehmer Nr. 6, 15.12.2015, Zeile 308-309). Dadurch kann eine Ergonomielandkarte mit den relevanten Arbeitsplätzen generiert werden, wo anschließend eine umfangreiche Bewertung durchgeführt wird. Die detaillierte Betrachtung ist wichtig, da man gegebenenfalls „nicht auf den ersten Blick" das hohe Risiko identifiziert (Interviewteilnehmer Nr. 7, 18.12.2015, Zeile 453). Dieser Ansatz wurde bereits mit dem AWS light im Rahmen des KoBRA-Projektes verfolgt. Zudem liegen keine konkreten Erfahrungen in der Industrie mit dem AWSlight vor (Interviewteilnehmer Nr. 10, 26.01.2016, Zeile 410-425).

Die Anzahl der Gelenkbewegungen besitzt einen hohen Einfluss auf das Bewertungsergebnis (Interviewteilnehmer Nr. 1, 07.05.2015, Zeile 136-138). Die Bedeutung wird bekräftigt, in dem gesagt wurde, dass „repetitive Tätigkeiten zyklisch wiederkehrende Tätigkeiten des Hand-Arm-Systems mit häufig geringen Lasten oder Kräften sind" (Interviewteilnehmer Nr. 8, 21.12.2015, Zeile 17-18). Die wesentliche Kritik an der Risikobewertung auf Basis der Gelenkbewegungen spiegelt sich darin wider, dass nur ein Risikofaktor zur Bewertung repetitiver Tätigkeiten herangezogen wird. Die Repetitivität ist „eine Kombination von Bewegungen und anderen Einflussgrößen" (Interviewteilnehmer Nr. 1, 07.05.2015, Zeile 361). Das Bewertungsergebnis dieses Grobscreening-Verfahrens könnte fehlerhafte Daten liefern, wonach falsche Handlungen abgeleitet werden (Interviewteilnehmer Nr. 4, 29.11.2015, Zeile 404-417). Aus diesem Grund wird die Empfehlung geäußert, ergänzende Einflussgrößen, wie den Anteil an ungünstigen Gelenkstellungen, Rückschlagkräften oder Vibrationen im Rahmen des Grobscreening-Verfahrens, abzufragen (Interviewteilnehmer Nr. 9, 15.01.2016, Zeile 404-415).

Die Komplexität der Bewertungsverfahren, wie der EAWS-Sektion 4 oder dem OCRA-Index-Verfahren, ergibt sich aus der Vielzahl an Einflussgrößen und dem Rechenalgorithmus. Folglich kann die Komplexität wirksam reduziert werden, wenn weniger Einflussgrößen in die Bewertung einbezogen werden. Aus diesem Grund sollen die jeweiligen Einflussgrößen berücksichtigt werden, die maßgebend und wichtig für die Bewertung sind. „Schritt für Schritt jede Aktion zu bewerten [...] macht auch den hohen Aufwand im Verfahren aus." Aus diesem Grund werden die realen Aktionen kritisch als Einflussgröße angesehen, da mit ihnen auch ein hoher Detaillierungsgrad verbunden ist (Interviewteilnehmer Nr. 2, 08.05.2015, Zeile 351-360).

## 4.4 Diskussion

Die zweite Vorstudie in der vorliegenden Arbeit diente zur Ermittlung von Ursachen zur geringen Etablierung und Handlungsanforderungen zur praktikablen Anwendung von EAWS-Sektion 4 in der Automobilindustrie. Hierzu wurden zehn leitfadengestützte, systematisierende Interviews mit Experten, wie EAWS-Instruktoren oder Verfahrensentwickler, durchgeführt. Alle Interviewteilnehmer weisen mehrjährige, branchenübergreifende Erfahrungen in der Bewertung körperlicher Belastungen auf. Dadurch wird eine differenzierte Datengewinnung gegenüber quantitativen Untersuchungen sichergestellt (Bogner et a., 2002, S. 7). Aufgrund Datenschutzbestimmungen wurden unternehmensinterne Entscheidungen und Strategien zur Bewertung repetitiver Tätigkeiten nicht abgefragt. Folglich konnten stets allgemeingültige und nicht unternehmensinterne Ursachen für die fehlende Bewertung repetitiver Tätigkeiten in der Automobilindustrie ermittelt werden.

Alle Interviewteilnehmer schreiben den Belastungen durch repetitive Tätigkeiten eine zukunftsweisende, hohe Bedeutung zu. Insbesondere der Wandel in der Automobilindustrie durch Produktivitätsdruck, regelmäßige Maßnahmen zur Produkt- und Prozessverbesserung, hohe Arbeitsdichte und sinkende Taktzeiten führen zum Anstieg repetitiver Tätigkeiten.

Durch die Experteninterviews können folgende Ursachen für die geringe Etablierung von EAWS-Sektion 4 in der Automobilindustrie abgeleitet werden:

- Fehlende Untersuchungen in der Objektivität, Reliabilität und Validität
- Fehlende Umsetzung von EAWS in einen internationalen Standard
- Deutlich höherer Aufwand gegenüber den EAWS-Sektionen 0-3
- Mangelnde Prozessstabilität in der Erhebung der Einflussgrößen, wie die Ermittlung des Kraftniveaus in Abhängigkeit von Umwelteinflüssen, die Ermittlung der ungünstigen Gelenkstellung oder die Ermittlung von realen Aktionen durch die unterschiedliche Arbeitsweise der Mitarbeiter

Bisher genannte Aussagen zum hohen Aufwand nach Landau (2014, S. 220-221) und der hohen Komplexität der zu berücksichtigenden Einflussfaktoren nach Steinberg et al. (2007, S. 7) in der Bewertung repetitiver Tätigkeiten wurden durch die Interviewteilnehmer bestätigt.

Folgende Handlungsanforderungen zur praktikablen Anwendung von EAWS-Sektion 4 wurden durch die Interviewteilnehmer genannt:

- Optimale Anzahl der Verfahrensanwender zur Minimierung des Qualifizierungsaufwandes und Erhöhung des Übungsgrades
- Erstellung eines Musterkataloges mit gefährdeten Arbeitsplätzen pro Gewerk
- Einsatz von Bibliotheksbausteinen mit modellierten Einflussgrößen
- Weiterentwicklung von Simulationswerkzeugen zur Analyse von Kraftaufwendungen und Finger-Hand-Gelenkstellungen
- Entwicklung eines Grobscreening zur Filterung relevanter Arbeitsplätze mit einem kritischen Risiko durch repetitive Tätigkeiten

Mit der Durchführung der zweiten Vorstudie konnten Herausforderungen und Lösungsansätze für die Bewertung repetitiver Tätigkeiten in der Automobilindustrie abgeleitet werden. Insbesondere dem Grobscreening zur gezielten Anwendung von EAWS-Sektion 4 wurde eine hohe Relevanz zugewiesen, um einen effizienten Ressourcen-Einsatz gewährleisten zu können. Allerdings wurde eine anschließende, umfangreiche Arbeitsplatzbewertung mit EAWS-Sektion 4 empfohlen, da insbesondere das Zusammenspiel der einzelnen Risikofaktoren ein kritisches Risiko erzeugen kann. Hierbei spielen zunächst die Gelenkbewegungen eine entscheidende Rolle für die grobe Abschätzung des Risikos. Zusätzlich sollten weitere Risikofaktoren in das Grobscreening mit einbezogen werden, um falsche Handlungsempfehlungen durch unzureichende Bewertungen ausschließen zu können. Ein weiterer Handlungsbedarf besteht in der Bereitstellung geeigneter Messwerkzeuge zur Erfassung von geringen Kraftaufwendungen kleiner 30 Newton und ungünstiger Gelenkstellungen bei unterschiedlicher Arbeitsweise des Mitarbeiters. Nach Walther (2015, S. 149) streuen die Ergebnisse zur Kraftmessung bestenfalls von sieben Prozent trotz standardisierten Messaufbauten. Insbesondere bei kleinen Kraftaufwendungen und den Kraftlevel in EAWS-Sektion 4 können wirksame Abweichungen in der Bewertung und der damit einhergehenden Risikobewertung zur Folge haben. Weiterhin ist die Erfassung von Gelenkstellungen mit Simulationswerkzeugen, wie zum Beispiel Motion Capture, herzustellen, um weitere körperliche Belastungen simultan ermitteln zu können.

# 5 Vorstudie III: Erhebung des Einflusses von EAWS-Sektion 4 auf das Gesamtergebnis

Sowohl die Aufbereitung des aktuellen Standes von Wissenschaft und Praxis als auch die Aussagen der Interviewteilnehmer schreiben den Belastungen durch repetitive Tätigkeiten in der Automobilindustrie eine zukunftsweisende, hohe Bedeutung zu. Insbesondere der Wandel der Automobilindustrie durch Produktivitätsdruck, regelmäßige Maßnahmen zur Produkt- und Prozessverbesserung, höhere Arbeitsdichte und sinkende Taktzeiten werden als Argumente für den Anstieg der Belastungen durch repetitive Tätigkeiten benannt (siehe Kapitel 4.4). Die wachsende Bedeutung wird durch bisherige Untersuchungen in der Automobilindustrie untermauert, in denen gesundheitliche Beschwerden im Hand-Arm-Bereich identifiziert wurden (siehe Kapitel 2.6). Die deutschen Automobilhersteller bewerten mit ihren Verfahren bislang Ganzkörperbelastungsarten, wie Körperhaltung, Aktionskräfte und Lastenhandhabung. Diese basieren auf den Entwicklungsstufen der Verfahren des IAD. Die jüngste Entwicklungsstufe der Kombinationsverfahren stellt das EAWS mit der zusätzlichen Bewertung repetitiver Tätigkeiten durch EAWS-Sektion 4 dar. Eine etablierte Bewertung repetitiver Tätigkeiten, in dem Maße wie die Ganzkörperbewertung, findet in der Automobilindustrie noch nicht flächendeckend statt. Insbesondere die höheren Aufwendungen gegenüber der Ganzkörperbewertung (Landau, 2014, S. 220-221) und die mangelnde Prozessstabilität in der Ermittlung relevanter Einflussgrößen (Steinberg et al., 2007, S. 7) führen zu einer zurückhaltenden Anwendung des Bewertungsverfahrens. Um diesen Herausforderungen entgegenzuwirken, wurde in Kapitel 4.3.5 ein Grobscreening empfohlen, „um die Arbeitsplätze zu identifizieren, die für eine Bewertung repetitiver Tätigkeiten relevant sind" (Interviewteilnehmer Nr. 4, 29.11.2015, Zeile 391-392). In Vorbereitung auf die Entwicklung eines Grobscreenings ist zunächst die Relevanz von EAWS-Sektion 4 auf die EAWS-Gesamtbewertung in der Automobilindustrie zu untersuchen.


T. Kunze, *Entwicklung und Evaluierung eines Grobscreenings zur Anwendung von EAWS-Sektion 4 in der Automobilindustrie*, Gestaltung hybrider Mensch-Maschine-Systeme/Designing Hybrid Societies, https://doi.org/10.1007/978-3-658-27893-9_5

## 5.1 Fragestellung und Hypothesen

Mit Hilfe der Mittelwertberechnung und Standardabweichung zu den sektionsspezifischen Punktwerten können erste Rückschlüsse auf Belastungsschwerpunkte an den Arbeitsplätzen gezogen werden. Anschließend werden die Zusammenhänge zwischen den Punktwerten der EAWS-Sektionen 0-3, der EAWS-Sektion 4 und der EAWS-Risikobewertung (EAWS-Sektionen 0-4) untersucht, um weitere Informationen zum Einfluss der EAWS-Sektion 4 auf die EAWS-Gesamtbewertung ableiten zu können. Daraus lässt sich folgende Fragestellung ableiten, die mit dieser Studie am Beispiel eines Automobilherstellers beantwortet werden soll:

- Welcher Zusammenhang besteht zwischen dem Bewertungsergebnis mit EAWS-Sektion 4 und dem Bewertungsergebnis EAWS-Sektionen 0-4 an Arbeitsplätzen in der Automobilindustrie?

Zur Operationalisierung der Fragestellung wurden Hypothesen gebildet, die in Tabelle 40 aufgeführt sind.

Tabelle 40: Hypothesen für die Studie zur Gegenüberstellung der Belastungsarten im EAWS

*Quelle: Eigene Darstellung*

| Hypothesen-Nummer | Beschreibung | Methode |
|---|---|---|
| **$H6_1$** | Es besteht ein signifikanter Zusammenhang zwischen den Bewertungspunktzahlen von EAWS-Sektion 4 und EAWS-Sektionen 0-4. | Pearson-Korrelation |
| **$H6_0$** | Es besteht kein signifikanter Zusammenhang zwischen den Bewertungspunktzahlen von EAWS-Sektion 4 und EAWS-Sektionen 0-4. | Pearson-Korrelation |

## 5.2 Datenerhebung

Für die Ermittlung des Einflusses von EAWS-Sektion 4 auf die EAWS-Gesamtbewertung in der Automobilindustrie wurden repräsentative Arbeitsplätze in der Automobilindustrie ausgewählt. Diese berücksichtigen gewerkspezifische Besonderheiten, relevante Risikofaktoren repetitiver Tätigkeiten, verschiedene MTM-Prozessbausteinsysteme und ein breites Spektrum an verschiedenen Taktzeiten und Netto-Schichtdauern. Die Arbeitsplätze aus dem Gewerk Montage sind hierbei dominant, da bereits heute ein Automatisierungsgrad von circa 80 Prozent im Karosseriebau und in der Lackiererei vorliegt (Jacob, 2004, S. 4). Ergänzend ist zu erwähnen, dass der Anteil von Montagearbeitsplätzen in der Automobilindustrie mehr als ein Drittel der gesamten Arbeitsplätze mit getakteten Tätigkeiten in der Produktion stellt (Audi AG, 2006). Darüber hinaus wurden die Arbeitsplätze nach unterschiedlichen Ausprägungen relevanter Produktionskennzahlen (Taktzeit und Schichtdauer) ausgewählt. Die Unterscheidung der Taktzeitbereiche erfolgte in Anlehnung an die Definition repetitiver Tätigkeiten nach Silverstein et al. (1986, S. 780). Weiterhin wurden Arbeitsplätze mit unterschiedlicher Schichtdauer ausgewählt, da sich diese maßgeblich auf die Arbeitsbelastung und somit auf den Ermüdungsgrad beziehungsweise die Leistungsminderung auswirkt (Wirtz, 2010, S. 14).

Aufgrund des Untersuchungszeitraumes und des Betrachtungsumfanges unterteilen sich die Arbeitsplätze in drei Umfänge. Tabelle 41 fasst die Besonderheiten der einzelnen Untersuchungsumfänge und die Bewertungsgrundlagen für die anschließende Arbeitsplatzbewertung mit dem EAWS zusammen.

Der erste Untersuchungsumfang beinhaltet 54 ausgewählte Arbeitsplätze der Fahrzeug- und Komponentenfertigung. Die Arbeitsplätze stammen aus unterschiedlichen Gewerken, denen des Presswerkes, des Karosseriebaues, der mechanischen Fertigung und der Montage. Im Rahmen einer Standortbegehung wurden die Arbeitsplätze durch ein interdisziplinäres Team, bestehend aus Mitarbeitern der Verfahrensentwicklung, dem Gesundheitswesen, dem Industrial Engineering, der Fertigung und dem Betriebsrat ausgewählt. Kriterien zur Auswahl der Arbeitsplätze waren häufige Gelenkbewegungen, hohe Kraftaufwendungen und ungünstige

Gelenkstellungen der oberen Extremitäten pro Minute. Die gesammelten Erkenntnisse bildeten die Grundlage für die anschließenden Untersuchungen von Arbeitsplätzen mit montageähnlichen Tätigkeiten in der Cockpit-Vormontage- und Motorenmontagelinie.

Tabelle 41: Übersicht des Datenmaterials zur Identifizierung der charakteristischen Eigenschaften

*Quelle:* *Eigene Darstellung*

| Kategorien | 1. Untersuchungs-umfang | 2. Untersuchungs-umfang | 3. Untersuchungs-umfang |
|---|---|---|---|
| **Untersuchungs-zeitraum** | 2012-2014 | 2013 | 2014 |
| **Gewerke** | Presswerk, mechanische Fertigung, Komponenten- und Fahrzeug-montage | Komponenten-montage | Komponenten-montage |
| **Arbeitsplatz-anzahl** | 54 | 19 | 39 |
| **Taktzeit** | 8 s bis 446 s | 60 s | 44 s |
| **Netto-Schichtdauer** | 387 min bis 417 min | 387 min | 456 min* |
| **Arbeits-organisation** | Unterbrechung unter gegebenen Umständen möglich | Unterbrechung unter gegebenen Umständen möglich | Unterbrechung unter gegebenen Umständen möglich |
| **Pausenanzahl** | 3 | 3 | 3 |
| **Pausendauer** | 60 min bis 71 min | 60 min | 54 min |
| **MTM-Prozess-bausteinsystem** | MTM-UAS | MTM-UAS | MTM-SD |
| *) 2-Schicht-System mit einer Brutto-Schichtdauer von 510 Minuten (zusätzlich 30 Minuten) | | | |

Der zweite Untersuchungsumfang beinhaltet alle 19 Arbeitsplätze der Cockpit-Vormontagelinie. Diese Arbeitsplätze wurden bereits im Rahmen der Vorstudie I, siehe Kapitel 3, mit EAWS bewertet.

Der dritte Untersuchungsumfang umfasst alle 39 Arbeitsplätze einer Motorenmontagelinie. Diese Montagelinie beinhaltet eine Vielzahl von Arbeitsplätzen mit einer hohen Anzahl an realen Aktionen in Kombination mit Kraftaufwendungen. Des Weiteren enthält die Montagelinie einzelne Arbeitsplätze mit gleichartigen, wiederkehrenden Tätigkeiten über die gesamte Taktzeit.

Um Aussagen hinsichtlich gewerk- oder arbeitsplatzspezifischer Eigenschaften tätigen zu können, werden Gemeinsamkeiten in Tabelle 42 hinsichtlich der Gewerke, der Taktzeit und der Netto-Schichtdauer in vier Kategorien zusammengefasst.

Tabelle 42: Unterscheidung der Arbeitsplätze hinsichtlich Gewerk, Taktzeit und Netto-Schichtdauer

*Quelle:* *Eigene Darstellung*

| | 1. Kategorie | 2. Kategorie | 3. Kategorie | 4. Kategorie |
|---|---|---|---|---|
| **Gewerke-Bereich** | Presswerk | mechanische Fertigung | Komponenten-montage | Fahrzeug-montage |
| **Anzahl der Bewertungen** | 4 | 9 | 88 | 11 |
| **Taktzeit-Bereiche** | 0 s bis ≤ 30 s | > 30 s bis ≤ 60 s | > 60 s bis ≤ 120 s | > 120 s bis ≤ 480 s |
| **Anzahl der Bewertungen** | 13 | 76 | 7 | 16 |
| **Netto-Schicht-dauer-Bereich** | > 360 min bis ≤ 390 min | > 390 min bis ≤ 420 min | > 420 min bis ≤ 450 min | > 450 min bis ≤ 480 min |
| **Anzahl der Bewertungen** | 38 | 35 | 0 | 39 |

Die differenzierte Verteilung der untersuchten Arbeitsplätze je Gewerk zeigt deutlich den Schwerpunkt der Arbeitsplatzuntersuchungen. Wie am Anfang des Kapitels 5.1 beschrieben, wurden die Arbeitsplätze nach dem Auftreten arbeitsbedingter Risikofaktoren repetitiver Tätigkeiten nach Rodgers (1986, S. 250) und Kilbom (1994, S. 51-57) ausgewählt. Aus diesem Grund liegen nur ausgewählte Arbeitsplätze aus den Gewerken Presswerk, mechanische Fertigung und Fahrzeugmontage vor. Zusätzlich wurden zwei vollständige Fertigungslinien der Komponentenmontage untersucht, um zusätzliche Rückschlüsse durch die Betrachtung aller Arbeitsplätze einer Fertigungslinie gewinnen zu können. Die Kategorisierung der Taktzeiten orientiert sich an der Definition repetitiver Tätigkeiten nach Silverstein et al. (1986, S. 780). Dadurch können vier Taktzeitbereiche bis 30 Sekunden, bis 60 Sekunden, bis 120 Sekunden und bis 480 Sekunden abgeleitet werden. Die Einteilung der Kategorien zur Netto-Schichtdauer beruht auf der Punktvergabe zur Dauerpunktzahl in EAWS-Sektion 4, Zeile 20d. Demnach werden bei einer Netto-Schichtdauer bis 480 Minuten für je 30 Minuten jeweils 0,5 Punkte vergeben (DMTM, 10/2014, S. 164-167).

Die Arbeitsplatzbewertungen basieren auf dem EAWS V1.3.3 nach den Regeln der EAWS-Lehrgangsunterlage G/AD (07/2014) und wurden durch den Autor der vorliegenden Arbeit durchgeführt. Die zugrundeliegende MTM-Prozessbeschreibung zur Ermittlung der Belastungshäufigkeit oder Belastungsdauer basiert auf dem MTM-SD-Prozessbausteinsystem oder dem MTM-UAS-Grundvorgängen und wurde durch qualifizierte Mitarbeiter der Zeitwirtschaft aus dem Bereich des Industrial Engineering erstellt. Alle weiteren Einflussgrößen zur Belastungsintensität, wie aufzubringende Aktionskräfte oder Lasten, wurden vor Ort analysiert. Den analysierten Körperhaltungen und Hand-Arm-Gelenkstellungen liegt das 50. Körpergrößenperzentil einer männlichen Person (18 bis 65 Jahre) zu Grunde. Alle Arbeitsplätze wiesen drei Pausen mit einer Pausendauer von jeweils mehr als acht Minuten auf. Durch den Einsatz von Teamsprechern sind Arbeitsunterbrechungen unter gegebenen Rahmenbedingungen möglich.

## 5.3 Ergebnisse

Die Arbeitsplatzbewertung mit EAWS ermöglicht eine getrennte Darstellung der Risikobewertungen zwischen den EAWS-Sektionen 0-3 zur Ganzkörperbewertung und der EAWS-Sektion 4 zur Bewertung repetitiver Tätigkeiten. Dadurch kann der Anteil an Arbeitsplätzen mit einer höheren Risikobewertung durch EAWS-Sektion 4 graphisch dargestellt werden. Abbildung 13 fasst die 112 Arbeitsplatzbewertungen in Abhängigkeit des Risikobereiches zusammen.

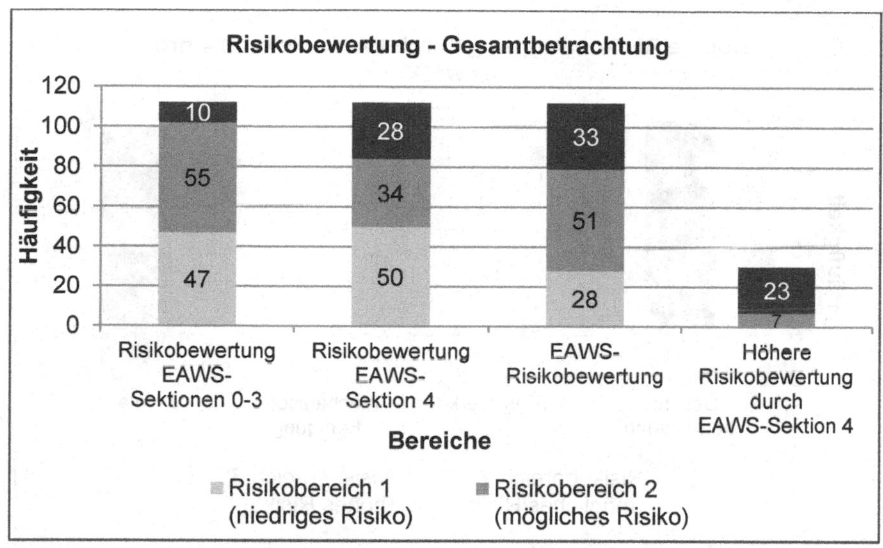


Abbildung 13: Gesamtübersicht der Anzahl an Risikobereichen
*Quelle:* *Eigene Darstellung*

Abbildung 13 zeigt deutlich, dass die Höhe der Risikobewertung durch die zusätzliche Anwendung der EAWS-Sektion 4 beeinflusst wird. Der Anteil an identifizierten Arbeitsplätzen mit einem niedrigen Risiko (Risikobereich 1) sinkt um circa 40 Prozent von 47 auf 28 Arbeitsplätze. Weiterhin sinkt der Anteil an Arbeitsplätzen mit einem möglichen Risiko (Risikobereich 2) um circa sieben Prozent von 55 auf 51 Arbeitsplätze. Demgegenüber steigt der Anteil an Arbeitsplätzen mit einem hohen Risiko (Risikobereich 3) um 230 Prozent von 10 auf 33 Arbeitsplätze.

Anhand der steigenden Risikobewertung durch EAWS-Sektion 4, insbesondere im Anteil der Arbeitsplätze mit einem hohen Risiko, sind weitere Unterscheidungen dieser Arbeitsplätze vorzunehmen. Die Differenzierung der Arbeitsplätze in Abhängigkeit der Gewerke, der Taktzeiten und der Netto-Schichtdauer liefert weitere Erkenntnisse.

Abbildung 14 differenziert die identifizierten Arbeitsplätze mit einer höheren Risikobewertung durch EAWS-Sektion 4 nach den Gewerken Presswerk, mechanische Fertigung und Montage.

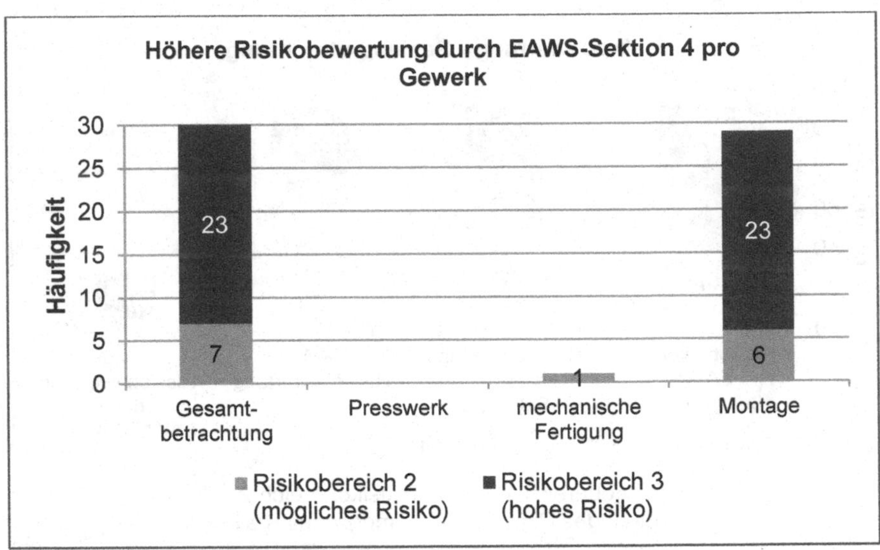


Abbildung 14: Arbeitsplatzanzahl mit höherer Risikobewertung durch EAWS-Sektion 4 pro Gewerk

*Quelle:* *Eigene Darstellung*

Die Differenzierung der Arbeitsplätze nach Gewerk zeigt deutlich, dass die Anzahl beziehungsweise der Anteil an Arbeitsplätzen in der Montage mit einem hohen Risiko (Risikobereich 3) bei Anwendung von EAWS-Sektion 4 steigt. Sowohl in der Komponentenmontage mit einem Anstieg des Risikobereiches 3 um 24 Prozent als auch in der Fahrzeugmontage mit einem Anstieg des Risikobereiches 3 um neun Prozent verdeutlicht ergänzend die Relevanz der Anwendung von EAWS-Sektion 4 in der Montage.

Neben den gewerkspezifischen Bedingungen spielt die Höhe der Taktzeiten als Risikofaktor eine Rolle. Abbildung 15 stellt die Ergebnisse der Risikobewertungen in Abhängigkeit der Taktzeitbereiche dar.

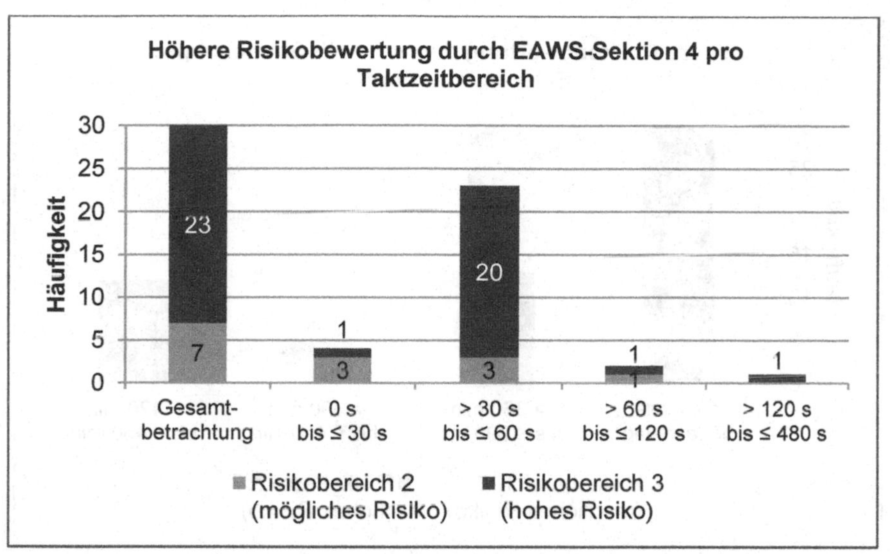


Abbildung 15: Anzahl der Arbeitsplätze mit höherer Risikobewertung durch EAWS-Sektion 4 nach Taktzeitbereich

*Quelle:* *Eigene Darstellung*

Trotz der ungleichmäßigen Verteilung der Anzahl an Arbeitsplätzen in den jeweiligen Taktzeit-Bereichen ist die Bedeutung eines höheren Risikobereiches in den Taktzeiten kleiner gleich 60 Sekunden ersichtlich. Insbesondere der Taktzeitbereich zwischen 30 und 60 Sekunden erzielt einen Anstieg des Risikobereiches 3 um 26 Prozent durch die Anwendung von EAWS-Sektion 4. Allerdings erzielt die Anwendung von EAWS-Sektion 4 in allen Taktzeitbereichen eine Steigerung des prozentualen Anteils im Risikobereich 3 (hohes Risiko) und eine Verminderung des prozentualen Anteils im Risikobereich 1 (niedriges Risiko).

Abbildung 16 zeigt im Folgenden die Gegenüberstellung der Risikobereiche in Abhängigkeit der Netto-Schichtdauer auf. Die Bereiche zur Netto-Schichtdauer basieren auf der Punktbewertung in EAWS-Sektion 4, Zeile 20d. Aufgrund der Datenverfügbarkeit werden die Bereiche zwischen 360 Minuten bis 390 Minuten, bis 420 Minuten und bis 450 Minuten unterschieden.

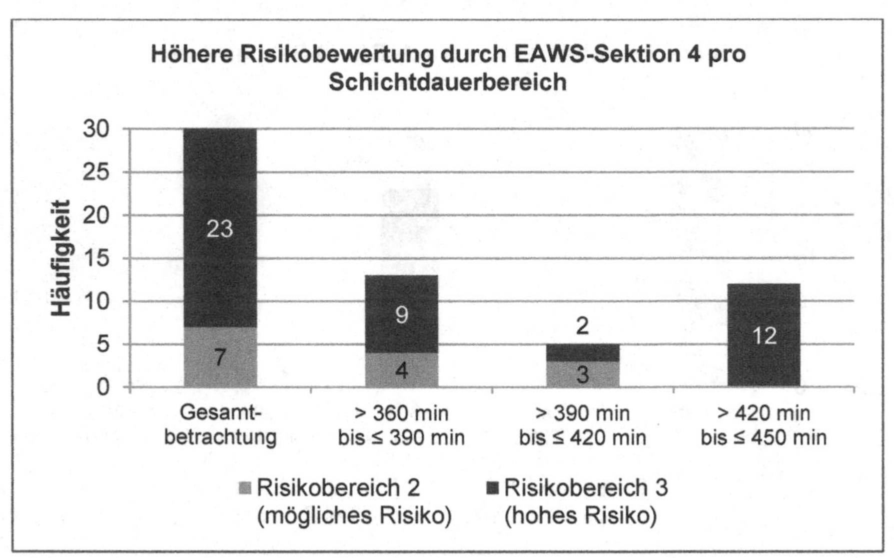


Abbildung 16: Anzahl der Arbeitsplätze mit höherer Risikobewertung durch EAWS-Sektion 4 nach Schichtdauerbereich

*Quelle:* *Eigene Darstellung*

In der Untersuchung verschiedener Bereiche zur Netto-Schichtdauer ist keine Abhängigkeit zwischen der Risikobewertung und der Netto-Schichtdauer zu erkennen. Bei annähernder Gleichverteilung in der Anzahl der Arbeitsplätze pro Bereich wird eine Verminderung des prozentualen Anteils im Risikobereich 1 (niedriges Risiko) und eine Steigerung des prozentualen Anteils im Risikobereich 3 (hohes Risiko) erzielt.

Im Folgenden werden die sektionsspezifischen Punktwerte der identifizierten Arbeitsplätze mit einer höheren Risikobewertung durch EAWS-Sektion 4 mit Hilfe der Mittelwertberechnung und Standardabweichung ausgewertet.

Abbildung 17 zeigt zunächst die sieben Arbeitsplätze mit einem möglichen Risiko (Risikobereich 2) nach EAWS-Sektion 4 gegenüber einem niedrigen Risiko (Risikobereich 1) nach EAWS-Sektionen 0-3.

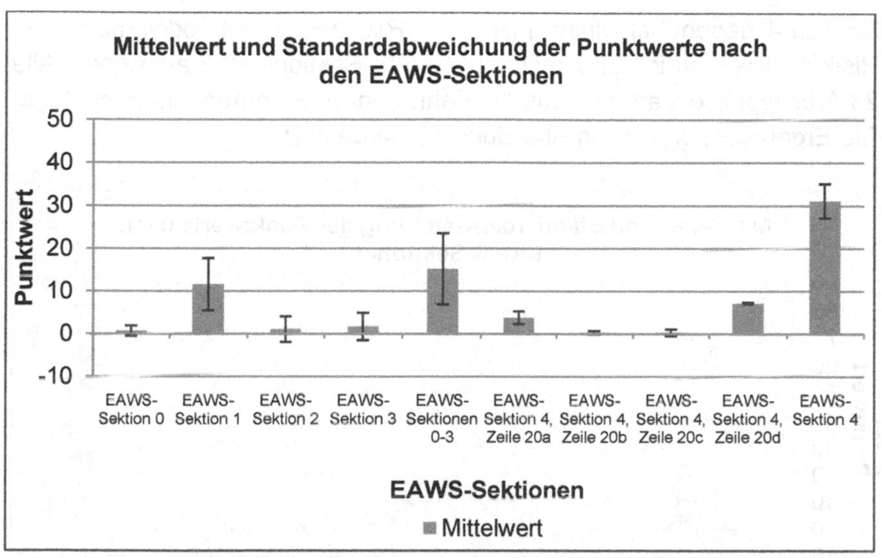


Abbildung 17: Statistische Auswertung der identifizierten Arbeitsplätze mit möglichem Risiko in EAWS durch EAWS-Sektion 4

*Quelle:* *Eigene Darstellung*

Anhand der ausgewiesenen Ergebnisse in Abbildung 17 werden die geringeren Risikobewertungen mit EAWS-Sektionen 0-3 gegenüber EAWS-Sektion 4 sichtbar. Der Mittelwert des Gesamtpunktwertes der EAWS-Sektionen 0-3 beträgt circa 49 Prozent (15,2 von 31,1 Punkten) des Gesamtpunktwertes durch EAWS-Sektion 4. Des Weiteren ist erkennbar, dass in den EAWS-Sektionen 0-3 die Bewertung der Körperhaltung in EAWS-Sektion 1 den höchsten Mittelwert aufweist. Der Mittelwert der Aktionskraft in EAWS-Sektion 2 und der Lastenhandhabung in EAWS-Sektion 3 ist eher zu vernachlässigen. Hingegen ergibt die Bewertung der Fingerpunkte in EAWS-Sektion 4, Zeile 20a den höchsten Mittelwert im Vergleich mit den Hand-Arm-Haltungspunkten in EAWS-Sektion 4, Zeile 20b und den zusätzlichen Faktoren in EAWS-Sektion 4, Zeile 20c. Diese Ergebnisse zum Mittelwert lassen Rückschlüsse auf eine hohe Anzahl von Kraftaufwendungen unter 30 Newton zu.

Im Anschluss erfolgt die Auswertung der deskriptiven Statistik zu den 23 Arbeitsplätzen, die ein hohes Risiko (Risikobereich 3) durch EAWS-

Sektion 4 gegenüber einem niedrigen (Risikobereich 1) oder möglichen Risiko (Risikobereich 2) gemäß den EAWS-Sektionen 0-3 aufwiesen. Alle 23 Arbeitsplätze stammen aus der Fahrzeug- und Komponentenmontage. Die Ergebnisse werden in Abbildung 18 dargestellt.

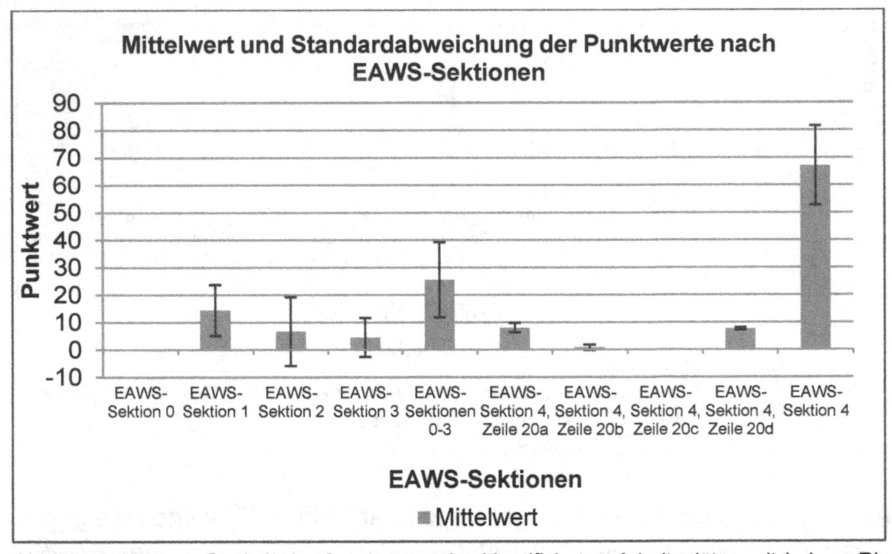


Abbildung 18: Statistische Auswertung der identifizierten Arbeitsplätze mit hohem Risiko in EAWS durch EAWS-Sektion 4

*Quelle:* *Eigene Darstellung*

Die Ergebnisse aus Abbildung 18 spiegeln die beschriebenen Ergebnisse aus Abbildung 17 wider. Der Mittelwert des Gesamtpunktwertes der EAWS-Sektionen 0-3 entspricht 38 Prozent (25,5 von 67,1 Punkten) des Gesamtpunktwertes der EAWS-Sektion 4. Des Weiteren bildet die Bewertung der Körperhaltung in EAWS-Sektion 1 ebenfalls an diesen Arbeitsplätzen im Gesamtergebnis der EAWS-Sektionen 0-3 den höchsten Mittelwert. Weiterhin zeigt der Mittelwert bei den Fingerpunkten in EAWS-Sektion 4, Zeile 20a, dass auch an diesen Arbeitsplätzen eine hohe Anzahl an Gelenkbewegungen mit Kraftaufwendungen kleiner 30 Newton vorliegen muss. Ein vergleichbares Ergebnis zwischen den beiden Abbildungen ist zudem im Mittelwert der Hand-Arm-Haltungspunkte in EAWS-Sektion 4,

Zeile 20b und der zusätzlichen Faktoren in EAWS-Sektion 4, Zeile 20c zu erkennen. Beide Belastungsarten erzielen einen Mittelwert kleiner einem Punkt. Folglich bestehen ungünstige Gelenkstellungen oder zusätzliche Faktoren wie Vibrationen oder Rückschläge nur mit geringer Intensität beziehungsweise Häufigkeit an den relevanten Arbeitsplätzen.

Allerdings zeigen Abbildung 17 und Abbildung 18 auf, dass die Punktwerte in den EAWS-Sektionen 0-3 und in EAWS-Sektion 4 eine hohe Standardabweichung besitzen. Diese hohe Streuung der erzielten Punktwerte in den identifizierten Arbeitsplätzen mit einem höheren Risiko durch EAWS-Sektion 4 verdeutlicht zudem, dass Erkenntnisse aus dem Mittelwert nicht repräsentativ sind.

Aufgrund der erzielten Ergebnisse zum Mittelwert und zur Standardabweichung werden die Zusammenhänge zwischen den Punktwerten der EAWS-Sektionen 0-3, der EAWS-Sektion 4 und der EAWS-Risikobewertung (EAWS-Sektionen 0-4) untersucht. Durch die Ermittlung des linearen Zusammenhanges nach Pearson sollen weitere Erkenntnisse zum Einfluss der EAWS-Sektion 4 auf die Gesamtbewertung erzielt werden. Tabelle 43 beinhaltet zunächst die linearen Zusammenhänge zwischen den Punktwerten der einzelnen EAWS-Sektionen 0-3 und der EAWS-Sektion 4 sowie der EAWS-Sektionen 0-4.

Tabelle 43: Zusammenhang der Punktwerte zwischen den EAWS-Sektionen 0-3 und weiteren EAWS-Punktwerten

*Quelle:* *Eigene Darstellung*

| EAWS-Sektionen 0-3 | | EAWS-Sektionen 0-3 | EAWS-Sektion 4 | EAWS Sektionen 0-4 |
|---|---|---|---|---|
| **EAWS-Sektionen 0-3** | Pearson-Korrelation | 1,0 | 0,206* | 0,619** |
| | Signifikanz (2-seitig) | | 0,030 | 0,000 |
| | Anzahl (N) | 112 | 112 | 112 |
| **EAWS-Sektion 0** | Pearson-Korrelation | 0,246** | 0,029 | 0,130 |
| | Signifikanz (2-seitig) | 0,009 | 0,761 | 0,173 |
| | Anzahl (N) | 112 | 112 | 112 |
| **EAWS-Sektion 1** | Pearson-Korrelation | 0,318** | 0,091 | 0,196* |
| | Signifikanz (2-seitig) | 0,001 | 0,341 | 0,038 |
| | Anzahl (N) | 112 | 112 | 112 |
| **EAWS-Sektion 2** | Pearson-Korrelation | 0,779** | 0,270** | 0,550** |
| | Signifikanz (2-seitig) | 0,000 | 0,004 | 0,000 |
| | Anzahl (N) | 112 | 112 | 112 |
| **EAWS-Sektion 3** | Pearson-Korrelation | 0,393** | 0,095 | 0,147 |
| | Signifikanz (2-seitig) | 0,000 | 0,319 | 0,122 |
| | Anzahl (N) | 112 | 112 | 112 |

* = Korrelation bei Niveau 0,05 ist signifikant (zweiseitig).
** = Korrelation bei Niveau 0,01 ist hoch signifikant (zweiseitig).

Tabelle 43 zeigt den hohen signifikanter Zusammenhang (r = 0,78**) zwischen den Punktwerten von EAWS-Sektion 2 und den Punktwerten in den EAWS-Sektionen 0-3 auf. Des Weiteren erzielen die Arbeitsplatzbewertungen einen geringen signifikanten Zusammenhang zwischen den Punktwerten der EAWS-Sektion 0 (r = 0,25**), der EAWS-Sektion 1 (r = 0,32**) sowie der EAWS-Sektion 3 (r = 0,39**) und den Punktwerten der EAWS-Sektionen 0-3. Dieses Ergebnis verdeutlicht in hohem Maße die Bedeutung und den Einfluss der Aktionskräfte auf die Ganzkörperbewertung in der Automobilindustrie. Weiterhin ergibt die Untersuchung einen mittleren signifikanten Zusammenhang (r = 0,62**) zwischen den Punktwerten der EAWS-Sektionen 0-3 und den Punktwerten der EAWS-Sektionen 0-4. Zusätzliche Untersuchungen zum linearen Zusammenhang zwischen den

Punktwerten der einzelnen EAWS-Sektionen 0-3 und den Punktwerten der EAWS-Sektion 4 erzielen einen sehr geringen bis geringen Zusammenhang. Beispielhaft ist der geringe signifikante Zusammenhang (r = 0,27**) zwischen den Punktwerten der EAWS-Sektion 2 und der EAWS-Sektion 4 zu benennen.

Tabelle 44 ergänzt die Untersuchung des linearen Zusammenhanges zwischen den Punktwerten der EAWS-Sektion 4, Zeile 20a, 20b, 20c und 20d und den Punktwerten der EAWS-Sektionen 0-3, der EAWS-Sektion 4 und der EAWS-Sektionen 0-4.

Tabelle 44: Zusammenhang der Punktwerte zwischen den EAWS-Sektion 4, Zeilen und weiteren EAWS-Punktwerten
*Quelle:* *Eigene Darstellung*

| EAWS-Sektion 4 | | EAWS-Sektionen 0-3 | EAWS-Sektion 4 | EAWS-Sektionen 0-4 |
|---|---|---|---|---|
| **EAWS-Sektion 4** | Pearson-Korrelation | 0,206* | 1,0 | 0,815** |
| | Signifikanz (2-seitig) | 0,030 | | 0,000 |
| | Anzahl (N) | 112 | 112 | 112 |
| **EAWS-Sektion 4 (Zeile 20a)** | Pearson-Korrelation | 0,109 | 0,941** | 0,715** |
| | Signifikanz (2-seitig) | 0,254 | 0,000 | 0,000 |
| | Anzahl (N) | 112 | 112 | 112 |
| **EAWS-Sektion 4 (Zeile 20b)** | Pearson-Korrelation | 0,364** | 0,520** | 0,547** |
| | Signifikanz (2-seitig) | 0,000 | 0,000 | 0,000 |
| | Anzahl (N) | 112 | 112 | 112 |
| **EAWS-Sektion 4 (Zeile 20c)** | Pearson-Korrelation | 0,108 | -0,046 | 0,042 |
| | Signifikanz (2-seitig) | 0,259 | 0,631 | 0,661 |
| | Anzahl (N) | 112 | 112 | 112 |
| **EAWS-Sektion 4 (Zeile 20d)** | Pearson-Korrelation | -0,053 | 0,049 | 0,013 |
| | Signifikanz (2-seitig) | 0,581 | 0,607 | 0,895 |
| | Anzahl (N) | 112 | 112 | 112 |
| * = Korrelation bei Niveau 0,05 ist signifikant (zweiseitig).<br>** = Korrelation bei Niveau 0,01 ist hoch signifikant (zweiseitig). | | | | |

Im Vergleich zur vorangegangenen Untersuchung in Tabelle 43 wird ein höherer linearer Zusammenhang zwischen den Punktwerten der einzelnen

EAWS-Sektion 4-Zeilen und den Punktwerten der EAWS-Sektionen 0-4 erzielt. Sowohl die Punktwerte der EAWS-Sektion 4 (r = 0,82**) als auch die Punktwerte der EAWS-Sektion 4, Zeile 20a (r = 0,72**) zeigen einen hohen signifikanten Zusammenhang mit den Punktwerten der EAWS-Sektionen 0-4. Ergänzend zeigt die Untersuchung einen mittleren signifikanten Zusammenhang zwischen den Punktwerten von EAWS-Sektion 4, Zeile 20b und den Punktwerten der EAWS-Sektion 4 (r = 0,52**) beziehungsweise den Punktwerten der EAWS-Sektionen 0-4 (r = 0,55**). Weiterhin zeigt die Untersuchung einen sehr hohen signifikanten Zusammenhang (r = 0,94**) zwischen den Punktwerten der EAWS-Sektion 4, Zeile 20a und den Punktwerten der EAWS-Sektion 4. Im Vergleich dazu wird ein sehr geringer Zusammenhang zwischen den Punktwerten der EAWS-Sektion 4, Zeile 20c beziehungsweise der EAWS-Sektion 4, Zeile 20d und den Punktwerten der EAWS-Sektion 4 beziehungsweise EAWS-Sektionen 0-4 ermittelt.

## 5.4 Diskussion

Die Vorstudie zur Untersuchung des Zusammenhanges zwischen der EAWS-Sektion 4 und der EAWS-Sektionen 0-4 anhand von Arbeitsplätzen in der Automobilindustrie hatte das Ziel, die Relevanz und den Einfluss von EAWS-Aktion 4 auf die Gesamtbewertung der EAWS-Sektionen 0-4 aufzuzeigen. Darüber hinaus dienten die erzielten Ergebnisse als wesentliche Voraussetzung für die Entwicklung eines Grobscreenings, um Belastungsschwerpunkte in der Automobilindustrie identifizieren und relevante Belastungsarten für das Grobscreening ableiten zu können.

Die ergonomische Arbeitsplatzbewertung von 112 Arbeitsplätzen in verschiedenen Gewerken der Automobilindustrie mit EAWS ergaben einen hohen signifikanten Zusammenhang (0,82**) zwischen den Punktwerten der EAWS-Sektion 4 und den Punktwerten der EAWS-Sektionen 0-4 nach Pearson. Dabei wiesen 30 Arbeitsplätze (circa 27 Prozent) eine höhere Risikobewertung in der EAWS-Sektion 4 gegenüber den EAWS-Sektionen 0-3 auf.

Anhand der erzielten Ergebnisse ist der Schwerpunkt repetitiver Tätigkeiten in der Montage begründet, da sich ein hoher Anteil von einem möglichen und hohen Risiko durch die EAWS-Sektion 4 in der Fahrzeug- oder Komponentenmontage ergab. Allerdings kann eine allgemeingültige Schlussfolgerung, dass ausschließlich Arbeitsplätze mit montageähnlichen Tätigkeiten einen höheren Anteil im hohen Risikobereich aufweisen, aufgrund der ungleichmäßigen Arbeitsplatzverteilung nicht gezogen werden. Über alle Taktzeit- und Netto-Schichtdauerbereiche trat ein mögliches oder hohes Risiko durch die EAWS-Sektion 4-Bewertung auf. Insbesondere die erzielten Ergebnisse zur Untersuchung der Taktzeiten bieten keine allgemeingültigen Schlussfolgerungen, dass kritische Belastungen ausschließlich bei geringer Taktzeit auftreten. Allerdings schließen diese Ergebnisse die Taktzeit und Netto-Schichtdauer als Risikofaktor nicht aus. Folglich ist der Zusammenhang zwischen der Taktzeit beziehungsweise der Netto-Schichtdauer und der Arbeitsplatzbewertung zu prüfen.

Der hohe signifikante Zusammenhang (r = 0,72**) zwischen EAWS-Sektion 4, Zeile 20a und EAWS-Sektionen 0-4 nach Pearson verdeutlicht den bedeutsamen Einfluss der Gelenkbewegungen in Kombination mit Kraftaufwendungen auf das Gesamtergebnis. Dieses Ergebnis wird durch die Auswertung der Arbeitsplätze mit einem möglichen oder hohen Risiko durch EAWS-Sektion 4 gestützt. Dabei zeigte sich in den Untersuchungen, dass die relevanten Arbeitsplätze eine hohe Anzahl an Gelenkbewegungen mit geringen Kraftaufwendungen von unter 30 Newton aufweisen müssen. Hohe Punktwerte in EAWS-Sektion 4, Zeile 20a gegenüber geringer Punktwerte in EAWS-Sektion 2 und EAWS-Sektion 3 stützen diese Behauptung. Folglich sind weitere Untersuchungen zum Zusammenhang zwischen der Anzahl an Gelenkbewegungen beziehungsweise den Kraftaufwendungen und der Arbeitsplatzbewertung durchzuführen.

Neben den benannten Risikofaktoren (Taktzeit, Gelenkbewegung und Kraftaufwendung) wurden weitere arbeitsbedingte Risikofaktoren durch repetitive Tätigkeiten (zum Beispiel Gelenkstellung, Pausengestaltung oder Umgebungsbedingungen) in Kapitel 2.8 beschrieben. Im Folgenden gilt es, alle relevanten arbeitsbedingte Risikofaktoren, die in EAWS-Sektion 4 berücksichtigt werden, zu untersuchen, um das Grobscreening zur Anwendung von EAWS-Sektion 4 in der Automobilindustrie ableiten zu können.

# 6 Hauptstudie I: Entwicklung des Grobscreenings zur Anwendung von EAWS-Sektion 4

Im Rahmen der Experteninterviews in Kapitel 4 wurde ein Grobscreening zur praktikablen Anwendung von EAWS-Sektion 4 in der Automobilindustrie gefordert. Grobscreening-Verfahren zur Beurteilung körperlicher Belastungen dienen nach Hartmann et al. (2013, S. 111) „als orientierende Erfassung und Bewertung körperlicher Belastungsfaktoren". Belastungsfaktoren werden als Risikofaktoren bezeichnet, wenn eine große Wahrscheinlichkeit von Beschwerden oder sogar Erkrankungen vorliegt (Kaiser, 2016, S. 89-90). Daraus ableitend können mit einer quantitativen Beschreibung arbeitsbedingter Risikofaktoren repetitive Tätigkeiten erfasst und bewertet werden. Weiterhin konnte mit der Vorstudie III in Kapitel 5 oben ein hoher signifikanter Zusammenhang zwischen den Punktwerten der EAWS-Sektion 4, Zeile 20a und der EAWS-Sektion 4 beziehungsweise ein mittlerer signifikanter Zusammenhang zwischen den Punktwerten der EAWS-Sektion 4, Zeile 20b und der EAWS-Sektion 4 nachgewiesen werden. Hierbei sind statische oder dynamische Gelenkbewegungen, Greifarten, Kraftaufwendungen, Gelenkstellungen und Taktzeiten als wesentliche Einflussgrößen zu benennen. Allerdings spielen weitere arbeitsbedingte Risikofaktoren, wie zum Beispiel Umgebungsbedingungen, Pausengestaltung oder arbeitsorganisatorische Maßnahmen in der Anwendung von EAWS-Sektion 4 eine Rolle (DMTM, 10/2014, S. 130-167).

Auf Basis der gewonnen Erkenntnisse aus Kapitel 4 und 5 soll in der nachfolgenden Studie der Zusammenhang zwischen den arbeitsbedingten Risikofaktoren repetitiver Tätigkeiten und den Bewertungsergebnissen mit EAWS-Sektion 4 untersucht werden.


T. Kunze, *Entwicklung und Evaluierung eines Grobscreenings zur Anwendung von EAWS-Sektion 4 in der Automobilindustrie*, Gestaltung hybrider Mensch-Maschine-Systeme/Designing Hybrid Societies, https://doi.org/10.1007/978-3-658-27893-9_6

## 6.1 Fragestellung und Hypothesen

Die Zusammenhangsanalyse zwischen den arbeitsbedingten Risikofaktoren repetitiver Tätigkeiten und den Bewertungsergebnissen mit EAWS-Sektion 4 bildet die Grundlage, um anhand der relevanten Messgrößen das Grobscreening ableiten zu können. Aus diesem Grund soll mit dieser Studie folgende Fragestellung geklärt werden:

- Welcher Zusammenhang besteht zwischen den Messgrößen arbeitsbedingten Risikofaktoren und dem Bewertungsergebnis von EAWS-Sektion 4 in der Automobilindustrie?

Zur Messbarkeit der Forschungsfrage 2 wurden verschiedene Hypothesen gebildet. Diese sind im Rahmen der Hauptstudie zu prüfen. Die Übersicht der Hypothesen ist in Tabelle 45 abgebildet.

Tabelle 45: Hypothesen für die Studie zur Ermittlung des Grobscreenings zur Anwendung von EAWS-Sektion 4

*Quelle:* *Eigene Darstellung*

| Hypothesen-Nummer | Beschreibung | Methode |
|---|---|---|
| **$H41_1$ ... $H412_1$** | Es besteht ein signifikanter Zusammenhang zwischen der jeweiligen Messgröße arbeitsbedingter Risikofaktoren und der Bewertungspunktzahl von EAWS-Sektion 4. | Pearson-Korrelation |
| **$H41_0$ ... $H412_0$** | Es besteht kein signifikanter Zusammenhang zwischen der jeweiligen Messgröße arbeitsbedingter Risikofaktoren und der Bewertungspunktzahl von EAWS-Sektion 4. | Pearson-Korrelation |
| **$H51_1$ ... $H512_1$** | Es besteht ein signifikanter Zusammenhang zwischen der jeweiligen Messgröße arbeitsbedingter Risikofaktoren und der Bewertungspunktzahl von EAWS-Sektionen 0-4. | Pearson-Korrelation |
| **$H51_0$ ... $H512_0$** | Es besteht kein signifikanter Zusammenhang zwischen der jeweiligen Messgröße arbeitsbedingter Risikofaktoren und der Bewertungspunktzahl von EAWS-Sektionen 0-4. | Pearson-Korrelation |

## 6.2 Datenerhebung

Die Ermittlung relevanter Kriterien erfolgt in drei Schritten. Diese Vorgehensweise ist notwendig, um das Grobscreening zur Anwendung von EAWS-Sektion 4 ableiten zu können. Zunächst sind geeignete Messgrößen den arbeitsbedingten Risikofaktoren repetitiver Tätigkeiten aus der vorhandenen Arbeitsplatzbeschreibung zuzuordnen. Arbeitsbedingte Risikofaktoren sind nach Rodgers (1986, S. 250) und Kilbom (1994, S. 51-57) in Kapitel 2.8 beschrieben. Die Messgrößen ergeben sich aus den vorliegenden Arbeitsplatzinformationen. Diese speisen sich aus der MTM-Prozessbeschreibung und der Arbeitsplatzbewertung mit EAWS-Sektionen 0-3. Anschließend erfolgt die Untersuchung zum linearen Zusammenhang nach Pearson zwischen den abgeleiteten Messgrößen und den Bewertungsergebnissen der EAWS-Sektion 4 beziehungsweise der EAWS-Sektionen 0-4. Abschließend werden die identifizierten Messgrößen quantifiziert.

Für die Durchführung der Hauptstudie werden die ermittelten Daten aus den vorangegangenen Vorstudien der vorliegenden Arbeit herangezogen. Dies beinhaltet sowohl die Daten aus der MTM-Prozessbeschreibung als auch die Daten aus der ergonomischen Arbeitsplatzbewertung mit EAWS. Tabelle 46 fasst die Unterscheidungsmerkmale der Arbeitsplätze zusammen.

Tabelle 46: Zusammenfassung des Datenmaterials nach Gewerk, Taktzeit und Risikobewertung

*Quelle: Eigene Darstellung*

| Art | Unterscheidung | Anzahl | Relative Häufigkeit |
|---|---|---|---|
| **Gewerke** | Presswerk | 4 | 4 % |
| | Mechanische Fertigung | 9 | 8 % |
| | Komponentenmontage | 88 | 79 % |
| | Fahrzeugmontage | 11 | 9 % |
| **Taktzeiten** | 0 s bis ≤ 30 s | 13 | 12 % |
| | > 30 s bis ≤ 60 s | 76 | 68 % |
| | > 60 s bis ≤ 120 s | 7 | 6 % |
| | > 120 s bis ≤ 480 s | 16 | 14 % |
| **Risikobewertung EAWS-Sektionen 0-3** | niedriges Risiko | 47 | 42 % |
| | mögliches Risiko | 55 | 49 % |
| | hohes Risiko | 10 | 9 % |
| **Risikobewertung EAWS-Sektion 4** | niedriges Risiko | 50 | 45 % |
| | mögliches Risiko | 34 | 30 % |
| | hohes Risiko | 28 | 25 % |
| **Risikobewertung EAWS-Sektionen 0-4** | niedriges Risiko | 28 | 25 % |
| | mögliches Risiko | 51 | 46 % |
| | hohes Risiko | 33 | 29 % |

Um den Einfluss der Messgrößen ableiten zu können, wurden Standards in der Belastungsdauer definiert und die Belastungsbewertungen der EAWS-Sektion 4 danach angepasst. Netto-Schichtdauer und Pausendauer beruhen auf der Mittelwertberechnung über alle betrachteten Arbeitsplätze. Zusammenfassend wurden folgende Standards zu den Belastungsbewertungen in der EAWS-Sektion 4 festgelegt:

- Netto-Schichtdauer: 420 Minuten
- Pausendauer: 60 Minuten
- Pausenanzahl (größer acht Minuten): drei
- Arbeitsorganisation: Arbeitsunterbrechungen unter gegebenen Umständen möglich

## 6.3 Ergebnisse

Die Gliederung der Ergebnisse basiert auf der beschriebenen Vorgehensweise. Dies beinhaltet die Identifizierung der Messgrößen, die Analyse des Zusammenhanges zwischen den Messgrößen und der Quantifizierung der identifizierten Messgrößen zur Entwicklung der Grobscreenings. Die 112 Arbeitsplatzbewertungen mit EAWS sind im Anhang hinterlegt.

### 6.3.1 Identifizierung der Messgrößen

Um den Wirkungsgrad beziehungsweise den Zusammenhang zwischen den vorhandenen Belastungs- und Bewertungsgrößen und den Punktwerten durch EAWS-Sektion 4 ermitteln zu können, bedarf es der Angabe von Messgrößen. Tabelle 47 beinhaltet die ermittelten 15 Messgrößen aus der MTM-Prozessbeschreibung und der Belastungsbewertung der EAWS-Sektionen 0-3. Arbeitsbedingte Risikofaktoren der Kategorien Aufgabenanforderung und Geschwindigkeit werden bei dieser Untersuchung nicht berücksichtigt, da diese weder in den EAWS-Sektionen 0-3 noch in der EAWS-Sektion 4 bewertet werden. Des Weiteren wurden Festlegungen zur Standardisierung beziehungsweise Vergleichbarkeit zwischen Bewertungsergebnissen und Messgrößen getroffen. Folglich werden Messgrößen wie Netto-Schichtdauer oder Pausendauer nicht bedacht.

Tabelle 47: Identifizierung der Messgrößen in Abhängigkeit arbeitsbedingter Risikofaktoren

*Quelle:* *Eigene Darstellung*

| Kategorie | Arbeitsbedingte Risikofaktoren | Messgrößen |
|---|---|---|
| **Aufgaben-anforderung** | hohe Präzisionsarbeit | Sekunden des engen Platzierens pro Minute |
| | hoher Auslastungsgrad | Prozentsatz des Auslastungsgrades |
| **Belastung-dauer** | lange Dauer von repetitiven Tätigkeiten | Minuten der Netto-Schichtdauer* |
| **Gelenk-bewegung** | hohe Anzahl an Bewegungen durch wiederkehrende Zyklen mit technischen Aktionen | Anzahl realer Aktionen pro Minute |
| | hohe Anzahl von gleichförmigen Bewegungen der oberen Extremitäten | Anzahl der Finger-Kontakt-griffe und Finger-Zufassungsgriffe pro Minute (Kategorie B1, B2, C in EAWS-Sektion 2) |
| **Gelenk-stellung** | ungünstige beziehungsweise statische Körper- und Handgelenkhaltungen | Punktwert der ungünstigen Hand-Gelenkstellung (EAWS-Sektion 0d) |
| | | Punktwert der Körperhaltung (EAWS-Sektion 1) |
| | | Punktwert der ungünstigen Körperhaltung (EAWS-Sektion 1, Zeile 5, 6, 10, 11, 14, 15, 16 und Reichweite (Asymmetrie)) |
| **Kraft-aufwendung** | hohe Lastgewichte | Punktwert der Lastenhandhabung (EAWS-Sektion 3) |
| | hohe Aktionskräfte | Punktwert der Aktionskräfte (EAWS-Sektion 2) und Lastenhandhabung (EAWS-Sektion 3) |
| | Ganzkörperkräfte mit zusätzlichen Fingerkräften | Punktwert der Aktionskräfte (EAWS-Sektion 2) |
| *) Messgröße nicht in der Untersuchung berücksichtigt, aufgrund Standard-Festlegung. | | |

Fortführung Tabelle 47

| Kategorie | Arbeitsbedingte Risikofaktoren | Messgrößen |
|---|---|---|
| **Pausen-gestaltung** | geringe Anzahl von wirksamen Pausen | Anzahl der Pausen (größer acht Minuten)* |
| | Dauer der Pausen | Schichtdauer minus Netto-Schichtdauer* |
| **Umgebungs-bedingung** | Handkompressionen durch ungeeignete Werkzeuge | nicht in EAWS-Sektionen 0-3 berücksichtigt |
| | Vibrationen<br>Rückschlagkräfte | Punktwert der Rückschlagkräfte/Impulse (EAWS-Sektion 0c) |
| | ungeeignete Handschuhe | nicht in EAWS-Sektionen 0-3 berücksichtigt |
| | Arbeiten bei Kälte oder Kühlung | nicht in EAWS-Sektionen 0-3 berücksichtigt |
| | Arbeiten bei Nässe | nicht in EAWS-Sektionen 0-3 berücksichtigt |
| **Takt-/ Zykluszeit** | kurze Zykluszeiten | Sekunden der Taktzeit |

*) Messgröße nicht in der Untersuchung berücksichtigt, aufgrund Standard-Festlegung.

Im Rahmen der MTM-Prozessbeschreibung wird das Platzieren zwischen ungefähr (Spiel größer zwölf Millimeter), lose (Spiel größer drei Millimeter bis kleiner gleich zwölf Millimeter) und eng (Spiel kleiner gleich drei Millimeter) unterschieden (DMTM, 01/2012, S. II-28). Folglich kann zur Bewertung der Präzisionsarbeit die Dauer von engem Platzieren ermittelt werden, um die Präzisionsarbeit bewerten zu können. Weiterhin gilt es zu untersuchen, ob die Höhe des prozentualen Auslastungsgrades regelmäßige Mikropausen erzeugen und mit dem Punktwert in EAWS-Sektion 4 in Zusammenhang steht. Die Anzahl der realen Aktionen pro Minute ergibt sich aus der Summe der realen Aktionen pro Minute, wie diese in der MTM-Prozessbeschreibung aufgeführt sind. Eine Unterscheidung in dynamische und statische reale Aktionen wird nicht vorgenommen, da jeder MTM-UAS-Grundvorgang einzeln betrachtet wird (Interviewteilnehmer Nr. 2,

08.05.2015, Zeile 130-149). Die Beschränkung der Greifarten auf die Anzahl der Finger-Kontaktgriffe und Finger-Zufassungsgriffe wurde vorgenommen, da diese Greifarten einen entscheidenden Einfluss auf die Punktbewertung in den Fingerpunkten (EAWS-Sektion 4, Zeile 20a) haben. Eine ungünstige Gelenkstellung wird sowohl in den Extrapunkten für die Hand (EAWS-Sektion 0) als auch in der Körperhaltung (EAWS-Sektion 1) bewertet. Dadurch sind weitere Messgrößen für eine ungünstige Gelenkstellung abzuleiten. Die Punktwerte der Aktionskräfte (EAWS-Sektion 2) werden nicht in Fingerkräfte und Arm-, Ganzkörperkräfte unterschieden, da alle Aktionskräfte in den Fingerpunkten (EAWS-Sektion 4, Zeile 20a) gleichermaßen berücksichtigt werden.

Tabelle 47 lässt erkennen, dass arbeitsbedingte Risikofaktoren wie ungeeignete Handschuhe, Vibrationen, Arbeit bei Kälte, Kühlung und Nässe sowie Hautkompressionen durch ungeeignete Werkzeuge im Rahmen der EAWS-Sektion 0-3 nicht berücksichtigt werden. Damit werden diese Risikofaktoren in der weiteren Untersuchung nicht weiter betrachtet.

### 6.3.2 Zusammenhang zwischen Messgrößen und EAWS-Bewertungsergebnissen

Für die Ermittlung des Zusammenhanges wurden die identifizierten Messgrößen in Excel aufbereitet und in die Statistiksoftware IBM SPSS Statistics übertragen. Der Wirkungsgrad wird über den linearen Zusammenhang nach Pearson zwischen den Messgrößen und den Belastungsbewertungen (Punktwerte) der EAWS-Sektion 4 ermittelt. Zunächst werden die definierten Messgrößen mit den Punktbewertungen der EAWS-Sektion 4 und der EAWS-Sektionen 0-4 verglichen. Dadurch kann der Zusammenhang einer Messgröße auf das Endergebnis aufgezeigt werden. Aufgrund der Vielzahl an Messgrößen und des unterschiedlichen Ursprunges werden die Ergebnisse in zwei Tabellen aufgeführt. Tabelle 48 beinhaltet die Messgrößen aus der MTM-Prozessbeschreibung, Tabelle 49 die Untersuchungsergebnisse zu den Messgrößen aus den Bewertungen mit EAWS-Sektionen 0-3.

Tabelle 48: Zusammenhang zwischen Messgrößen der MTM-Prozessbeschreibung und der Belastungsbewertung der EAWS-Sektion 4 beziehungsweise der EAWS-Sektionen 0-4

*Quelle:* *Eigene Darstellung*

| Messgrößen aus der MTM-Prozessbeschreibung | | EAWS-Sektion 4 | EAWS-Sektionen 0-4 |
|---|---|---|---|
| **Sekunden des engen Platzierens pro Minute** | Pearson-Korrelation | 0,226 | 0,153 |
| | Signifikanz (2-seitig) | 0,572 | 0,339 |
| | Anzahl (N) | 112 | 112 |
| **Prozentsatz des Auslastungsgrades** | Pearson-Korrelation | **0,344**** | 0,281** |
| | Signifikanz (2-seitig) | **0,000** | 0,003 |
| | Anzahl (N) | 112 | 112 |
| **Anzahl realer Aktionen pro Minute** | Pearson-Korrelation | **0,800**** | **0,488**** |
| | Signifikanz (2-seitig) | **0,000** | **0,000** |
| | Anzahl (N) | 112 | 112 |
| **Sekunden der Taktzeit** | Pearson-Korrelation | 0,070 | 0,215* |
| | Signifikanz (2-seitig) | 0,464 | 0,023 |
| | Anzahl (N) | 112 | 112 |
| * = Korrelation bei Niveau 0,05 ist signifikant (zweiseitig).<br>** = Korrelation bei Niveau 0,01 ist hoch signifikant (zweiseitig). | | | |

Tabelle 48 zeigt mit den Messgrößen aus der MTM-Prozessbeschreibung ein sehr differenziertes Bild in der Stärke des Zusammenhanges. Die Messgrößen zur Platzierungsgenauigkeit (r = 0,23), zum Auslastungsgrad (r = 0,34) und zur Taktzeit (r = 0,07) erzielen einen geringen bis sehr geringen Zusammenhang zur Punktbewertung mit EAWS-Sektion 4 und EAWS-Sektionen 0-4. Hingegen wird ein hoher signifikanter Zusammenhang (r = 0,80**) zwischen der Anzahl realer Aktionen und dem Punktwert der EAWS-Sektion 4 erzielt. Dem Ergebnis steht ein geringer signifikanter Zusammenhang (r = 0,49*) zwischen der Anzahl realer Aktionen und dem Punktwert der EAWS-Sektionen 0-4 gegenüber.

Tabelle 49 zeigt die Untersuchungsergebnisse zum linearen Zusammenhang zwischen den quantitativen Messgrößen aus der Bewertung mit EAWS-Sektionen 0-3 und der Bewertung mit EAWS-Sektion 4 sowie mit EAWS-Sektionen 0-4.

Tabelle 49: Zusammenhang zwischen Messgrößen aus EAWS-Sektionen 0-3 und Belastungsbewertung der EAWS-Sektion 4 beziehungsweise EAWS-Sektionen 0-4

*Quelle:* *Eigene Darstellung*

| Messgrößen aus den EAWS-Sektionen 0-3 | | EAWS-Sektion 4 | EAWS-Sektionen 0-4 |
|---|---|---|---|
| **Anzahl der Finger-Kontaktgriffe und Finger-Zufassungsgriffe pro Minute** | Pearson-Korrelation | 0,273 | 0,382 |
| | Signifikanz (2-seitig) | 0,130 | 0,043 |
| | Anzahl (N) | 112 | 112 |
| **Punktwert der ungünstigen Hand-Gelenkstellung (EAWS-Sektion 0d)** | Pearson-Korrelation | 0,161 | **0,275*** |
| | Signifikanz (2-seitig) | 0,090 | **0,003** |
| | Anzahl (N) | 112 | 112 |
| **Punktwert der Körperhaltung (EAWS-Sektion 1)** | Pearson-Korrelation | 0,067 | 0,169 |
| | Signifikanz (2-seitig) | 0,485 | 0,075 |
| | Anzahl (N) | 112 | 112 |
| **Punktwert der ungünstigen Körperhaltung (EAWS-Sektion 1, Zeile 5, 6, 10, 11, 14, 15, 16 und Reichweite (Asymmetrie)** | Pearson-Korrelation | 0,184 | **0,406**** |
| | Signifikanz (2-seitig) | 0,52 | **0,000** |
| | Anzahl (N) | 112 | 112 |
| **Punktwert der Lastenhandhabung (EAWS-Sektion 3)** | Pearson-Korrelation | -0,106 | 0,140 |
| | Signifikanz (2-seitig) | 0,266 | 0,140 |
| | Anzahl (N) | 112 | 112 |
| **Punktwert der Aktionskräfte (EAWS-Sektion 2) und Lastenhandhabung (EAWS-Sektion 3)** | Pearson-Korrelation | **0,200*** | **0,584**** |
| | Signifikanz (2-seitig) | **0,034** | **0,000** |
| | Anzahl (N) | 112 | 112 |
| **Punktwert der Aktionskräfte (EAWS-Sektion 2)** | Pearson-Korrelation | **0,303**** | **0,574**** |
| | Signifikanz (2-seitig) | **0,001** | **0,000** |
| | Anzahl (N) | 112 | 112 |
| **Punktwert der Rückschlagkräfte/Impulse (EAWS-Sektion 0c)** | Pearson-Korrelation | 0,038 | -0,017 |
| | Signifikanz (2-seitig) | 0,690 | 0,862 |
| | Anzahl (N) | 112 | 112 |

* = Korrelation bei Niveau 0,05 ist signifikant (zweiseitig).
** = Korrelation bei Niveau 0,01 ist hoch signifikant (zweiseitig).

Anhand der Ergebnisse in Tabelle 49 wird ersichtlich, dass vereinzelt geringe bis mittlere Zusammenhänge zwischen den Messgrößen der Kraftaufwendungen sowie der ungünstigen Gelenkstellung und der Punktbewertung durch EAWS-Sektion 4 und EAWS-Sektionen 0-4 erzielt werden. Die Messgrößen zur Rückschlagkraft und Greifart weisen keinen signifikanten Zusammenhang auf. Hervorzuheben ist die Untersuchung des Punktwertes der Aktionskräfte. Diese Messgröße erzielt einen geringen signifikanten Zusammenhang (r = 0,30**) zum Punktwert der EAWS-Sektion 4 und einen mittleren signifikanten Zusammenhang zum Punktwert der EAWS-Sektionen 0-4 (r = 0,57**). Ein vergleichbares Ergebnis stellen die Punktwerte aus der Aktionskraft und Lastenhandhabung dar. Hierbei wird zum Punktwert der EAWS-Sektion 4 ein geringer signifikanter Zusammenhang (r = 0,20*) und ein mittlerer signifikanter Zusammenhang zum Punktwert der EAWS-Sektionen 0-4 (r = 0,58**) erlangt. Des Weiteren wird zwischen dem Punktwert der ungünstigen Hand-Gelenkstellung und dem Punktwert der EAWS-Sektionen 0-4 ein geringer signifikanter Zusammenhang (r = 0,28*) sowie ein geringer signifikanter Zusammenhang (r = 0,41**) zwischen dem Punktwert der ungünstigen Körperhaltung und dem Punktwert der EAWS-Sektionen 0-4 erzielt. Alle weiteren Messgrößen aus den Kraftaufwendungen und der ungünstigen Gelenkstellung weisen keinen signifikanten Zusammenhang auf.

In Kapitel 5.3 wurde bereits ein sehr hoher signifikanter Zusammenhang (r = 0,94**) zwischen dem Punktwert der EAWS-Sektion 4, Zeile 20a und dem Gesamtpunktwert der EAWS-Sektion 4 ermittelt. Eine entscheidende Belastungsgröße in der Punktwertberechnung der EAWS-Sektion 4, Zeile 20a stellen die Anzahl realer Aktionen pro Minute dar. Somit spiegelt sich der hohe signifikante Zusammenhang (r = 0,80*) zwischen der Anzahl realer Aktionen pro Minute und dem Punktwert der EAWS-Sektion 4 in den Ergebnissen wider. Die Punktwerte der ungünstigen Gelenkstellung oder der Rückschlagkraft finden in der Punktwertberechnung der EAWS-Sektion 4, Zeile 20a keine Berücksichtigung. Hingegen werden ungünstige Gelenkstellungen in der EAWS-Sektion 4, Zeile 20b und Rückschlagkräfte in der EAWS-Sektion 4, Zeile 20c bewertet. Aus diesem

Grund werden anschließend die Messgrößen mit den jeweiligen Belastungsarten (Zeilen 20a, 20b und 20c) der EAWS-Sektion 4 gegenübergestellt.

In Tabelle 50 werden zunächst die Untersuchungsergebnisse des linearen Zusammenhanges zwischen den Messgrößen der MTM-Prozessbeschreibung und den einzelnen Belastungsarten der EAWS-Sektion 4 dargestellt. Diese enthält ausschließlich die Untersuchungsergebnisse der Messgrößen, die einen direkten Einfluss auf den Punktwert in der jeweiligen Belastungsart der EAWS-Sektion 4 haben. Aufgrund der vorgenommenen Standardisierung über alle 112 Arbeitsplatzbewertungen werden die konstanten Messgrößen zur Netto-Schichtdauer und Pausenanzahl nicht aufgeführt.

Tabelle 50: Zusammenhang zwischen Messgrößen der MTM-Prozessbeschreibung und den Belastungsarten der EAWS-Sektion 4
*Quelle:* *Eigene Darstellung*

| Quantitative Messgrößen | | EAWS-Sektion 4, Zeile 20a | EAWS-Sektion 4, Zeile 20b | EAWS-Sektion 4, Zeile 20c |
|---|---|---|---|---|
| **Sekunden des engen Platzierens pro Minute** | Pearson-Korrelation | / | / | 0,174 |
| | Signifikanz (2-seitig) | | | 0,066 |
| | Anzahl (N) | | | 112 |
| **Prozentsatz des Auslastungsgrades** | Pearson-Korrelation | / | / | -0,019 |
| | Signifikanz (2-seitig) | | | 0,842 |
| | Anzahl (N) | | | 112 |
| **Anzahl realer Aktionen pro Minute** | Pearson-Korrelation | **0,829**** | / | / |
| | Signifikanz (2-seitig) | **0,000** | | |
| | Anzahl (N) | 112 | | |
| **Sekunden der Taktzeit** | Pearson-Korrelation | 0,023 | / | / |
| | Signifikanz (2-seitig) | 0,810 | | |
| | Anzahl (N) | 112 | | |
| * = Korrelation ist bei Niveau 0,05 ist signifikant (zweiseitig).<br>** = Korrelation ist bei Niveau 0,01 ist hoch signifikant (zweiseitig). | | | | |

Im Rahmen dieser Untersuchungen wird ein hoher signifikanter Zusammenhang (r = 0,83**) zwischen der Anzahl realer Aktionen und dem Punktwert der EAWS-Sektion 4, Zeile 20a erzielt. Alle weiteren Messgrößen weisen keinen signifikanten Zusammenhang auf.

Tabelle 51 enthält die Untersuchungsergebnisse des linearen Zusammenhanges zwischen den Messgrößen der Bewertung von EAWS-Sektionen 0-3 und den einzelnen Belastungsarten der EAWS-Sektion 4. Auch diese Tabelle enthält ausschließlich Untersuchungsergebnisse, in den die Messgrößen einen direkten Einfluss auf den Punktwert in der jeweiligen Belastungsart der EAWS-Sektion 4 aufweisen.

Tabelle 51: Zusammenhang zwischen Messgrößen der Bewertung von EAWS-Sektionen 0-3 und den Belastungsarten von EAWS-Sektion 4
*Quelle:* *Eigene Darstellung*

| Messgrößen aus den EAWS-Sektionen 0-3 | | EAWS-Sektion 4, Zeile 20a | EAWS-Sektion 4, Zeile 20b | EAWS-Sektion 4, Zeile 20c |
|---|---|---|---|---|
| **Anzahl der Finger-Kontaktgriffe und Finger-Zufassungsgriffe pro Minute** | Pearson-Korrelation | 0,131 | / | / |
| | Signifikanz (2-seitig) | 0,169 | | |
| | Anzahl (N) | 112 | | |
| **Punktwert der ungünstigen Hand-Gelenkstellung (EAWS-Sektion 0d)** | Pearson-Korrelation | / | 0,068 | / |
| | Signifikanz (2-seitig) | | 0,474 | |
| | Anzahl (N) | | 112 | |
| **Punktwert der Körperhaltung (EAWS-Sektion 1)** | Pearson-Korrelation | / | -0,110 | / |
| | Signifikanz (2-seitig) | | 0,248 | |
| | Anzahl (N) | | 112 | |

Fortführung Tabelle 51

| Messgrößen aus den EAWS-Sektionen 0-3 | | EAWS-Sektion 4, Zeile 20a | EAWS-Sektion 4, Zeile 20b | EAWS-Sektion 4, Zeile 20c |
|---|---|---|---|---|
| **Punktwert der ungünstigen Körperhaltung (EAWS-Sektion 1, Zeile 5, 6, 10, 11, 14, 15, 16 und Reichweite (Asymmetrie))** | Pearson-Korrelation | / | 0,144 | / |
| | Signifikanz (2-seitig) | | 0,131 | |
| | Anzahl (N) | | 112 | |
| **Punktwert der Lastenhandhabung (EAWS-Sektion 3)** | Pearson-Korrelation | 0,083 | / | / |
| | Signifikanz (2-seitig) | 0,383 | | |
| | Anzahl (N) | 112 | | |
| **Punktwert der Aktionskräfte (EAWS-Sektion 2) und Lastenhandhabung (EAWS-Sektion 3)** | Pearson-Korrelation | 0,061 | / | / |
| | Signifikanz (2-seitig) | 0,525 | | |
| | Anzahl (N) | 112 | | |
| **Punktwert der Aktionskräfte (EAWS-Sektion 2)** | Pearson-Korrelation | 0,127 | / | / |
| | Signifikanz (2-seitig) | 0,182 | | |
| | Anzahl (N) | 112 | | |
| **Punktwert der Rückschlagkräfte/Impulse (EAWS-Sektion 0c)** | Pearson-Korrelation | / | / | **0,420**** |
| | Signifikanz (2-seitig) | | | **0,000** |
| | Anzahl (N) | | | 112 |
| ** = Korrelation bei Niveau 0,01 ist hoch signifikant (zweiseitig). | | | | |

Die erzielten Untersuchungsergebnisse in Tabelle 51 spiegeln sich in den bisherigen Ergebnissen der Tabelle 49 wider. Mit Ausnahme des Punktwertes der Rückschlagkräfte/Impulse erzielen alle anderen Messgrößen keinen signifikanten Zusammenhang. Zwischen dem Punktwert der Rückschlagkräfte/Impulse und dem Punktwert der EAWS-Sektion 4, Zeile 20c ergibt sich ein geringer signifikanter Zusammenhang (r = 0,42**).

Zusammenfassend ergeben die Untersuchungen des linearen Zusammenhanges einen hohen signifikanten Zusammenhang (r = 0,80**) zwischen der Anzahl realer Aktionen pro Minute und dem Punktwert der EAWS-Sektion 4. Hingegen wird nur ein geringer signifikanten Zusammenhang zwischen dem Punktwert der Aktionskräfte (EAWS-Sektion 2) mit (r = 0,30**) sowie dem Prozentsatz des Auslastungsgrades mit (r = 0,34**) und dem Punktwert der EAWS-Sektion 4 ermittelt. Darüber hinaus weisen alle weiteren Messgrößen einen sehr geringen Zusammenhang auf. Folglich ergeben die durchgeführten Untersuchungen mit der Anzahl realer Aktionen pro Minute nur eine Messgröße, welche für das Grobscreening herangezogen werden kann. Um das Risiko repetitiver Tätigkeiten ausweisen zu können, bedarf es einer Quantifizierung der Messgröße. Die erzielten Ergebnisse dieser Betrachtung werden im Folgenden aufgeführt.

### 6.3.3 Quantifizierung der Anzahl realer Aktionen pro Minute zur Konkretisierung des Grobscreenings

Um die Anzahl realer Aktionen pro Minute quantifizieren zu können, kann die Regressionsgerade „Trendlinie" genutzt werden. Nach Bortz (1993, S. 170) wird die Regressionsgerade bezeichnet als „diejenige Gerade, die die Summe der quadrierten Vorhersagefehler minimiert". Diese repräsentiert den Gesamttrend aller Punkte (Punkteschwarm) am besten. (Bortz, 1993, S. 168-169). Die Quantifizierung der Anzahl realer Aktionen pro Minute erfolgt in drei Schritten. Zunächst werden alle Bewertungen mit EAWS-Sektion 4 (112 Arbeitsplätze) betrachtet. Anschließend werden alle Arbeitsplatzbewertungen der EAWS-Sektion 4 betrachtet, die gegenüber den EAWS-Sektionen 0-3 ein gleiches oder höheres Risiko erzielen. Schlussendlich werden nur die Arbeitsplatzbewertungen mit ausschließlich einem höheren Risikobereich in der EAWS-Sektion 4 gegenüber den EAWS-Sektionen 0-3 herangezogen. Diese Vorgehensweise bekräftigt die Aussage zur Quantifizierung der Anzahl realer Aktionen pro Minute.

Im ersten Schritt werden alle Arbeitsplatzbewertungen mit EAWS-Sektion 4 betrachtet. Abbildung 19 stellt die Anzahl realer Aktionen zum Punktwert der EAWS-Sektion 4 graphisch dar.

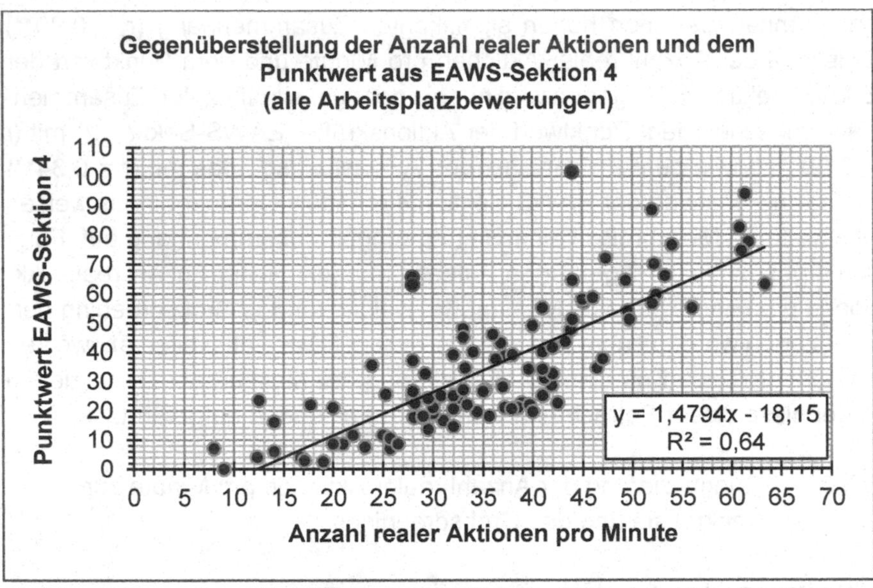


Abbildung 19: Gegenüberstellung der Anzahl realer Aktionen und dem Punktwert aus EAWS-Sektion 4 aller Arbeitsplätze

*Quelle:* *Eigene Darstellung*

Der Punkteschwarm aus der Anzahl der realen Aktionen pro Minute und dem Punktwert der EAWS-Sektion 4 über alle 112 Arbeitsplätze hinweg zeigt deutlich den hohen Zusammenhang zwischen der Anzahl realer Aktionen pro Minute und dem Punktwert der EAWS-Sektion 4. Bei der Betrachtung des Punktschwarmes liegen lediglich drei „Ausreißer" vor. Diese treten bei 28 und 44 realen Aktionen pro Minute auf. Auf Basis der ermittelten Regressionsgeraden (Formel 1) durch die Bewertungsergebnisse kann die Anzahl realer Aktionen pro Minute für den möglichen und hohen Risikobereich abgeleitet werden.

$$(1)\quad y = 1{,}48x - 18{,}15$$

Für alle Arbeitsplatzbewertungen wird ein mögliches Risiko in den Grenzen zwischen 29,2 bis 46,1 realen Aktionen pro Minute durch die Regressionsgerade (Formel 1) sowie zwischen 24 bis 28 realen Aktionen pro Minute durch die Bewertungsergebnisse der EAWS-Sektion 4 ermittelt.

Die Bewertung der EAWS-Sektionen 0-3 in gleichem oder höherem Risikobereich blieb unberücksichtigt. Aus diesem Grund werden im zweiten Schritt nur die Arbeitsplatzbewertungen herangezogen, in denen die Bewertung der EAWS-Sektion 4 gegenüber den EAWS-Sektionen 0-3 ein gleiches oder höheres Risiko erzielte. Abbildung 20 zeigt die Untersuchungsergebnisse auf.

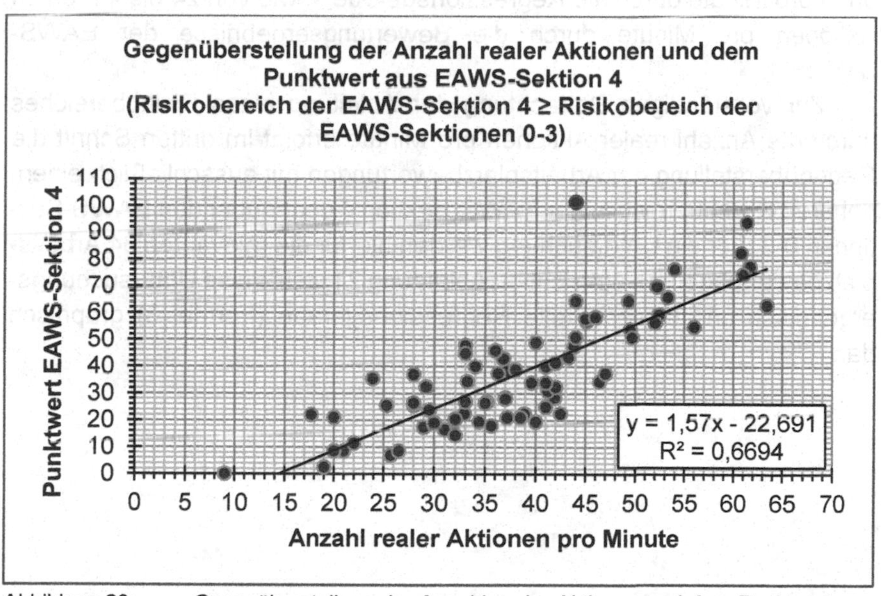


Abbildung 20: Gegenüberstellung der Anzahl realer Aktionen und dem Punktwert aus EAWS-Sektion 4 aller Arbeitsplätze mit gleichem oder höherem Risikobereich der EAWS-Sektion 4 gegenüber den EAWS-Sektionen 0-3

*Quelle:* *Eigene Darstellung*

Im Vergleich zwischen Abbildung 19 und Abbildung 20 ist zu erkennen, dass sich der Punkteschwarm an die Regressionsgerade (Formel 2) angenähert und zwei (28 Aktionen pro Minute) der drei „Ausreißer“ für die weitere Betrachtung ausgeschlossen sind.

$$(2)\ y = 1{,}57x - 22{,}69$$

Die relevanten 83 Arbeitsplatzbewertungen mit gleichem oder höherem Risikobereich der EAWS-Sektion 4 gegenüber den EAWS-Sektionen 0-3 erzielten ein mögliches Risiko in den Grenzen von 30,4 bis 46,3 realen Aktionen pro Minute durch die Regressionsgerade sowie von 24 bis 44 realen Aktionen pro Minute durch die Bewertungsergebnisse der EAWS-Sektion 4.

Zur vollständigen Betrachtung der Ableitung eines Risikobereiches durch die Anzahl realer Aktionen pro Minute erfolgt im dritten Schritt die Gegenüberstellung der Arbeitsplatzbewertungen mit ausschließlich einem höheren Risikobereich in der EAWS-Sektion 4 gegenüber den EAWS-Sektionen 0-3. Für die Untersuchung werden hierfür die relevanten 34 Arbeitsplatzbewertungen berücksichtigt. Abbildung 21 stellt diese Untersuchungsergebnisse und die ermittelte Regressionsgerade (Formel 3) graphisch dar.

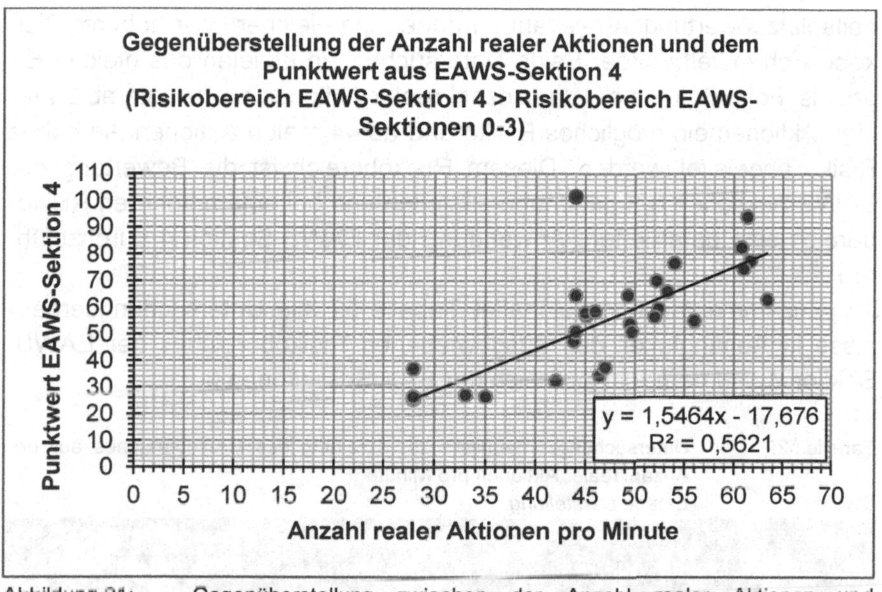


Abbildung 21: Gegenüberstellung zwischen der Anzahl realer Aktionen und dem Punktwert aus EAWS-Sektion 4 aller Arbeitsplätze mit höherem Risikobereich der EAWS-Sektion 4 gegenüber EAWS-Sektionen 0-3

*Quelle:* *Eigene Darstellung*

Die Untersuchung ergibt ein mögliches Risiko in den Grenzen von 27,6 bis 43,8 realen Aktionen pro Minute durch die Regressionsgerade (Formel 3) sowie von 24 und 44 realen Aktionen pro Minute durch die Bewertungsergebnisse der EAWS-Sektion 4.

$$(3)\ y = 1{,}55x - 17{,}68$$

Die ermittelten Regressionsgeraden (Formel 1-3) in den jeweiligen Untersuchungen stellen lediglich einen linearen Trend „Trendlinie" der relevanten Arbeitsplatzbewertungen dar. Durch den vorliegenden Punkteschwarm ist eine direkte Ableitung zur definierten Grenze zwischen niedrigem, möglichem oder hohem Risiko nicht möglich. Aus diesem Grund sind die erzielten Bewertungsergebnisse der EAWS-Sektion 4 heranzuziehen. Für die Definition eines möglichen oder hohen Risikos sind nur diejenigen Arbeitsplatzbewertungen relevant, in denen ein gleicher oder höherer Risikobereich erzielt wurde. Beide Untersuchungen erzielen das gleiche Ergebnis. Folglich kann bei der Anzahl realer Aktionen pro Minute ab 24 realen Aktionen ein mögliches Risiko und ab 44 realen Aktionen ein hohes Risiko abgeleitet werden. Diesem Risikobereich ist die Bewertung der EAWS-Sektionen 0-3 gegenüberzustellen und bei einem höheren Risikobereich eine detailliertere Anwendung der EAWS-Sektion 4 durchzuführen.

Zusammenfassend beinhaltet Tabelle 52 alle Untersuchungsergebnisse in Abhängigkeit des ausgewiesenen Risikobereiches der EAWS-Sektion 4 und dem Risikobereich der EAWS-Sektionen 0-3.

Tabelle 52: Untersuchungsergebnisse zur Ableitung des Risikobereiches aus der Anzahl realer Aktionen pro Minute
*Quelle:* *Eigene Darstellung*

| Risikobewertung | alle Arbeitsplatzbewertungen | | Risikobereich EAWS-Sektion 4 gleich oder höher EAWS-Sektionen 0-3 | | Risikobereich EAWS-Sektion 4 höher EAWS-Sektionen 0-3 | |
|---|---|---|---|---|---|---|
| | Formel 1 | Bewertung | Formel 2 | Bewertung | Formel 3 | Bewertung |
| **Niedriges Risiko (0 bis 25 Pkt.)** | < 29,2 rA | < 24 rA | < 30,4 rA | < 24 rA | < 27,6 rA | < 24 rA |
| **Mögliches Risiko (> 25 bis 50 Pkt.)** | ≥ 29,2 rA | ≥ 24 rA | ≥ 30,4 rA | ≥ 24 rA | ≥ 27,6 rA | ≥ 24 rA |
| **Hohes Risiko (> 50 Pkt.)** | ≥ 46,1 rA | ≥ 28 rA | ≥ 46,3 rA | ≥ 44 rA | ≥ 43,8 rA | ≥ 44 rA |
| Pkt. = Punkte; rA = reale Aktionen | | | | | | |

Das Grobscreening sieht vor, die ermittelten Risikobereiche zwischen der Anwendung von EAWS-Sektionen 0-3 und der Anzahl realer Aktionen (Gelenkbewegungen der oberen Extremitäten) pro Minute gegenüberzustellen. Liegt ein höherer Risikobereich durch die Anzahl realer Aktionen pro

Minute vor, ist von einem höheren Risikobereich der EAWS-Sektionen 0-4 auszugehen. Dies ist durch die Anwendung von EAWS-Sektion 4 zu prüfen. Die graphische Darstellung des Grobscreenings erfolgt in Abbildung 22.

**Analyse**

Anwendung von EAWS-Sektionen 0-3

Ermittlung der Anzahl realer Aktionen (Gelenkbewegungen der oberen Extremitäten) pro Minute

**Bewertung**

Ermittlung des Risikobereiches:
- 0 bis 25 Punkte: niedriges Risiko
- > 25 bis 50 Punkte: mögliches Risiko
- > 50 Punkte: hohes Risiko

Ermittlung des Risikobereiches
- 0 bis < 24 reale Aktionen: niedriges Risiko
- 24 bis < 44 reale Aktionen: mögliches Risiko
- ≥ 44 reale Aktionen: hohes Risiko

**Interpretation**

Ermittlung des Risikobereiches von EAWS-Sektionen 0-4
- Ableitung des Risikobereiches durch Identifizierung des höheren Risikobereiches aus EAWS-Sektionen 0-3 und der Anzahl realer Aktionen pro Minute

**Überprüfung**

Ableiten von Maßnahmen bei höherem Risikobereich durch Anzahl realer Aktionen pro Minute gegenüber der Anwendung von EAWS-Sektionen 0-3
- Anwendung von EAWS-Sektion 4
- Gestaltungsmaßnahmen zur gesundheitsförderlichen Belastung am Arbeitsplatz

Abbildung 22: Graphische Darstellung des Grobscreenings
*Quelle:* *Eigene Darstellung*

## 6.4 Diskussion

Die erste Hauptstudie untersuchte arbeitsbedingte Risikofaktoren repetitiver Tätigkeiten, um Einflussgrößen für die Entwicklung des Grobscreenings ableiten zu können. Auf Basis der MTM-Prozessbeschreibung und der EAWS-Sektionen 0-4 konnten zwölf Messgrößen identifiziert werden. Die Messgrößen zur Netto-Schichtdauer, Arbeitsorganisation und Pausenanzahl mussten standardisiert werden, um eine Vergleichbarkeit der Arbeitsplatzbewertungsergebnisse sicherstellen zu können. Darauffolgend wurde der lineare Zusammenhang nach Pearson zwischen den Messgrößen und den erzielten Punktbewertungen der EAWS-Sektion 4, sowie EAWS-Sektionen 0-4 untersucht.

Ausschließlich die Messgröße „Anzahl realer Aktionen pro Minute" erzielte einen hohen signifikanten Zusammenhang (r = 0,80**) zum Punktwert der EAWS-Sektion 4. Alle weiteren Messgrößen wiesen entweder einen niedrigen signifikanten oder keinen signifikanten Zusammenhang auf. Beispielhaft ist hierfür, die Messgröße „Prozentsatz des Auslastungsgrades" mit einem niedrigen signifikanten Zusammenhang (r = 0,34**) zum Punktwert der EAWS-Sektion 4 zu benennen. Auf Grundlage des hohen signifikanten Zusammenhanges zwischen der Anzahl realer Aktionen pro Minute und dem Bewertungsergebnis der EAWS-Sektion 4 ist eine orientierte Beurteilung der potenziellen Anwendung von EAWS-Sektion 4 gegeben. Darüber hinaus konnte ab 24 realen Aktionen pro Minute ein mögliches Risiko und ab 44 realen Aktionen pro Minute ein hohes Risiko spezifiziert werden. Durch diese methodische Vorgehensweise kann am Beispiel der Fahrzeugmontage eine punktuelle und damit effiziente Anwendung gegenüber einem flächendeckenden Einsatz der EAWS-Sektion 4 vorgenommen werden.

Allerdings ist bei der Anwendung dieser Methodik zu beachten, dass die Untersuchungsergebnisse auf definierten Standards in der Automobilindustrie beruhen. Die Standards beinhalten eine durchschnittliche Netto-Schichtdauer von circa 420 Minuten, Arbeitsunterbrechungen unter gegebenen Umständen und drei Pausen mit einer Pausendauer von jeweils mehr als acht Minuten. Des Weiteren ist zu beachten, dass die Untersuchungsergebnisse ausschließlich die Gelenkbewegungen als Kriterium ermittelt haben. Allerdings ist die Repetitivität „eine Kombination von Bewegungen und anderen Einflussgrößen“ (Interviewteilnehmer Nr. 1, 07.05.2015, Zeile 361), und es könnten fehlerhafte Aussagen getroffen werden, wenn die Gestaltungsmaßnahmen ausschließlich auf die Gelenkbewegungen abzielten (Interviewteilnehmer Nr. 4, 29.11.2015, Zeile 404-417). Aus diesem Grund sind ergänzende Einflussgrößen wie der Anteil an ungünstigen Gelenkstellungen, Rückschlagkräften oder Vibrationen in die Untersuchung der Arbeitsplätze mit einzubeziehen (Interviewteilnehmer Nr. 9, 15.01.2016, Zeile 404-415). Insbesondere Vibrationen wurden als arbeitsbedingter Risikofaktor für Beschwerden im Hand-Arm-Bereich thematisiert (Armstrong et al., 1987, S. 288). Folglich ist der Einsatz von vibrierenden Werkzeugen zu prüfen, die den Auslösewert von 2,5 $m/s^2$ bei Hand-Arm-Vibrationen (TRLV, 2015, S. 11) überschreiten.

# 7 Hauptstudie II: Evaluierung des Grobscreenings zur Anwendung von EAWS-Sektion 4

Die durchgeführten Untersuchungen zum Grobscreening im Kapitel 6 ergaben als alleinige quantitative Messgröße die Gelenkbewegungen über die Anzahl an realen Aktionen pro Minute. Dabei konnten 24 reale Aktionen pro Minute als Obergrenze zu einem möglichen Risiko und ab 44 reale Aktionen pro Minute als Obergrenze zu einem hohen Risiko in der EAWS-Sektion 4 abgeleitet werden. Diese Messgröße ist im folgenden Kapitel zu prüfen.

## 7.1 Fragestellungen

Die Überprüfung der Messgröße „Anzahl realer Aktionen pro Minute" soll nun mit weiteren Bewertungsergebnissen aus EAWS-Sektion 4 im Rahmen einer ergänzenden Studie erfolgen. Dabei soll folgende Fragestellung beantwortet werden:

- Wie hoch ist der Erfüllungsgrad der ermittelten Messgröße zur Vorprüfung der Anwendung von EAWS-Sektion 4 an Arbeitsplätzen in der Fahrzeugmontage?

## 7.2 Datenerhebung

Für die Evaluierung des Grobscreenings wurden die ersten 20 Arbeitsplätze einer Fahrzeugmontagelinie von insgesamt 183 Arbeitsplätzen ausgewählt. Die Auswahl der 20 Arbeitsplätze erfolgte unabhängig von der Anzahl realer Aktionen pro Minute. Dadurch wird eine objektive Auswahl der Arbeitsplätze für die Untersuchung abgesichert.

Die körperliche Belastungsbewertung der 20 Arbeitsplätze basiert auf dem EAWS V1.3.3 nach den Regeln der EAWS-Lehrgangsunterlage G/AD (07/2014) und wurde durch den Autor der vorliegenden Arbeit durchgeführt. Bewertungsgrundlage zur Ermittlung der Maximalkraft in Sektion 2 ist das 40. Kraftperzentil der Frau und die männliche Bezugsperson zur


T. Kunze, *Entwicklung und Evaluierung eines Grobscreenings zur Anwendung von EAWS-Sektion 4 in der Automobilindustrie*, Gestaltung hybrider Mensch-Maschine-Systeme/Designing Hybrid Societies, https://doi.org/10.1007/978-3-658-27893-9_7

Ermittlung der Lastpunktzahl in Sektion 3. Darüber hinaus lieferten geschulte Mitarbeiter des Industrial Engineering mit einer MTM-Praktiker-Ausbildung die MTM-Prozessbeschreibung für diese Arbeitsplätze.

Den Arbeitsplätzen liegt eine Netto-Schichtdauer von 390 Minuten zu Grunde. Weiterhin sind für die Mitarbeiter drei Pausen mit jeweils mehr als acht Minuten vorgesehen und unter gegebenen Umständen (durch beispielsweise einen Teamsprecher als Springer) sind weitere Pausen möglich. Abbildung 23 stellt die zugrundeliegende Taktzeit und Anzahl realer Aktionen pro Minute für jeden Arbeitsplatz dar.

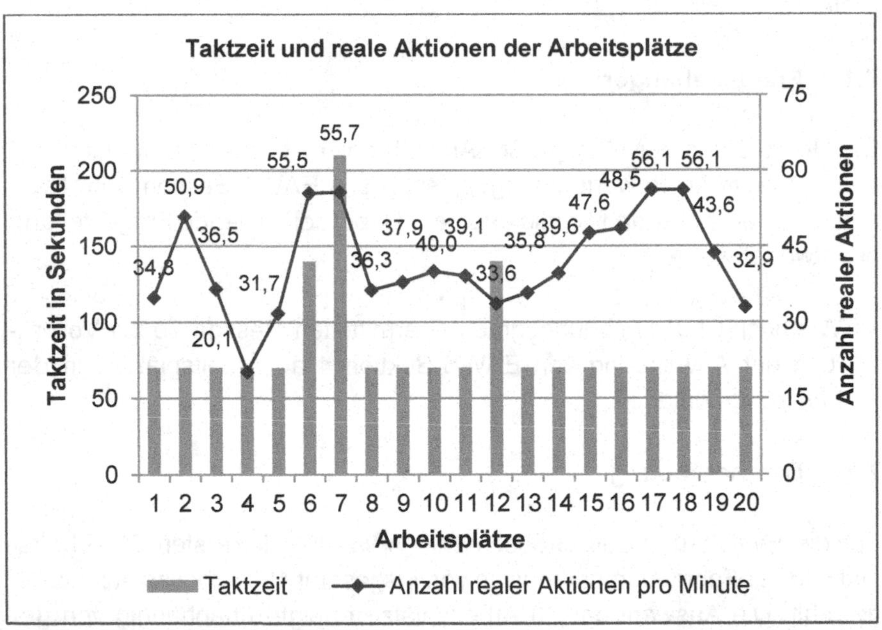


Abbildung 23: Taktzeit und reale Aktionen der Arbeitsplätze zur Überprüfung der Messgrößen

*Quelle:* *Eigene Darstellung*

Anhand Abbildung 23 ist zu erkennen, dass 17 Arbeitsplätze eine Taktzeit von 70 Sekunden, zwei Arbeitsplätze eine Taktzeit von 140 Sekunden und ein Arbeitsplatz eine Taktzeit von 210 Minuten aufweisen. Darüber hinaus weist ein Arbeitsplatz weniger als 24 reale Aktionen pro Minute, 12 Arbeitsplätze zwischen 24 und 44 reale Aktionen pro Minute sowie sieben Arbeitsplätze mehr als 44 reale Aktionen pro Minute auf. Die 20 Arbeitsplätze beinhalten den manuellen Einbau von Steckern, Dichtungen und Dämpfungen (unter anderem Türdichtung), das Verlegen von Leitungen (unter anderem Bremsdruckleitung und kundenspezifischer Kabelbaum) sowie das Verschrauben von Haltern (unter anderem für das Motorsteuergerät). Dadurch ergeben sich eine Vielzahl von statischen und dynamischen realen Aktionen in Kombination mit Kraftaufwendungen und ungünstigen Gelenkstellungen an den Arbeitsplätzen. Diese charakteristischen Eigenschaften an den Arbeitsplätzen repräsentieren die Fahrzeugmontage in der Automobilindustrie und stützen zudem den Umfang der Überprüfung.

## 7.3 Ergebnisse

Die erzielten Bewertungsergebnisse mit EAWS sind im Anhang hinterlegt. Die Arbeitsplatzbewertungen mit dem EAWS V1.3.3 ergaben einen Arbeitsplatz mit einem niedrigen Risiko (Grün-Bewertung), acht Arbeitsplätze mit einem möglichen Risiko (Gelb-Bewertung) und elf Arbeitsplätze mit einem hohen Risiko (Rot-Bewertungen). An 14 Arbeitsplätzen weisen die Punktwerte der EAWS-Sektionen 0-3 und Sektion 4 unterschiedliche Risikobereiche auf.

Die Ergebnisse der Arbeitsplatzbewertungen mit EAWS sind in Abbildung 24 dargestellt.

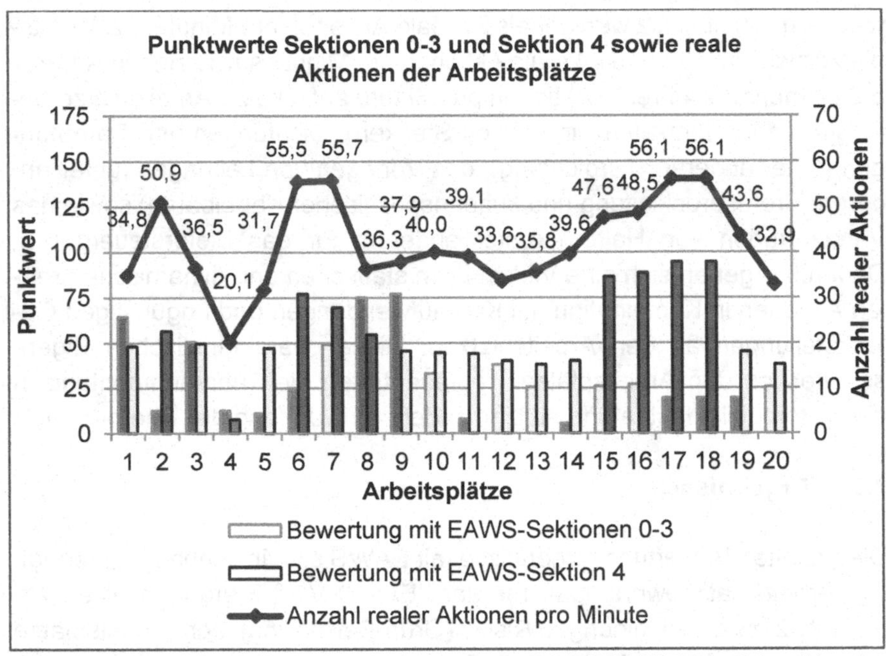


Abbildung 24: Körperliche Belastungsbewertung mit EAWS V1.3.3 und Anzahl realer Aktionen der Arbeitsplätze zur Überprüfung der Messgrößen

*Quelle:* *Eigene Darstellung*

Die Aufbereitung der Risikobereiche mit einer höheren Risikobewertung durch EAWS-Sektion 4 und einer prognostizierten höheren Risikobewertung durch die Anzahl realer Aktionen pro Minute werden in Abbildung 25 aufgezeigt.

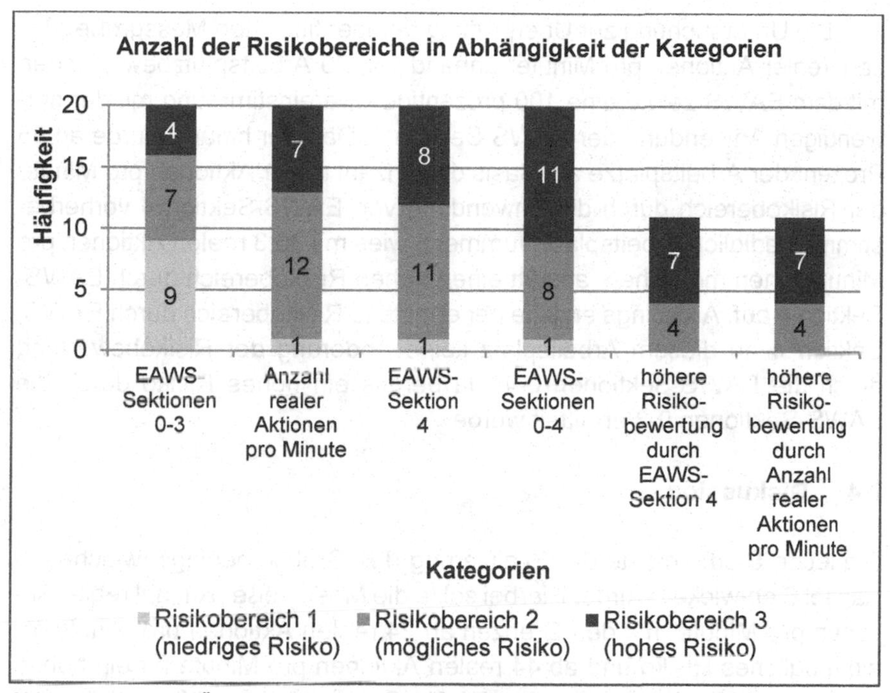


Abbildung 25: Übersicht der verschiedenen Kategorien zur Auswertung der Arbeitsplatzbewertungen sowie der Einflussnahme von EAWS-Sektion 4 und die Anzahl realer Aktionen auf die Gesamtbewertung

*Quelle:* *Eigene Darstellung*

Abbildung 25 zeigt deutlich die Unterschiede zwischen den einzelnen Kategorien zur Ableitung des Risikobereiches. Die Anwendung der EAWS-Sektionen 0-3 erzielten sieben Arbeitsplätze mit einem möglichen und vier Arbeitsplätze mit einem hohen Risiko. Auf Basis der identifizierten Messgröße „Anzahl realer Aktionen pro Minute“ wurde an 12 Arbeitsplätzen ein mögliches Risiko und an sieben Arbeitsplätzen hohes Risiko ermittelt. Dem gegenüber erzielte die Anwendung der EAWS-Sektion 4 ein mögliches Risiko an elf Arbeitsplätzen und ein hohes Risiko an acht Arbeitsplätzen. Sowohl die Anwendung der EAWS-Sektion 4 als auch die Anwendung der Messgröße „Anzahl realer Aktionen pro Minute“ ergaben an elf Arbeitsplätzen eine höhere Risikobewertung gegenüber der alleinigen Anwendung der EAWS-Sektionen 0-3.

Die Untersuchung zur Überprüfung der identifizierten Messgröße „Anzahl realer Aktionen pro Minute“ anhand von 20 Arbeitsplatzbewertungen mit dem EAWS zeigte eine 100 prozentige Übereinstimmung mit der notwendigen Anwendung der EAWS-Sektion 4. Darüber hinaus wurde an 95 Prozent der Arbeitsplätze auf Basis der Anzahl realer Aktionen pro Minute der Risikobereich durch die Anwendung von EAWS-Sektion 4 vorherbestimmt. Lediglich Arbeitsplatz Nummer 8 wies mit 36,3 realen Aktionen pro Minute einen möglichen, anstatt einen hohen Risikobereich durch EAWS-Sektion 4 auf. Allerdings erzielte der ermittelte Risikobereich durch EAWS-Sektion 4 an diesem Arbeitsplatz keine Änderung der Risikobewertung durch die EAWS-Sektionen 0-4, da bereits ein hohes Risiko durch die EAWS-Sektionen 0-3 ermittelt wurde.

## 7.4 Diskussion

Die letzte Studie diente der Evaluierung des Grobscreenings, welches in Kapitel 6 entwickelt wurde. Hierbei sollte die Messgröße „Anzahl realer Aktionen pro Minute“ mit den Grenzen ab 24 realen Aktionen pro Minute für ein mögliches Risiko und ab 44 realen Aktionen pro Minute für ein hohes Risiko durch die Anwendung von EAWS-Sektion 4 überprüft werden.

Die Überprüfung des Grobscreenings erfolgte an 20 Arbeitsplätzen einer Fahrzeugmontagelinie in der Automobilindustrie mit einer Netto-Schichtdauer von 390 Minuten. Die Untersuchung zeigte eine 100 prozentige Übereinstimmung mit der notwendigen Anwendung von EAWS-Sektion 4 und eine richtige Vorherbestimmung des Risikobereiches bei Anwendung von EAWS-Sektion 4 in Höhe von 95 Prozent. Dieser sehr hohe Erfüllungsgrad bestätigt das entwickelte Grobscreening auf Basis der Anzahl realer Aktionen pro Minute.

Allerdings basiert die Evaluierung des Grobscreenings auf Montagearbeitsplätzen mit einer Netto-Schichtdauer von 390 Minuten. Bei höherer Netto-Schichtdauer erhöht sich der Dauerpunktwert und folglich der Risikopunktwert von EAWS-Sektion 4. Weiterhin können in anderen Gewerken, wie dem Karosseriebau oder in der Lackiererei, weitaus mehr zusätzliche Faktoren, wie Rückschlagkräfte oder Vibrationen, auftreten, welche eine Erhöhung der Risikobewertung durch EAWS-Sektion 4 ergeben können. Diese Abhängigkeiten der Messgröße „Anzahl realer Aktionen pro Minute“ zur Netto-Schichtdauer und zu den Gewerken sollte in weiteren Studien untersucht werden. Ergänzend kann die Analyse der ungünstigen Gelenkstellung zwischen definierter Arbeitsmethode und tatsächlicher Arbeitsweise unterscheiden. Da es sich bei der Untersuchung um eine Ausführungsanalyse handelt, kann es zu Abweichungen bei der Analyse ungünstiger Gelenkstellung und folglich zu Schwankungen bei der Risikobewertung kommen.

# 8 Zusammenfassung, Diskussion und Ausblick

In Kapitel 8 werden die Untersuchungsergebnisse zusammengefasst (Kapitel 8.1), kritisch die Ergebnisse diskutiert (Kapitel 8.2) und zukünftige Studien in einem Ausblick abgeleitet (Kapitel 8.3).

## 8.1 Zusammenfassung der Arbeit

Aufgrund des stetigen Rationalisierungsprozesses, komplexitätsreduzierenden Arbeitsinhalten sowie der Vorgabe von Arbeitstempo und Arbeitsweise an den Arbeitsplätzen der Automobilindustrie nehmen repetitive Tätigkeiten, also gleichartig wiederkehrende Tätigkeiten, zu. Bisherige Untersuchungen zu den gesundheitlichen Beschwerden der Mitarbeiter zeigen neben körperlichen Beschwerden im Rücken-, Schulter- und Nackenbereich zudem erhöhte Beschwerden im Hand-Arm-Bereich auf. Die Verfahren zur Bewertung körperlicher Belastungen basieren in der deutschen Automobilindustrie hauptsächlich auf den Entwicklungsständen des EAWS. Allerdings findet aktuell der spezifische Teil des EAWS zur Bewertung repetitiver Tätigkeiten (EAWS-Sektion 4) nur wenig Berücksichtigung. Hoher Analyseaufwand und schwierige Erfassung arbeitsbedingter Risikofaktoren, wie Gelenkstellungen, Greifbedingungen und Kraftaufwendungen, hemmen eine flächendeckende Umsetzung der Bewertung repetitiver Tätigkeiten.

Aus diesem Grund wurde in der vorliegenden Arbeit zunächst ein wichtiger Beitrag zur Absicherung der Validität von EAWS-Sektion 4 unternommen. Weiterhin identifizieren Experteninterviews die Ursachen zur geringen Etablierung und zeigen Handlungsanforderungen zur praktikablen Anwendung von EAWS-Sektion 4 in der Automobilindustrie auf. Daraus ableitend diente die Arbeit zur Entwicklung eines Grobscreenings zur Vorprüfung der Anwendung von EAWS-Sektion 4. Zur Untersuchung der Sachverhalte wurden insgesamt fünf empirische Untersuchungen (drei Vorstudien und zwei Hauptstudien) durchgeführt.


T. Kunze, *Entwicklung und Evaluierung eines Grobscreenings zur Anwendung von EAWS-Sektion 4 in der Automobilindustrie*, Gestaltung hybrider Mensch-Maschine-Systeme/Designing Hybrid Societies, https://doi.org/10.1007/978-3-658-27893-9_8

In der ersten Vorstudie erfolgte eine umfassende Untersuchung der Konvergenzvalidität von EAWS-Sektion 4 mit anerkannten Verfahren zur Bewertung repetitiver Tätigkeiten. Ziel war es, den Zusammenhang zwischen der Risikobewertung mit EAWS-Sektion 4 und den Risikobewertungen mit der LMM-mA, der OCRA-Checkliste und dem SI am Beispiel einer Cockpit-Vormontagelinie mit 19 Arbeitsplätzen zu ermitteln. Wesentliche Voraussetzung für die Untersuchung war die Synchronisierung des Skalierungsniveaus zwischen den Bewertungsverfahren. Auf Basis des Rangkorrelationskoeffizienten nach Spearman-Rho erfolgte die Analyse des Zusammenhanges. Diese ergab zwischen EAWS-Sektion 4 und der LMM-mA einen mittleren signifikanten Zusammenhang (r = 0,52*), zwischen EAWS-Sektion 4 und der OCRA-Checkliste einen geringen signifikanten Zusammenhang (r = 0,46*) sowie zwischen EAWS-Sektion 4 und dem SI einen hohen signifikanten Zusammenhang (r = 0,74**). Mit diesen Ergebnissen wurden die bisherige, positive Untersuchung zur Konvergenzvalidität von EAWS-Sektion 4 mit dem OCRA-Index (Lavatelli et al., 2012, S. 4440-4442) bestätigt.

Die zweite Vorstudie diente dazu, Ursachen für die geringe Etablierung und Anforderungen zur praktikablen Anwendung von EAWS-Sektion 4 in der Automobilindustrie zu identifizieren. Hierzu wurden zehn Experten aus Wissenschaft und Praxis mit mehrjähriger Erfahrung in der Bewertung körperlicher Belastungen interviewt. Alle Interviewteilnehmer schreiben den Belastungen durch repetitive Tätigkeiten eine zukunftsweisende, hohe Bedeutung zu. Insbesondere der Wandel in der Automobilindustrie durch Produktivitätsdruck, regelmäßige Maßnahmen zur Produkt- und Prozessverbesserung, hohe Arbeitsdichte und sinkende Taktzeiten führen zum Anstieg repetitiver Tätigkeiten. Fehlende Untersuchungen in den Hauptgütekriterien, fehlende Umsetzung in einen internationalen Standard, deutlich höherer Aufwand gegenüber den EAWS-Sektionen 0-3 und mangelnde Prozessstabilität in der Erhebung der Einflussgrößen wurden als Ursachen für die geringe Etablierung von EAWS-Sektion 4 in der Automobilindustrie genannt. Dies bestätigt die Aussagen nach Landau (2014, S. 220-221) und Steinberg et al. (2007, S. 7) zur Bewertung repetitiver Tätigkeiten im industriellen Umfeld. Weiterhin konnten Herausforderungen und Lösungsansätze für die Bewertung repetitiver Tätigkeiten in der Automobilindustrie abgeleitet werden. Insbesondere dem Grobscreening zur gezielten Anwendung von EAWS-Sektion 4 wurde eine hohe Relevanz zugewiesen, um einen effizienten Ressourcen-Einsatz gewährleisten zu können.

Die dritte Vorstudie diente zur Untersuchung des Zusammenhanges zwischen der EAWS-Sektion 4 und der EAWS-Sektionen 0-4 anhand von Arbeitsplätzen in der Automobilindustrie. Damit wurde das Ziel verfolgt, die Relevanz und den Einfluss von EAWS-Aktion 4 auf die Gesamtbewertung der EAWS-Sektionen 0-4 aufzuzeigen. Die ergonomische Arbeitsplatzbewertung von 112 Arbeitsplätzen in verschiedenen Gewerken der Automobilindustrie mit EAWS ergaben mit dem Korrelationskoeffizienten nach Pearson einen hohen signifikanten Zusammenhang (0,82**) zwischen den Punktwerten der EAWS-Sektion 4 und den Punktwerten der EAWS-Sektionen 0-4. Ergänzende Untersuchungen ergaben einen hohen signifikanten Zusammenhang (r = 0,72**) zwischen EAWS-Sektion 4, Zeile 20a und EAWS-Sektionen 0-4. Dieses Ergebnis verdeutlicht den hohen Einfluss der Gelenkbewegungen in Kombination mit Kraftaufwendungen auf das EAWS-Gesamtergebnis.

Die erste Hauptstudie griff die erzielten Ergebnisse aus der zweiten und dritten Vorstudie auf und verfolgte das Ziel, ein Grobscreening zur Vorprüfung der Anwendung von EAWS-Sektion 4 in der Automobilindustrie zu entwickeln. Auf Basis arbeitsbedingter Risikofaktoren wurden aus der MTM-Prozessbeschreibung und den EAWS-Sektionen 0-3 zwölf Messgrößen für die Untersuchung ermittelt. Anschließend erfolgte die Untersuchung des Zusammenhanges nach Pearson zwischen den identifizierten Messgrößen und den Punktbewertungen der EAWS-EAWS-Sektion 4 und EAWS-Sektionen 0-4. Untersuchungsgrundlage waren die 112 Arbeitsplätze aus der dritten Vorstudie. Ausschließlich die Messgröße „Anzahl realer Aktionen pro Minute“ erzielte einen hohen signifikanten Zusammenhang (r = 0,80**) zum Punktwert der EAWS-Sektion 4 und einen geringen signifikanten Zusammenhang (r = 0,49**) zum Punktwert der EAWS-Sektionen 0-4. Weitere Untersuchungen zur Quantifizierung der Messgröße „Anzahl realer Aktionen pro Minute“ ergaben ab 24 realen Aktionen pro Minute ein mögliches und ab 44 realen Aktionen pro Minute ein hohes Risiko in der Bewertung repetitiver Tätigkeiten mit EAWS-Sektion 4. Das Grobscreening sieht vor, die identifizierten Risikobereiche zwischen der

Anzahl realer Aktionen pro Minute und Anwendung von EAWS-Sektionen 0-3 gegenüberzustellen. Bei einem höheren identifizierten Risikobereich durch die Anzahl realer Aktionen pro Minute ist EAWS-Sektion 4 anzuwenden. Diese methodische Vorgehensweise ermöglicht eine punktuelle und damit effiziente Anwendung gegenüber einem flächendeckenden Einsatz von EAWS-Sektion 4.

Die zweite Hauptstudie diente der Evaluierung des entwickelten Grobscreenings. Die Überprüfung des Grobscreenings erfolgte an 20 Arbeitsplätzen einer Fahrzeugmontagelinie in der Automobilindustrie mit einer Netto-Schichtdauer von 390 Minuten. Die Untersuchung zeigte eine 100 prozentige Übereinstimmung mit der notwendigen Anwendung von EAWS-Sektion 4 und eine richtige Vorherbestimmung des Risikobereiches bei Anwendung von EAWS-Sektion 4 in Höhe von 95 Prozent. Dieser sehr hohe Erfüllungsgrad bestätigt das entwickelte Grobscreening auf Basis der Anzahl realer Aktionen pro Minute.

## 8.2 Diskussion der Ergebnisse aus den Vor- und Hauptstudien

Die erste Vorstudie beschäftigte sich mit der Konvergenzvalidität von EAWS-Sektion 4. Untersuchungen zur Konvergenzvalidität zwischen anerkannten Verfahren sind in der Forschung weitverbreitet. Das Literatur-Review in Kapitel 2.11.2 ergab 15 Studien zur Konstruktvalidität von Bewertungsverfahren repetitiver Tätigkeiten zwischen 2003 und 2015. Weiterhin zeigte das Literatur-Review auf, dass nur eine Studie zur Konvergenzvalidität von EAWS-Sektion 4 mit dem OCRA-Index durch Lavatelli et al. (2012, S. 4436-4444) vorlag. Um dieses Forschungsdefizit zu beseitigen, wurden Arbeitsplätze in der Automobilindustrie mit der EAWS-Sektion 4, der LMM-mA, der OCRA-Checkliste und dem SI bewertet und der Zusammenhang zwischen den Punktwerten untersucht. In Anlehnung an Steinberg et al. (2012, S. 42-59) stellt die Synchronisierung der verfahrensspezifischen Belastungsgrößen und Ergebnisinterpretationen eine wichtige Voraussetzung zur Vergleichbarkeit der Verfahren dar. Die Auswahl der Cockpit-Vormontage mit insgesamt 19 Arbeitsplätzen stellt im Vergleich zur Untersuchung nach de Sousa Uva (2008, S. 34-44) mit 71 Arbeitsplätzen einen geringen Umfang dar. Allerdings empfehlen vorhandene Beschwerden im Hand-Arm-Bereich und die Betrachtung einer vollständigen Fertigungslinie diesen Untersuchungsbereich. Die positiven Untersuchungsergebnisse mit einem signifikanten Zusammenhang zwischen der EAWS-Sektion 4 und der LMM-mA, der OCRA-Checkliste beziehungsweise dem SI bestätigen die bestehenden Ergebnisse der Studie mit dem OCRA-Index. Weitere Untersuchungen zur Konvergenzvalidität von EAWS-Sektion 4 sind in den Gewerken der Automobilindustrie, wie dem Karosseriebau, der Lackiererei oder der Logistik, anzuschließen, um vollumfängliche, gewerkspezifische Belastungen in der Validität absichern zu können.

Die zweite Vorstudie diente zur Ermittlung von Ursachen zur geringen Etablierung von EAWS-Sektion 4 in der Automobilindustrie. Ergänzend sollten Anforderungen zur praktikablen Anwendung von EAWS-Sektion 4 in der Automobilindustrie identifiziert werden. Um eine vollumfängliche Datengewinnung sicherstellen zu können, wurden zehn leitfadengestützte Interviews mit Experten durchgeführt. Die genannten Ursachen und Handlungsanforderungen bestätigen die Aussagen nach Landau (2014, S. 220-221) und Steinberg et al. (2007, S. 7). Dabei wurde einem Grobscreening zur gezielten Anwendung von EAWS-Sektion 4 eine hohe Relevanz zugewiesen. Aufgrund von Datenschutzbestimmungen konnten unternehmensinterne Strategien der Automobilhersteller nicht abgefragt werden. Dadurch konnte kein direkter Zusammenhang zur fehlenden Bewertung repetitiver Tätigkeiten in den deutschen Automobilherstellern abgeleitet werden. Aufbauend auf den gewonnenen Informationen ist eine quantitative Datenerhebung durchzuführen, um die bisherigen Aussagen auswerten und Interpretationsfehler ausschließen zu können (Bortz & Döring, 2005, S. 327).

Die dritte Vorstudie hatte das Ziel, die Relevanz und den Einfluss von EAWS-Sektion 4 auf die Gesamtbewertung darzulegen. Hierzu wurden 112 Arbeitsplätze aus unterschiedlichen Gewerken der Automobilindustrie ausgewählt, mit EAWS bewertet und der Zusammenhang zwischen den Bewertungsergebnissen untersucht. Die Studie ergab einen hohen signifikanten Zusammenhang zwischen den Punktwerten der EAWS-Sektion 4 und den Punktwerten der EAWS-Sektionen 0-4. Damit konnte die hohe

Relevanz von EAWS-Sektion 4 auf das Gesamtergebnis nachgewiesen werden. Weiterhin zeigen die Untersuchungsergebnisse bei montageähnlichen Tätigkeiten, in einem Taktzeitbereich zwischen 30 und 60 Sekunden und bei einer Netto-Schichtdauer ab 450 Minuten, hohe Belastungen durch repetitive Tätigkeiten auf. Allerdings sind diese Ergebnisse kritisch zu betrachten, da ein Ungleichgewicht der Arbeitsplätze über die Gewerke, Taktzeit- und Netto-Schichtbereiche vorlag. Folglich sind weitere Arbeitsplätze über alle Gewerke sowie mit Taktzeiten ab 60 Sekunden mit EAWS zu prüfen.

Der Einfluss von EAWS-Sektion 4 auf das EAWS-Gesamtergebnis und die Anforderung der praktikablen Anwendung von EAWS-Sektion 4 in der Automobilindustrie dienten als Motivation für die Entwicklung eines Grobscreenings. Auf Basis arbeitsbedingter Risikofaktoren repetitiver Tätigkeiten wurden in der ersten Hauptstudie zwölf Messgrößen identifiziert und der Zusammenhang zwischen der Punktbewertung der EAWS-Sektion 4 und EAWS-Sektionen 0-4 geprüft. Die durchschnittlich hohen Punktbewertungen in EAWS-Sektion 4, Zeile 20a gegenüber den Zeilen 20b und Zeile 20c ergaben erwartungsgemäß einen hohen signifikanten Zusammenhang zwischen der Anzahl realer Aktionen pro Minute und dem Punktwert der EAWS-Sektion 4. Hingegen erzielten Messgrößen wie Taktzeit, Gelenkstellung und Kraftaufwendung keinen signifikanten Zusammenhang zum Punktwert der EAWS-Sektion 4. Allerdings beruhen die Untersuchungen auf einer Netto-Schichtdauer von 420 Minuten, mit möglichen Arbeitsunterbrechungen und drei Pausen von jeweils mehr als acht Minuten. Abweichende Arbeitsplatzbedingungen können Einfluss auf die Arbeitsplatzbewertung und somit auf das Untersuchungsergebnis nehmen. Darüber hinaus wurden zur Untersuchung vorwiegend Montagearbeitsplätze mit geringem Anteil an zusätzlichen Faktoren wie Rückschlagkräften oder Vibrationen ausgewählt. Im Karosseriebau oder in der Lackiererei können diese Belastungen durch Schraub- und Schleiftätigkeiten vermehrt auftreten (Armstrong et al., 1987, S. 288).

Die Evaluierung des entwickelten Grobscreenings erfolgte in der zweiten Hauptstudie. Auf Grundlage der ersten 20 Arbeitsplätze einer Fahrzeugmontagelinie sollte die identifizierte Messgröße „Anzahl realer Aktionen pro Minute“ in der Ableitung des Risikobereiches und der notwendigen

Anwendung von EAWS-Sektion 4 geprüft werden. Die Untersuchungsergebnisse wiesen einen hohen Erfüllungsgrad zur gezielten Anwendung von EAWS-Sektion 4 in der Automobilindustrie aus. Allerdings basieren die Arbeitsplatzbewertungen auf einer Netto-Schichtdauer von 390 Minuten. Die Evaluierung des Grobscreenings bei einer höheren Netto-Schichtdauer oder in einem anderen Gewerk der Automobilindustrie ist zu prüfen.

## 8.3 Ausblick für Wissenschaft und Praxis

Die Erkenntnisse dieser Arbeit sind ein weiterer Schritt zur Prüfung der Validität und der praktikablen Anwendung von EAWS in der Automobilindustrie. Allerdings sind weitere Erfahrungen im Umgang mit EAWS-Sektion 4 zu sammeln und Anwendungsfälle zu untersuchen.

Aufbauend auf den bisherigen Untersuchungen zur Validität sind Quer- und Längsschnittstudien zwischen dem Bewertungsergebnis durch EAWS-Sektion 4 und den körperlichen Beschwerden der Mitarbeiter in der Automobilindustrie durchzuführen. Allerdings erschweren die hohe Variantenvielfalt, organisatorische Gestaltungsmaßnahmen und den individuellen Freiheitsgraden der Mitarbeiter an den Arbeitsplätzen diese Untersuchungen. Demnach sind weitere Werkzeuge zur Ermittlung der Beanspruchung zu entwickeln, um aussagefähige Ergebnisse zur Validität der EAWS-Sektion 4 erzielen zu können. Neben der Validität sind abgesicherte Untersuchungen zur Erfüllung der Objektivität und Reliabilität von EAWS-Sektion 4 zu prüfen. Insbesondere die Häufigkeit der Verfahrensanwendung, die Ermittlung der Belastungsgrößen und die unterschiedliche Arbeitsweise der Mitarbeiter beeinflussen die Vergleichbarkeit der erzielten Bewertungsergebnisse. Hier sind Standards zur Erfassung der Belastungsgrößen zu erarbeiten, um Schwankungen zwischen den Bewertungsergebnissen zu minimieren.

Weiterhin sind Untersuchungen zur Bereitstellung geeigneter Messmittel erforderlich, um relevante Einflussgrößen zur Belastungsbewertung in der notwendigen Genauigkeit zu ermitteln. Insbesondere die Erweiterung des Anwendungsspektrums von Messsystemen für geringe Aktionskräfte ist zu fördern, um Kraftaufwendungen im niedrigen Intensitätslevel in der EAWS-Sektion 4, Zeile 20a bedienen und Schwankungen in der

Bauteilqualität durch Temperatureinflüsse ermitteln zu können. Weiterhin stehen die Verfahrensanwender vor großen Herausforderungen, ungünstige Gelenkstellungen zu identifizieren. Bisherige Simulationswerkzeuge wie Motion Capture erkennen ausschließlich Ganzkörperbewegungen. Hierbei bestehen große Herausforderungen in der Erfassung von Bewegungen im dreidimensionalen Raum und in der detaillierten Auflösung der einzelnen Greifbedingungen und Gelenkstellungen. Schlussendlich liegen in der Erfassung und Bewertung zusätzlicher Faktoren methodische Schwierigkeiten vor. Insbesondere für die Messung von Rückschlagkräften fehlen Messmittel, um die Auswirkung der Rückschlagkraft auf das Handgelenk objektiv ermitteln zu können.

Mit der Anwendung des Grobscreenings in der Praxis können weitere Erkenntnisse in die Weiterentwicklung der Messgrößen erzielt werden. Die flexible Anpassung der Messgrößen auf gewerkspezifische Belastungen oder Veränderungen in der Netto-Schichtdauer, Arbeitsorganisation und Pausengestaltung sind zu untersuchen.

Die fehlende Überführung des EAWS-Verfahrens in einen internationalen Standard behindert die internationale Verbreitung des EAWS-Verfahrens und schürt die Auseinandersetzung mit der länderspezifischen Gesetzgebung. Insbesondere in den ost- und südeuropäischen Ländern wird der Einsatz von Normen und internationalen Standards für die Risikobewertung gefordert. Folglich müssen notwendige Untersuchungen folgen, um die internationale Akzeptanz und Standardisierung von EAWS voranzutreiben. Damit wären weitere Voraussetzungen für einen Industriestandard zur ergonomischen Bewertung körperlicher Belastungen geschaffen.

Inwiefern die aktuelle Analyse und Bewertung repetitiver Tätigkeiten auf Basis eines Papier- und Bleistiftverfahrens in der zukünftigen Automobilindustrie noch vorzufinden ist, ist gegenwärtig nicht absehbar. Aktuelle Entwicklungen und die Verbreitung von digitalen Technologien sehen eine Zukunft vor, in der die Erfassung der Einflussgrößen über Simulationswerkzeuge erfolgt. Somit würde der aktuell hohe Aufwand zur Analyse repetitiver Tätigkeiten an Gewicht verlieren. Stattdessen sind Unterschiede zwischen einer simulierten Arbeitsplatzbewertung und der Beanspruchung des Mitarbeiters vor Ort aufzuzeigen, um gezielte Gestaltungsmaßnahmen zur gesundheitsförderlichen Belastung des Mitarbeiters ableiten zu können.

Derzeit erfordert die Bewertung repetitiver Tätigkeiten durch EAWS-Sektion 4 einen sehr hohen Aufwand, insbesondere vor dem Hintergrund des Rechenalgorithmus für die Ermittlung der Fingerpunkte (Zeile 20a) und der Hand-Arm-Haltungspunkte (20b). Hier ist es sinnvoll, das Verfahren zu vereinfachen. Dahingehend ist zu begrüßen, dass zukünftige Forschungsvorhaben die Berechnung und Simulation der Risikofaktoren zur Bewertung repetitiver Tätigkeiten forcieren. Perspektivisch sollten die Simulationswerkzeuge in die Berechnung des Hand-Arm-Bereiches einbezogen werden, um den Arbeitsprozess leichter zu modellieren. Dieser Einsatz ermöglicht, innerhalb des Produktentstehungsprozesses weitere Potenziale zu heben und die Prozesse frühzeitig montagegerecht zu gestalten. Belastungen durch repetitive Tätigkeiten werden für den Mitarbeiter maßgeblich reduziert und Kosten für korrektive Gestaltungsmaßnahmen minimiert.

## Literaturverzeichnis

Apostoli, P., Sala, E., Gullino, A., & Romano, C. (2004). Comparative Analysis of the Use of 4 Methods in the Evaluation of the Biomechanical Risk to the Upper Limb. *Giornale Italiano di Medicina del Lavoro ed Ergonomia, Volume 26* (Issue 3), 223-241.

ArbSchG. (07. 08 1996). Gesetz über die Durchführung von Maßnahmen des Arbeitsschutzes zur Verbesserung der Sicherheit und des Gesundheitsschutzes der Beschäftigten bei der Arbeit. 2. Berlin: Bundesministerium der Justiz.

Armstrong, T., & Chaffin, D. (1979). Some Biomechanical Aspects of the Carpal Tunnel. *Journal of Biomechanics, 12*, S. 567-570.

Armstrong, T., Fine, L., Radwin, R., & Silverstein, B. (1987). Ergonomics and the effects of vibration in hand-intensive work. *Scandinavian Journal of Work, Environment and Health*, 286-289.

Arvidsson, I., Akesson, I., & Hansson, G.-A. (2013). Wirst movements among females in a repetitive, non-forceful work. *Applied Ergonomics, Volume 34*, 309-316.

ASiG. (12. 12 1973). Gesetz über Betriebsärzte, Sicherheitsingenieure und andere Fachkräfte für Arbeitssicherheit. 2. Berlin: Bundesministerium der Justiz.

Atteslander, P., Cromm, J., Grabow, B., Klein, H., Maurer, A., & Siegert, G. (2006). *Methoden der empirischen Sozialforschung*. Berlin: Erich Schmidt Verlag GmbH & Co.

Audi AG. (2006). *Audi Geschäftsbericht, Hightech und Handarbeit: Die Manufaktur des Audi R8.* Ingolstadt: Audi AG.

Badura, B., Walter, U., & Hehlmann, T. (2010). *Betriebliche Gesundheitspolitik: Der Weg zur gesunden Organisation* (2. Auflage Ausg.). Berlin, Heidelberg: Springer-Verlag.

Baker, K., DeJoy, D., & Wilson, M. (04 2007). Using online health risk assessment. *Journal of Employee Assistance, 37*(2), S. 27-36.


T. Kunze, *Entwicklung und Evaluierung eines Grobscreenings zur Anwendung von EAWS-Sektion 4 in der Automobilindustrie*, Gestaltung hybrider Mensch-Maschine-Systeme/Designing Hybrid Societies, https://doi.org/10.1007/978-3-658-27893-9

Balderjahn, I. (03 2003). Validität. Konzept und Methoden. *WiSt - Wirtschaftswissenschaftliches Studium, Heft 3, 32. Jg.*, S. 130-135.

Bao, S., Howard, N., Spielholz, P., & Silverstein, B. (2006). Quantifying repetitive hand activity for epidemiological research on musculoskeletal disorders - Part II: comparison of different methods of measuring force level and repetitiveness. *Ergonomics, Volume 49* (No. 4), 381-392.

Barthel, K., Böhler-Baedeker, S., Bormann, R., Dispan, J., Fink, P., Koska, T., et al. (12 2010). Zukunft der deutschen Automobilindustrie. *Herausforderungen und Perspektiven für den Strukturwandel im Automobilsektor*, 29. (I. V. Friedrich-Ebert-Stiftung, Hrsg.)

Bartsch, H. (2009). Repetitive Tätigkeiten. In K. Landau, & G. Pressel, *Medizinisches Lexikon der beruflichen Belastungen und Gefährdungen* (Bde. 2., vollständig neubearbeitete Auflage, S. 852-855). Stuttgart: Gentner Verlag.

BAuA. (2017). *Volkswirtschaftliche Kosten durch Arbeitsunfähigkeit 2015.* Dortmund: Bundesanstalt für Arbeitsschutz und Arbeitsmedizin (BAuA).

BDI. (2012). *Arbeitsschutz, Das Recht des technischen Arbeitsschutzes.* Bundesverband der Deutschen Industrie e.V.

Berger, D. (2010). *Wissenschaftliches Arbeiten in den Wirtschafts- und Sozialwissenschaften, Hilfreiche Tipps und praktische Beispiele.* Wiesbaden: Gabler Verlag.

Bernard, B. P. (1997). *Musculoskeletal disorders and workplace factors: a critical review of epidemiologic evidence for work-related musculoskeletal disorders of the neck, upper extremity, and low back.* U.S. Department of Health and Human Services, Centers for Disease Control and Prevention. Cinicinnati, OH, U.S.: National Institute for Occupational Safety and Health (NIOSH).

Bernard, T., & Walton, R. (11. 1 2001). Moore-Garg Strain Index. Tampa, Florida, Vereinigte Staaten von Amerika.

BfGA. (2017). *BfGA.* Abgerufen am 11. 03 2017 von BfGA: https://www.bfga.de/arbeitsschutz-lexikon-von-a-bis-z/fachbegriffe-c-i/gefahr-fachbegriff/

BGI/GUV-I 504-46. (2009). *Handlungsanleitung für die arbeitsmedizinische Vorsorge nach dem Berufsgenossenschaftlichen Grundsatz G 46 "Belastungen des Muskel- und Skelettsystems einschließlich Vibrationen"* . Berlin: Deutsche Gesetzliche Unfallversicherung (DGUV).

BGI/GUV-I 5048-2. (10 2012). *Ergonomische Maschinengestaltung von Werkzeugmaschinen der Metallbearbeitung.* Berlin: Deutsche Gesetzliche Unfallversicherung (DGUV).

Björsten, M., & Jonsson, B. (1977). Endurance limit of force in long-term intermittent static contraction. *Scandinavian Journal of Work*, S. 23-37.

Bogner, A., & Menz, W. (2005). Das theoriegenerierende Experteninterview: Erkenntnisinteresse, Wissensformen, Interaktion. In A. Bogner, B. Littig, & W. Menz, *Das Experteninterview* (Bd. 2. Auflage, S. 33-70). Wiesbaden: VS Verlag für Sozialwissen-schaften/GWV Fachverlage GmbH.

Bogner, A., Littig, B., & Menz, W. (2002). *Das Experteninterview - Theorie, Methode, Anwendung.* Wiesbaden: Springer Fachmedien Wiesbaden GmbH.

Bogner, A., Littig, B., & Menz, W. (2014). *Interviews mit Experten. Eine praxisorientierte Einführung.* Wiesbaden: Springer Verlag.

Borg, G. (1998). *Borg´s Perceived Exertion and Pain Scales.* Champaign, IL: Human Kinetics Pub Inc.

Bortz, J. (1993). *Statistik für Sozialwissenschaftler* (Bd. 3. Auflage). Berlin, Heidelberg: Springer-Verlag.

Bortz, J., & Döring, N. (2005). *Forschungsmethoden und Evaluation.* Heidelberg: Springer Medizin Verlag.

Bowden, R., Barnes, A., Thorne, P., & Venner, J. (2003). ALARP Considerations in Criticality Safety Assessments. *JAERI Conf. 19*, pp. 83-88. Japan Atomic Energy Research Institute.

Brocke, J., Simons, A., Niehaves, B., Niehaves , B., Reimer, K., Plattfaut, R., et al. (2009). RECONSTRUCTING THE GIANT: ON THE IMPORTANCE OF RIGOUR IN DOCUMENTING THE LITERATURE SEARCH PROCESS. *ECIS 2009 Proceedings, Paper 161.*

Burt, S., & Punnett, L. (1999). Evaluation of interrater reliability for posture observations in a field study. *Applied Ergonomics, Volume 30* (Issue 2), 121-135.

Caffier, G. (2007). Muskulo-Skelettale Erkrankungen. In K. Landau, *Lexikon Arbeitsgestaltung* (S. 936-940). Stuttgart: Gentner-Verlag.

Cheng, A. S., & So, P. C. (2014). Development of the Chinese version of the Quick Exposure Check (CQEC). *WORK-A JOURNAL OF PREVENTION ASSESSMENT & REHABILITATION, Volume 48* (Issue 4), S. 503-510.

Chiasson, M.-E., Imbeau, D., Aubry, K., & Delisle, A. (19. 08 2012). Comparing the results of eight methods used to evaluate risk factors associated with musculoskeletal disorders. *International Journal of Industrial Ergonomics 42*, S. 478-488.

Colombini, D. (1998). An observational method for classifying exposure to repetitve movements of the upper limb. *Ergonomics 41, No. 9*, S. 1261-1289.

Colombini, D., Occhipinti, E., & Grieco, A. (2002). *Risk Assessment and Management of Repetitive Movements and Exertions of the Upper Limbs. Job Analysis, Ocra Risk Indices, Prevention Strategies and Design Principles* (Bd. Volume 2). Amsterdam: Elsevier.

Comper, M., Costa, L., & Padula, R. (2012). Clinimetric properties of the Brazilian-Portuguese version of the Quick Exposure Check (QEC). *Brazilian Journal of Physical Therapy, 16*, 487-494.

Cranach, M. v., & Frenz, H.-G. (1969). Systematische Beobachtung. In C. F. Graumann, *Handbuch der Psychologie: Sozialpsychologie* (S. 269-330). Göttingen: Verlag für Psychologie.

Cronbach, L., & Meehl, P. (07 1955). Construct validity in psychological tests. *Psychological Bulletin, Volume 52, No. 4*, S. 281-302.

d´Errico, A., Fontana, D., & Meragno, A. (2016). Inter-rater agreement on self-reported exposure to ergonomic risk factors for the upper extremities among mechanic assemblers in an automotive industry. *EPIDEMIOLOGIA & PREVENZIONE, Volume 40* (Issue 1), S. 58-64.

David, G. (2005). Ergonomic methods for assessing exposure to risk factors for work-related musculoskeletal disorders. *Occupational Medicine* (Issue 3), S. 190-199.

David, G., Woods, V., & Buckle, P. (2005). *Further development of the usability and validity of the Quick Exposure Check (QEC).* Guildford: Health and Safety Executive.

David, G., Woods, V., LI, G., & Buckle, P. (01 2008). The development of the Quick Exposure Check (QEC) for assessing exposure to risk factors for work-related musculoskeletal disorders. *Applied Ergonomics: Human Factors in Technology and Society; Volume 39, Issue 1*, S. 57-69.

Deutsch, K. (2015). *Deutschlands Wohlstand durch Innovation.* Berlin: Bundesverband der Deutschen Industrie e. V. (BDI).

Deutsche Rheuma-Liga Landesverband Hamburg e. V. (2013). *Rheuma-Liga Hamburg.* Abgerufen am 12. 02 2017 von Rheuma-Liga Hamburg: https://www.rheuma-liga-hamburg.de/was-ist-rheuma/der-rheumatische-formenkreis.html

DGUV. (11. 12 2013). Das "Occupational Risk Assessment of Repetitive Movements adn Exertions of the Upper Limb" (OCRA-Index und OCRA-Checkliste). Berlin: Deutsche Gesetzliche Unfallversicherung.

DIN EN 1005-5. (2007). *Sicherheit von Maschinen - Menschliche körperliche Leitung - Teil 5: Risikobeurteilung für kurzzyklische Tätigkeiten bei hohen Handhabungsfrequenzen.* Berlin: Beuth Verlag GmbH.

DIN EN 614-1 . (2009). *Sicherheit von Maschinen - Ergonomische Gestaltungsgrundsätze –Teil 1: Begriffe und allgemeine Leitsätze.* Berlin: Beuth Verlag.

DIN EN ISO 10075-1. (2000). *Ergonomische Grundlagen bezüglich psychischer Arbeitsbelastung - Teil 1: Allgemeines und Begriffe.* Berlin: Beuth Verlag GmbH.

DIN EN ISO 10075-3. (2004). *Ergonomische Grundlagen bezüglich psychischer Arbeitsbelastung - Teil 3: Grundsätze und Anforderungen an Verfahren zur Messung und Erfassung psychischer Arbeitsbelastung.* Berlin: Beuth Verlag.

DIN EN ISO 12100-1. (2003). *Sicherheit von Maschinen-Grundbegriffe, allgemeine Gestaltungsleitsätze Teil 1: Grundsätzliche Terminologie, Methodologie (ISO 12100-1:2003).* Berlin: Beuth-Verlag.

DIN EN ISO 14971. (2013). *Medizinprodukte - Anwendung des Risikomanagements auf Medizinprodukte.* Berlin: Beuth-Verlag.

DIN EN ISO 6385. (2004). *Grundsätze der Ergonomie für die Gestaltung von Arbeitssystemen.* Berlin: Beuth Verlag GmbH.

DMTM. (01/2012). *MTM-UAS-Lehrgangsunterlage.* Hamburg: Eigenverlag Deutsche MTM-Vereinigung e.V.

DMTM. (10/2014). *EAWS-Lehrgangsunterlage.* Hamburg: Eigenverlag Deutsche MTM-Vereinigung e.V.

DMTM. (3/2015). *Ergonomiebewertung mit MTM - Ergänzungsteil MTM-SD.* Hamburg: Eigenverlag Deutsche MTM-Vereinigung e.V.

Dresing, T., & Pehl, T. (2013). *Praxisbuch Interview, Transkription und Analyse, Anleitungen und Regelsysteme für qualitativ Forschende* (Bd. 5. Auflage). Marburg: Eigenverlag.

Drinkaus, P., Sesek, R., Bloswick, D., Bernard, T., Walton, B., Joseph, B., et al. (20. 01 2003). Comparison of ergonomic risk assessment outputs from Rapid Upper Limb Assessment and the Strain Index for tasks in automotive assembly plants. *Work 21*, S. 165-172.

Dudenverlag. (2013). *Duden.* (B. I. GmbH, Herausgeber) Abgerufen am 07. 11 2014 von Duden: http://www.duden.de/node/706796/revisions/1300451/view

Dudenverlag. (2013). *Duden.* (B. I. GmbH, Herausgeber) Abgerufen am 07. 11 2014 von Duden: http://www.duden.de/node/659209/revisions/1310111/view

Dudenverlag. (2016). *Duden.* Abgerufen am 30. 04 2016 von Duden: http://www.duden.de/rechtschreibung/Konstrukt

Ebersole-Wood, M., & Armstrong, T. (2006). Analysis of an Observational Rating Scale for Repetition, Posture, and Force in Selected Manufacturing Settings. *Human Factors The Journal of the Human Factors and Ergonomics Society, Volume 48*(Issue 3), 487-498.

Ellegast, R. (2005). *BGIA-Report 4/2005: Fachgespräch Ergonomie 2004, Zusammenfassung der Vorträge, gehalten während des Fachgespräches "Ergonomie" am 15./16. November 2004 in Drewden.* Sankt Augustin: Hauptverband der gewerblichen Berufsgenossenschaften (HVBG).

Eppes, S. (2004). *Washington state ergonomics tool: Predictive validity in the waste industry.* College Station: Texas Agriculation & Mechanical University.

Ericsson, P., Bjorklund, M., & Wahlstrom, J. (2012). Exposure assessment in different occupational groups at a hospital using Quick Exposure Check (QEC) - A pilot study. *WORK-A JOURNAL OF PREVENTION ASSESSMENT & REHABILITATION, Volume 41*, S. 5718-5720.

Europäische Agentur für Sicherheit und Gesundheitsschutz am Arbeitsplatz. (07. 03 2013). *Europäische Rechtsvorschriften in Bezug auf arbeitsbedingte Muskel-Skeletterkrankungen.* Abgerufen am 01. 03 2015 von https://osha.europa.eu/de/topics/msds/legslation_html

Fasse, M. (28. 10 2010). *Handelsblatt.* Abgerufen am 10. 02 2017 von Handelsblatt: http://www.handelsblatt.com/unternehmen/industrie/altersarbeit-neuer-trend-in-der-autoindustrie/3576234.html

Ferreira, J., Gray, M., Hunter, L., Birtles, M., & Riley, D. (2009). *Development of an assessment tool for repetitive tasks of the upper limbs (ART).* Harpur Hill: Health ans Safety Laboratory.

Fletcher, R., & Fletcher, S. (2007). *Klinische Epidemiologie.* Bern: Verlag Hans Huber.

Franzblau, A., Armstrong, T., Werner, R., & Ulin, S. (2005). A Cross-Sectional Assessment of the ACGIH TLV for Hand Activity Level. *Journal of Occupational Rehabilitation, Volume 15*(No. 1), 57-67.

Friedrichs, J. (1973). *Teilnehmende Beobachtung abweichenden Verhaltens.* Stuttgart: Ferdinand Enke Verlag.

Frieling, E., Kotzab, D., Enriquez-Diaz, A., & Sytech, A. (2012). *"Mit der Taktzeit am Ende" - Die älteren Mitarbeiter in der Automobilmontage.* Stuttgart: Ergonomia Verlag.

Fuchs, J., Rabenberg, M., & Scheidt-Nave, C. (27. 05 2013). Prävalenz ausgewählter muskuloskelettaler Erkrankungen: Ergebnisse der Studie zur Gesundheit Erwachsener in Deutschland (DEGS1). *Bundesgesundheitsblatt-Gesundheitsforschung-Gesundheitsschutz 56: Studie zur Gesundheit Erwachsener in Deutschland-Ergebnisse aus der ersten Erhebungswelle (DEGS1)*, S. 678-686.

Ganz, C. (2014). *Risikoanalysen im internationalen Vergleich.* Wuppertal: Bergische Universität Wuppertal.

Garg, A., Kapellusch, J., Hegmann, K., & Malloy, E. (2012). The Strain Index (SI) and Threshold Limit Value (TLV) for Hand Activity Level (HAL): risk of carpal tunnel sysndrom (CTS) in a prospective cohort. *Ergonomics, Volume 55*(Issue 4), 396-414.

Garg, A., Moore, J., & Kapellusch, J. M. (2017). The Revised Strain Index: an improved upper extremity exposure assessment model. *ERGONOMICS, Volume 60* (Issue 7), S. 912-922.

Gemeinsamer Bundesausschuss. (20. 10 2016). Arbeitsunfähigkeits-Richtlinie. *Richtlinie des Gemeinsamer Bundesausschusses über die Beurteilung derArbeitsunfähigkeit und die Maßnahmen zur stufenweisen Wiedereingliederung nach § 92 Absatz 1 Satz 2 Nummer 7 SGB V.*

Geschäftsstelle der Nationalen Arbeitsschutzkonferenz. (2015). *Leitlinie Gefährdungsbeurteilung und Dokumentation.* Berlin: Bundesanstalt für Arbeitsschutz und Arbeitsmedizin.

Goeres, S., & Sauer, R. (2010). Gefährdungsbeurteilung Schwerpunkt Biomechanik - Integration der Ergonomieanalyse in ein betriebliches System zur Beschreibung von Arbeitssystemen. In G. f. Arbeitswissenschaft, *Herbstkonferenz 2010 der Gesellschaft für Arbeitswissenschaft: Mensch- und prozessorientierte Arbeitsgestaltung im Fahrzeugbau* (S. 99-104). Dortmund: GfA-Press.

Häder, M. (2005). *Empirische Sozialforschung, Eine Einführung.* Wiesbaden: Springer Fachmedien.

Harder, T. (1974). *Werkzeug der Sozialforschung.* München: UTB für Wissenschaft.

Hartmann, B., Spallek, M., & Ellegast, R. (2013). *Arbeitsbezogene Muskel-Skelett-Erkrankungen.* Heidelberg, München, Landsberg, Frechen, Hamburg: Verlagsgruppe Hüthig Jehle Rehm.

Heistinger, A. (02. 11 2006). Qualitative Interviews - Ein Leitfaden zur Vorbereitung und Durchführung inklusive einiger theoretischer Anmerkungen. *Studienexkursion "Kaffee in Mexiko"*, 6.

Helfferich, C. (2014). Leitfaden- und Experteninterviews. In N. Bauer, & J. Blasius, *Handbuch Methoden der empirischen Sozialforschung* (S. 559-574). Wiesbaden: Springer Verlag.

Heuchert, G., Horst, A., & Kuhn, K. (2 2001). Arbeitsbedingte Erkrankungen, Probleme und Handlungsfelder. *Bundesarbeitsblatt 2/2001*, S. 24-28.

HHS. (1996). *Physical activity and health: A report of the Surgeon General.* Atlanta, USA: National Centers for Disease Control and Prevention.

Höbel, E. (2013). *Analyse von Arbeitssystemen und Ableitung von Bewegungsstandards am Beispiel der Cockpitvormontage des VW Werkes Wolfsburg und Entwicklung einer Methodik zur nachhaltigen Vermittlung ergonomischer Bewegungsabläufe.* Wolfsburg: Otto-von-Guericke-Universität Magdeburg.

Hoehne-Hückstädt, U., Herda, C., Ellegast, R., Hermanns, I., Hamburger, R., & Ditchen, D. (2007). *BGIA-Report 2/2007, Muskel-Skelett-Erkrankungen der oberen Extremität und berufliche Tätigkeit, Entwicklung eines Systems zur Erfassung und arbeits-wissenschaftlichen Bewertung von komplexen Bewegungen der oberen Extremität bei beruflichen Tätigkeiten.* Sankt Augustin: Hauptverband der gewerblichen Berufsgenossenschaften (HVBG).

Holsti, O. R. (1969). *Content Analysis of the Social Sciences and Humanities.* Addison-Wesley.

IBM Institute for Business Value. (2008). *Automobilindustrie 2020 - Umweltverträgliche Mobilität erfordert neue Geschäftsmodelle.* Stuttgart: IBM Corporation.

Ilardi, J. S. (2012). Relationship between productivity, quality and musculoskeletal disorder risk among deboning workers in a Chilean salmon industry. *WORK-A JOURNAL OF PREVENTION ASSESSMENT & REHABILITATION, Volume 41*, S. 5334-5338.

Instituto Nacional des Seguridad e Higiene en el Trabajo. (10. 11 1995). Ley 31/1995, de 8 de noviembre, de Prevención de Riesgos Laborales. *Capitulo 3 Drechos y obligaciones*, 15-16. (M. d. social, Hrsg.)

ISO 11228-3. (2007). *Ergonomics — Manual handling —Part 3: Handling of low loads at high frequency.* Switzerland, Geneva: ISO copyright office.

Jacob, D. (2004). *4. Münchner-Wirtschaftstage im "Jahr der Technik".* Abgerufen am 09. 09 2017 von http://www.muenchner-wissenschaftstage.de/mwt2004/content/e160/e707/e728/e751/filetitle/Jacob_ger.pdf

Janowitz, I., Gillen, M., Ryan, G., Rempel, D., Trupin, L., Swig, L., et al. (2006). Measuring the physical demands of work in hospital settings: Design and implementation of an ergonomics assessment. *Apllied Ergonomics, 37*, 641-658.

Jones, T., & Kumar, S. (2007). Comparison of ergonomics risk assessments in a repetitve high-risk sawmill occupation: Saw-filer. *International Journal of Industrial Ergonomics, Volume 37*(Issues 9-10), 744-753.

Jones, T., & Kumar, S. (2010). Comparison of Ergonomic Risk Assessment - Output in Four Sawmill Jobs. *International Journal of Occupational Safety and Ergonomics, Volume 16*(No. 1), 105-111.

Kaiser, P. (2016). *Burn-Out für Fortgeschrittene: Der Erfahrungsbericht eines Chefarztes.* Norderstedt: Books on Demand.

Kee, D., & Karwowski, W. (2007). A Comparison of Three Observational Techniques for Assessing Postural Loads in Industry. *International Journal of Occupational Safety and Ergonomics, Volume 13*(No. 1), 3-14.

Keller, D., Chien, H.-L., Hashemi, L., Senagore, A., & Delaney, C. (06 2014). The HARM Score: A Novel, Easy Measure to Evaluate Quality and Outcomes in Colorectal Surgery. *Annals of Surgery, 259*(6), S. 1119-1125.

Kemmlert, K. (06 1995). A method assigned for the identification of ergonomics hazards - PLIBEL. *Applied Ergonomics, 26*(3), 199-211.

Ketola, R., Toivonen, R., & Viikari-Juntura, E. (2001). Interobserver repeatability and validity of an oberservation method to assess physical loads imposed on the upper extremities. *Ergonomics, Volume 44*(Issue 2), 101-131.

Kilbom, A. (1994). Repetitive work of the upper extremity: Part I - Guidelines for the practitioner. *International Journal of Industrial Ergonomics (14)*, S. 51-57.

Kirchberg, S., Kittelmann, M., & Matschke, B. (2016). Teil 1: Hinweise zur Vorbereitung und Durchführung der Gefährdungsbeurteilung. In D. Mantel, *Ratgeber zur Gefährdungsbeurteilung* (S. 1-12). Dortmund: Bundesanstalt für Arbeitsschutz und Arbeitsmedizin.

Klußmann, A., Mühlemeyer, C., Lang, K.-H., Dolfen, P., Wendt, B., Gebhardt, H., et al. (11 2013). Leistung und Lohn - Zeitschrift für Arbeitswirtschaft. *Praxisbewährte Methoden zur Bewertung und Gestaltung physischer Arbeitsbelastungen*. (B. d. Arbeitgeberverbände, Hrsg.) Bergisch Gladbach: Joh. Heider Verlag GmbH.

Knieps, F., & Pfaff, H. (2015). *BKK Gesundheitsreport 2015: Langzeiterkrankungen*. Berlin: Medizinisch Wissenschaftliche Verlagsgesellschaft.

Knieps, F., & Pfaff, H. (2017). *BKK Gesundheitsreport 2017: Digitale Arbeit - Digitale Gesundheit*. Berlin: Medizinisch Wissenschaftliche Verlagsgesellschaft.

Knox, K., & Moore, S. (2001). Predictive Validity of the Strain Index in Turkey Processing. *Journal of Occupational and Environmental Medicine, Volume 43* (Issue 5), 451-462.

König, R. (1973). Grundlegende Methoden und Techniken der empirischen Sozialforschung. In R. König, *Handbuch der empirischen Sozialforschung* (Bde. Band 2, 3. Auflage, S. 1). Stuttgart.

Kramer, I., Sockoll, I., & Bödeker, W. (2009). Die Evidenzbasis für betriebliche Gesundheitsförderung und Prävention - Eine Synopse des wissenschaftlichen Kenntnisstandes. In B. Badura, H. Schröder, & C. Vetter, *Fehlzeiten-Report 2008: Betriebliches Gesundheitsmanagement: Kosten und Nutzen* (S. 65-76). Heidelberg: Springer-Verlag.

Kronthaler, F. (2010). *Statistik angewandt, Datenanalyse ist (k)eine Kunst, Excel Edition*. Berlin: Springer Spektrum.

Kuckartz, U., Rädiker, S., Ebert, T., & Schehl, J. (2013). *Statistik, Eine verständliche Einführung*. Wiesbaden: Springer VS.

Kugler, M., Bierwirth, M., Schaub, K., Sinn-Behrendt, A., Feith, A., Ghezel-Ahmadi, K., et al. (2010). *Ergonomie in der Industrie - aber wie? Handlungshilfe für den schrittweisen Aufbau eines einfachen Ergonomiemanagements.* München: Meindl Druck.

Kuhn, J., & Böhm, A. (10 2006). Der Krankenstand. (B. s. V., Hrsg.) *Praktische Arbeitsmedizin: Zeitschrift für betrieblichen Gesundheitsschutz und Betriebssicherheit*(5), S. 32-35.

Kuorinka, I., & Koskinen, P. (1979). Occupational rheumatic disease and upper limb strain in manual jobs in a light mechnaical industry. *Scandinavian Journal of Work, Environment and Health*, S. 39-47.

Kurz, C. (1998). *Repetitivarbeit - unbewältigt: Betriebliche und gesellschaftliche Entwicklungsperspektiven eines beharrlichen Arbeitstyps.* Berlin: Edition Sigma Rainer Bohn Verlag.

Lamarao, A. M., Costa, L. C., Comper, M. L., & Padula, R. S. (05 2014). Translation, cross-cultural adaptation to Brazilian-Portuguese and reliability analysis of the instrument Rapid Entire Body Assessment-REBA. *BRAZILIAN JOURNAL OF PHYSICAL THERAPY, Volume 18*(Issue 3), S. 211-217.

Landau, K. (2007). *Lexikon Arbeitsgestaltung - Best Practice im Arbeitsprozess* (Bd. 9. Ausgabe). Alfons W. Gentner Verlag.

Landau, K. (2014). Arbeitswissenschaft und Risiko. *Zeitschrift für Arbeitswissenschaft, 68. Jahrgang, Heft 4*, S. 215-227.

Landau, K., Rohmert, W., Imhof-Gildein, B., Mücke, S., & Brauchler, R. (1996). *Risikoindikatoren für Wirbelsäulenerkrankungen - Auswertung der AET-Datenbank und Validierung eines neuen Arbeitsanalyseverfahrens (Schlußbericht).* Bremerhaven: Verlag für neue Wissenschaft GmbH.

Landau, K., Wimmer, R., Luczak, H., Mainzer, J., Peters, H., & Winter, G. (2001). Ergonomie und Organisation in der Montage. In K. Landau, & H. Luczak, *Ergonomie und Organisation in der Montage* (S. 1-82). München, Wien: Carl Hanser Verlag.

Latko, W., Armstrong, T., Foulke, J., Herrin, G., Rabourn, R., & Ulin, S. (1997). Development and Evaluation of an Observational Method for Assessing Repetitiion in Hand Tasks. *American Industrial Hygiene Association Journal, Volume 58*(Issue 4), 278-285.

Laurig, W. (1992). *Grundzüge der Ergonomie* (Bd. 4. Auflage). Berlin, Köln: Beuth Verlag GmbH.

Lavatelli, I., Schaub, K., & Caragnano, G. (2012). Correlations in between EAWS and OCRA Index concerning the repetitive loads of the upper limbs in automobile manufacturing industries. *Work 41*, S. 4436-4444.

Legler, H., Gehrke, B., Krawczyk, O., Schasse, U., Rammer, C., Leheyda, N., et al. (2009). *Die Bedeutung der Automobilindustrie für die deutsche Volkswirtschaft im europäischen Kontext.* Hannover: Niedersächsisches Institut für Wirtschaftsforschung e. V.

Lehr, R., & Frölich, W. (2003). Methodenwerkzeug EAB zur Beurteilung körperlicher Arbeit. *Zeitschrift für Arbeitswissenschaft: Good Practice. Ergonomie und Arbeitsgestaltung, 2/Jubiläumsband*, S. 73-91.

Lienert, G. A., & Raatz, U. (1994). *Testaufbau und Testanalyse.* Weinheim: Psychologie Verlag Union.

Luczak, H. (1983). Ermüdung. In W. Rohmert, & J. Rutenfranz, *Praktische Arbeitsphysiologie* (S. 71-85). Stuttgart: Georg Thieme.

Malchaire, J. (20. 09 2004). REVUE DES METHODES D´EVALUATION ET/OU DE PREVENTION DES TMS DES MEMBRES SUPERIEURS. Louvain.

Mathiassen, S., & Winkel, J. (2000). Methods for collecting and analysing data on mechanical exposure in developing production systems. A COPE-workshop. *Ergonomics in the continuous development of production systems: A COPE-workshop on methods for collecting and analyzing mechanical exposure data*, S. 1-9.

Mayntz, R., Holm, K., & Hübner, P. (1978). *Einführung in die Methoden der empirischen Soziologie* (Bd. 5. Auflage). Opladen: Westdeutscher Verlag.

Mayring, P. (2000). *Qualitative Inhaltsanalyse, Grundlagen und Techniken.* Weinheim: Deutscher Studien Verlag.

Mc Atamney, L., & Corlett, E. N. (1993). RULA: a survey method for the investigations of work-related upper limb disorders. *Applied Ergonomics, 24 (2)*, S. 91-99.

Meißner, H.-R. (2013). Die Bedeutung der Automobilindustrie für die deutsche und europäische Wirtschaft. *Agora24 - Das philosophische Wirtschaftsmagazin*, 9-15.

Merten, K. (1995). *Inhaltsanalyse - Einführung in Theorie, Methoden und Praxis.* Opladen: Westdeutscher Verlag.

Meuser, M., & Nagel, U. (1991). ExpertInneninterviews - vielfach erprobt, wenig bedacht. Ein Beitrag zur qualitativen Methodendiskussion. In D. Garz, & K. Kraimer, *Qualitativ-empirische Sozialforschung. Konzepte, Methoden, Analysen* (S. 441-471). Opladen: Westdeutscher Verlag.

Meuser, M., & Nagel, U. (2009). Das Experteninterview - konzeptionelle Grundlagen und methodische Anlage. In S. Pickel, G. Pickel, H.-J. Lauth, & J. Detlef, *Methode der vergleichenden Politik- und Sozialwissenschaft. Neue Entwicklungen und Anwendungen* (S. 465-479). Wiesbaden: Verlag für Sozialwissenschaften.

Meyer, M., & Meschede, M. (2016). Krankheitsbedingte Fehlzeiten in der deutschen Wirtschaft im Jahr 2015. In B. Badura, A. Ducki, H. Schröder, J. Klose, & M. Meyer, *Fehlzeiten-Report 2016: Unternehmenskultur und Gesundheit - Herausforderungen und Chancen* (S. 251-306). Berlin, Heidelberg: Springer Verlag.

Meyer, M., Weirauch, H., & Weber, F. (2012). Krankheitsbedingte Fehlzeiten in der deutschen Wirtschaft im Jahr 2011. In B. Badura, A. Ducki, H. Schröder, J. Klose, & M. Meyer, *Fehlzeiten-Report 2012: Gesundheit in der flexiblen Arbeitswelt: Chancen nutzen-Risiken minimieren* (S. 291-468). Berlin, Heidelberg: Springer-Verlag.

Meyers, A. R., Gerr, F., & Fethke, N. B. (2014). Evaluation of Alternate Category Structures for the Strain Index: An Empirical Analysis. *HUMAN FACTORS, Volume 56*(Issue 1), S. 131-142.

Mital, A., Nicholson, A., & Ayoub, M. (1993). *A guide to manual materials handling.* London, Washington DC: Taylor & Francis.

Moore, J., & Garg, A. (Mai 1995). The Strain Index: A Proposed Method to Analyze Jobs For Risk of Distal Upper Extremity Disorders. *American Industrial Hygiene Association Journal*, S. 443 - 458.

Motamedzade, M., Mohseni, M., Golmohammadi, R., & Mahjoob, H. (2011). Ergonomics intervention in an Iranian television manufacturing industry. *WORK-A JOURNAL OF PREVENTION ASSESSMENT & REHABILITATION, Volume 38* (Issue 3), S. 257-263.

Moussavi-Najarkola, S., & Mirzaei, R. (2012). ManTRA for the Assessment of Musculoskeletal Risk Factors Associated With Manual Tasks in an Electric Factory. *Journal of Health Scope, 1*(3), S. 132-139.

Müller, K.-W., & Strasser, H. (1993). On the influence of Working Frequency on Muscular Strain During Handling of Light External Loads. In Marras, W. Karwowski, W. Smith, & L. Pacholski, *The Ergonomics of Manual Work* (S. 119-122). London/Washington: Taylor & Francis.

O´Sullivan, L., & Gallwey, T. (2005). Workplace Injury Risk Prediction and Risk Reduction Tool. In G. Zülch, H. s. Jagdev, & P. Stock, *Integrating Human Aspects in Production Management* (S. 173-179). New York: Springer Verlag.

Oppolzer, A. (2010). *Gesundheitsmanagement im Betrieb: Integration und Koordination menschengerechter Gestaltung der Arbeit* (erweiterte und aktualisierte Neuauflage Ausg.). Hamburg: VSA-Verlag.

Palmer, K. (26. 04 2012). Occpational activities and osteoarthritis of the knee. *British Medical Bulletin 2012*, S. 147-170.

Paulsen, R., Gallu, T., Gilkey, D., Raoul, R., Murgia, L., & Rosecrance, J. (2015). The inter-rater reliability of Strain Index and OCRA Checklist task assessments in cheese processing. *Applied Ergonomics, 51*, 199-204.

Paulsen, R., Schwatka, N., Gober, J., Gilkey, D., Anton, D., Gerr, F., et al. (01 2014). Inter-rater reliability of cyclic and non-cyclic task assessment using the hand activity level in appliance manufacturing. *INTERNATIONAL JOURNAL OF INDUSTRIAL ERGONOMICS, Volume 44* (Issue 1), S. 32-38.

Phillips, D. L. (1971). *Knowledge from What?: Theories and Methods in Social Research.* Chicago U.S.: Rand McNally & Co.

Pourmahabadian, M., Saraji, J. N., Aghabeighi, M., & Saddeghi-Naeeni, H. (2005). Risk assessment of developing distal upper extremity disorders by strain index method in an assembling electronic industry. *Acta Medica Iranica, 43 (5)*, S. 347-354.

Prütz, F., Seeling, S., Ryl, L., Scheidt-Nave, C., Ziese, T., & Lampert, T. (2014). Welche Krankheiten bestimmen die Zukunft? In B. Badura, A. Ducki, H. Schröder, J. Klose, & M. Meyer, *Fehlzeiten-Report 2014, Zahlen, Daten, Analysen aus allen Branchen der Wirtschaft, Erfolgreiche Unternehmen von morgen - gesunde Zukunft heute gestalten* (S. 113-126). Berlin, Heidelberg: Springer-Verlag.

Rachbauer, S., & Welpe, I. M. (2004). Human Capital Management statt Human Resource Management. Notwendigkeit und Vorteile einer neuen Philosophie. In M. Dürndorfer, & P. Friederichs, *Human Capital Leadership* (S. 139-161). Hamburg: Murmann Verlag GmbH.

Raspe, H. (2012). *Gesundheitsberichterstattung des Bundes, Heft 53, Rückenschmerzen.* Berlin: Robert-Koch-Institut.

Real Decreto 39/1997. (31. 01 1997). Reglamento o de los Servicios de Prevención. BOE n° 27 31/01/1997. *Articulo 5: Procedimiento*, 10-12. Espana: Instituto Nacional de Seguridad e Higiene en el Trabajo.

Rodgers, S. (1983). Repetitve work. In S. Rodgers, & E. K. Company (Hrsg.), *Ergonomic Design for People at Work - Volume 1: Workplace, equipment, and environmental design and information transfer* (S. 246-258). New York: Van Nostrand Reinhold.

Rodgers, S. H. (1986). Repetitive Work. In S. H. Rodgers, D. A. Kenworthy, E. M. Eggleton, D. M. Kiser, D. J. Murphy, W. J. Nielson, et al., & E. K. Company (Hrsg.), *Ergonomic Design for People at Work - Volume 2* (S. 244-258). New York, US: John Wiley and Sons, Inc.

Rohen, J., & Lütjen-Drecoll, E. (2006). *Funktionelle Anatomie des Menschen: Lehrbuch der makroskopischen Anatomie nach funktionellen Gesichtspunkten* (Bd. 11. überarbeitete und erweiterte Auflage). Stuttgart: Schattauer GmbH.

Rohmert, W. (1972). Aufgaben und Inhalt der Arbeitswissenschaft. *Die berufsbildende Schule, 24*, S. 3-14.

Rohmert, W. (1984). Belastungs-Beanspruchungs-Konzept. *Zeitschrift für Arbeitswissenschaft, 38*, 193-200.

Rohmert, W., & Rutenfranz, J. (1975). *Arbeitswissenschaftliche Beurteilung der Belastung und Beanspruchung an unterschiedlichen industriellen Arbeitsplätzen.* Bonn: Bundesminister für Arbeit und Sozialordnung.

Rost, J. (2004). *Lehrbuch Testtheorie-Testkonstruktion.* Bern: Verlag Hans Huber.

Rowshani, Z., Mortazavi, S., Khavanin, A., Mirzaei, R., & Mohseni, M. (2013). Comparing RULA and Strain index methods for the assessment of the potential causes of musculoskeletal disorders in the upper extremity in an electronic company in Tehran. *Feyz Journal of Kashan UNiversity of Medical Sciences, Volume 17* (Issue 1), S. 61-70.

Rucker, N., & Moore, S. (2002). Predictive Validity of the Strain Index in Manufacturing Facilities. *Applied Occupational and Environmental Hygiene, Volume 17* (Issue 1), 63-73.

Sala, E., Torri, D.,Tomasi, C., & Apostoli, P. (2010). Risk Assessment for Upper Extremity Work Related Musculoskeletal Disorders in Different Manufactures by Applying Six Methods of Ergonomic Analaysis. *Giornale Italiano di Medicina del Lavoro ed Ergonomia, Volume 32* (Issue 2), 162-173.

Schaub, K. G., & Dietz, C. (2000). Ergonomic vehicle development process and production at Adam Opel AG (GM-Europe) with respect to European legislation. *IEA 2000/HFES 2000 congress, 44 th annual meeting of the human factors and ergonomics society - ergonomics for the new millennium*, (S. 5-759-5-762). San Diego, USA.

Schaub, K. G., & Ghezel-Ahmadi, K. (2007). Vom AAWS zum EAWS - ein erweitertes Screening-Verfahren für körperliche Belastungen. *53. Arbeitswissenschaftlicher Kongress an der Otto-von-Guericke-Universität Magdeburg* (S. 601-604). Dortmund: Gesellschaft für Arbeitswissenschaft e.V.

Schaub, K. G., Caragnano, G., Britzke, B., & Bruder, R. (27. 04 2012). The Eurpoean Assembly Worksheet. *Theoretical Issues in Ergonomics Science*, S. 1-24.

Schaub, K. G., Landau, K., & Bruder, R. (2008). Ergonomics risk assessment in automotive and electrical industry based on the dual European concept of health and safety at work. *NES 2008, ergonomics is a lifestyle, 40th annual conference of the Nordic ergonomics society*, (S. 230). Reykjavik, Iceland.

Schaub, K., Storz, W., & Landau, K. (2001). Nachhaltige Risikobeurteilung von Montageprozessen in der Automobilindustrie. In K. Landau, & H. Luczak, *Ergonomie und Organisation in der Montage* (S. 148-177). München, Wien: Carl Hanser Verlag.

Schefer, M. (Mai 2008). Wie anstrengend ist das für Sie? *physiopraxis*, S. 40-41.

Scheuch, E. K. (1973). Das Interview in der Sozialforschung. In R. König, *Handbuch der empirischen Sozialforschung, Band 2, Grundlegende Methoden und Techniken der empirischen Sozialforschung, 1. Teil* (S. 123). Stuttgart: Deutscher Taschenbuch-Verlag.

Schlick, C., Bruder, R., & Luczak, H. (2010). *Arbeitswissenschaft* (3. vollständig überarbeitete und erweiterte Auflage Ausg.). Berlin, Heidelberg: Springer-Verlag.

Schmeisser, W., Zündorf, H., Eckstein, P., & Krimphove, D. (2007). *Finanzwirtschaft, Finanzdienstleistungen, Empirische Wirtschaftsforschung - Einführung in die finanz- und kapitalmarktorientierte Personalwirtschaft.* Mering: Rainer Hampp Verlag.

Schmidtke, H. (1989). *Handbuch der Ergonomie* (Bd. 2. Ausgabe). Koblenz: Bundesamt für Wehrtechnik und Beschaffung.

Schmitt, B., & Trautwein-Kalms, G. (1995). *Frauen in Büro und Verwaltung: Strukturdaten, Erwerbssituation und Arbeitsbedingungen in den 90er Jahren.* Frankfurt: Wirtschafts- und Sozialwissenschaftliches Institut in der Hans-Böckler-Stiftung.

Schnell, R., Hill, P. B., & Esser, E. (2011). *Methoden der empirischen Sozialforschung.* München: Oldenbourg Wissenschaftsverlag GmbH.

Scholles, F. (2008). Planung unter Unsicherheit: Der Risikobegriff in Theorie udn Methodik der Umweltplanung. In D. Fürst, & F. Scholles, *Handbuch Theorien und Methoden der Raum- und Umweltplanung* (S. 348-357). Dortmund: Rohn-Verlag.

Serranheira, F., & de Sousa Uva, A. (09 2008). Work-related upper limb musculoskeletal disorders (WRULMSDS) risk assessment: Different tools, different results! What are we measuring? *Medicina Y Seguridad Del Trabajo, Vol LIV Nº 212, 3º Trimestre*, S. 35-44.

Serratos-Perez, J., & Haslegrave, C. (1992). Modelling fatigue and recovery in working postures. In E. Lovesey, *Contemporary Ergonomics* (S. 66-71). London: Taylor & Francis.

SGB V. (20. 12 1988). 14. Berlin: Bundesministerium Justiz.

SGB VII. (07. 08 1996). 18. Berlin: Bundesministerium der Justiz.

Silverstein, B., Fine, L., & Armstrong, T. (1986). Hand wrist cumulative trauma disorders in industry. *Bristish Journal of Industrial Medicine*, S. 779-784.

Sluiter, J., Rest, K., & Frings-Dresen, M. (2001). Criteria document for evaluating the work-relatedness of upper-extremity musculoskeletal disorders. In *Scandinavian Journal of Work, Environment and Health, volume 27, supplement 1* (S. 1-102). Amsterdam (Netherlands): Academic Medical Center, University .

Spielholz, P., Stephen, B., Howard, N., Silverstein, B., Fan, J., Smith, C., et al. (22. 02 2008). Reliability and validity assessment of the hand activity level threshold limit values and strain index using expert ratings of mono-task jobs. *Journal of Occupational and Environmental Hygiene, 5*(4), S. 250-257.

Statistisches Bundesamt. (2015). *DESTATIS.* (S. Bundesamt, Hrsg.) Abgerufen am 12. 02 2017 von DESTATIS: https://www.genesis. destatis.de

Steinberg, U., Behrendt, S., Caffier, G., Schultz, K., & Jakob, M. (2007). *Leitmerkmalmethode - Manuelle Arbeitsprozesse, Erarbeitung und Anwendungserprobung einer Handlungshilfe zur Beurteilung der Arbetsbedingungen.* Dortmund, Berlin, Dresden: Bundesanstalt für Arbeitsschutz und Arbeitsmedizin.

Steinberg, U., Liebers, F., & Klußmann, A. (2011). *Manuelle Arbeit ohne Schaden.* Dortmund, Berlin, Dresden: Bundesanstalt für Arbeitsschutz und Arbeitsmedizin.

Steinberg, U., Liebers, F., Klußmann, A., Gebhardt, H., Rieger, M., Behrendt, S., et al. (2012). *Leitmerkmalmethode Manuelle Arbeitsprozesse 2011, Bericht über die Erprobung, Validierung und Revision.* Dortmund, Berlin, Dresden: Bundesanstalt für Arbeitsschutz und Arbeitsmedizin.

Stephens, J.-P., Vos, G. A., Stevens, E. M., & Moore, S. J. (2006). Test-retest repeatability of the Strain Index. *Applied Ergonomics, Volume 37*(Issue 3), 275-281.

Stetson, D., Keyserling, W., Silverstein, B., & Leonard, J. (1991). Observational Analysis of ther Hand and Wrist: A Pilot Study. *Applied Occupational and Environmental Hygiene, Volume 6* (Issue 11), 927-937.

Stevens, E. M., Vos, G. A., Stephens, J.-P., & Moore, S. J. (2004). Inter-rater reliability of the strain index. *Journal of Occupational and Environmental Hygiene, Volume 1* (Issue 11), 745-751.

Sulsky, S., Carlton, L., Bochmann, F., Ellegast, R., Glitsch, U., Hartmann, B., et al. (14. 02 2012). Epidemiological Evidence for Work Load as a Risk Factor for Osteoarthritis of the Hip: A Systematic Review. *PLoS ONE, Volume 7*(Issue 2), S. 1-13.

Syahril, F., & Sonjaya, E. (2015). Validity, Sensitivity, and Reliability Testing by Ergonomic Evaluation Methods for Geothermal Task. *Proceedings World Geothermal Congress 2015*, (S. 1-4). Melbourne, Australia.

Takala, E.-P., Pehkonen, I., Forsman, M., Hansson, G.-A., Mathiassen, S., Neumann, W., et al. (2010). Systematic evaluation of observational methods assessing biomechanical. *Scandinavian Journal of Work, Environment and Health*, S. 3-24.

The Council of the European Communities. (12. 06 1989). 89/391/EEC. *Official Journal of the European Communities*, S. 183/1-183/8.

Tielking, K. (2013). Ökonomische Aspekte der betrieblichen Sucht-prävention. In B. Badura, A. Ducki, H. Schröder, J. Klose, & M. Meyer, *Fehlzeiten-Report 2013: Verdammt zum Erfolg-die süchtige Arbeitsgesellschaft?* (S. 125-134). Berlin, Heidelberg: Springer-Verlag.

Tomei, G., Draicchio, F., Nicassio, P., Palermo, A., Violante, F., Graziosi, F., et al. (2005). Use of TLV-ACGIH (HAL) and Strain Index for the Evaluation of the Upper Extremity Biomechanical Overload. *Giornale Italiano di Medicina del Lavoro ed Ergonomia, Volume 27* (Issue 3), 351-354.

TRLV. (2015). *Technische Regeln zur Lärm- und Vibrations-Arbeitsschutzverordnung, Teil 1 Beurteilung der Gefährdung durch Vibrationen.* Dortmund: Bundesanstalt für Arbeitsschutz und Arbeitsmedizin.

Ulbig, E., Hertel, R., & Böl, G.-F. (2010). *Kommunikation von Risiko und Gefährdungspotenzial aus Sicht verschiedener Stakeholder.* Berlin: Bundesinstitut für Risikobewertung.

Ulich, E., Zink, K. J., & Kubek, V. (2013). Das Menschenbild der arbeitswissenschaft und der Betriebswirtschaftslehre. *Zeitschrift für Arbeitswissenschaft, 67. Jahrgang, Heft 1*, 15-22.

Unger, K., & Jander, H. (2010). Berücksichtigung der Ergonomie im Produktentstehungsprozess als ein Mittel zur Beherrschung des Demografischen Wandels. In G. f. Arbeitswissenschaft, *Herbstkonferenz 2010 der Gesellschaft für Arbeitswissenschaft: Mensch- und prozessorientierte Arbeitsgestaltung im Fahrzeugbau* (S. 69-74). Dortmund: GfA-Press.

van Rijn, R., Huisstede, B., Koes, B., & Burdorf, A. (2009). Associations between work-related factors and the carpal tunnel syndrome - a systematic review. *Scandinavian Journal of Work, Environmental Health*, S. 19-35.

VDA. (2013). *Jahresbericht 2013.* Berlin: DCM Druck Center Meckenheim GmbH.

VDA. (21. 03 2017). *Verband der Automobilindustrie e. V. - VDA.* Abgerufen am 08. 01 2018 von German Association of the Automotive Industry - VDA: http://www.vda.de/de/services/zahlen-und-daten/jahreszahlen/allgemeines.html

Violante, F., Armstrong, T., Fiorentini, C., Graziosi, F., Risi, A., Venturi, S., et al. (2007). Carpal Tunnel Syndrom and Manual Work: A Longitudial Study. *Journal of Occupational and Environmental Medicini, Volume 49* (Issue 11), 1189-1196.

von Alemann, H. (1977). *Der Forschungsprozess, Eine Einführung in die Praxis der empirischen Sozialforschung.* Stuttgart: Teubner.

Wahrig, G. (1978). *Deutsches Wörterbuch.* Gütersloh: Bertelsmann Lexikon-Verlag.

Walther, M. (2015). *Entwicklung und Evaluierung eines systematischen Vorgehens zur Erfassung von Aktionskräften in der Automobilindustrie.* Chemnitz.

Weigand, C. (2009). *Statistik mit und ohne Zufall, Eine anwendungsorientierte Einführung.* Berlin: Physica-Verlag.

Welch, R. (1972). The Causes of Tenosynovitis in Industry. *Industrial Medicine and Surgery, 41*, S. 16-19.

Wells, M. (1961). Industrial Incidence of Soft Tissue Syndromes. *Physical Therapy Review, 41*, 512-515.

Winnemuller, L., Spielholz, P., Daniell, W., & Kaufman, J. (2004). Comparison of Ergonomist, Supervisor, and Worker - Assessment of Work-Related Musculoskeletal Risk Factors. *Journal of Occupational and Environmental Hygiene, 1*, 414-422.

Winter, G., Schaub, K., Landau, K., Großmann, K., & Laun, G. (1999). DESIGN CHECK - ein Werkzeug zur ergonomischen Bewertung von körperlicher Arbeit bei Montagetätigkeiten. (I. f. Arbeitswissenschaft, Hrsg.) *Angewandte Arbeitswissenschaft: Zeitschrift für die Unternehmenspraxis*(Nr. 160), S. 16-35.

Wirtz, A. (2010). *Gesundheitliche und soziale Auswirkungen langer Arbeitszeiten.* Dortmund: Bundesanstalt für Arbeitsschutz und Arbeitsmedizin.

Wurzelbacher, S., Burt, S., Crombie, K., Ramsey, J., Lian, L., Allee, S., et al. (2010). A Comparison of Assessment Methods of Hand Activity and Force for Use in Calculating the ACGIH® Hand Activity Level (HAL) TLV®. *Journal of Occupational & Environmental Hygiene, Volume 7* (Issue 7), S. 407-416.

Zwick, M., & Renn, O. (2002). *Wahrnehmung und Bewertung von Risiken: Ergebnisse des "Risikosurvey Baden-Württemberg 2001".* Stuttgart: Akademie für Technikfolgeabschätzung in Baden-Württemberg.

# Anhang

## Verfahren zur Bewertung körperlicher Belastungen

Tabelle 53: Screening-Verfahren zur Bewertung körperlicher Belastungen
*Quelle: Eigene Darstellung*

| Bewertungs-niveau | Bewertungs-verfahren | Körper-haltung | Aktions-kräfte | Lasten-handhabung | Repetitive Tätigkeiten |
|---|---|---|---|---|---|
| **Grob-screening-Verfahren** | AWS light | ● | ● | ● | ● |
| | Ayoub et al. | ○ | ○ | ● | ○ |
| | Basis Screening Tool | ● | ● | ○ | ● |
| | BGI 504-46 | ● | ● | ● | ● |
| | Davis und Stubbs | ○ | ○ | ● | ○ |
| | IGACheck-Profil | ● | ● | ● | ● |
| | Keyserling´s checklist | ○ | ○ | ○ | ● |
| | Kilbom | ○ | ○ | ○ | ● |
| | MAC | ○ | ○ | ● | ○ |
| | Mital, Nicholson, Ayoub | ○ | ○ | ● | ○ |
| | New Zealand code of practice for manual handling | ○ | ○ | ● | ○ |
| | OSHA-Draft Standard for Prevention of work-related MSD | ● | ● | ● | ● |
| | PATH | ● | ● | ● | ○ |
| | PLIBEL | ● | ● | ● | ● |
| | Posture targeting | ● | ○ | ○ | ○ |
| | QEC | ● | ○ | ○ | ● |
| | Risk Filter for HSG60 | ● | ● | ○ | ● |
| | Risk Identification Checklist | ● | ○ | ● | ● |
| | Stetson´s checklist | ○ | ○ | ○ | ● |
| | ULDs Checklist | ● | ● | ○ | ● |
| | Washington State Ergonomic checklist | ● | ● | ● | ● |

● = Belastungsart wird im Bewertungsverfahren berücksichtigt.
○ = Belastungsart wird nicht im Bewertungsverfahren berücksichtigt.


T. Kunze, *Entwicklung und Evaluierung eines Grobscreenings zur Anwendung von EAWS-Sektion 4 in der Automobilindustrie*, Gestaltung hybrider Mensch-Maschine-Systeme/Designing Hybrid Societies, https://doi.org/10.1007/978-3-658-27893-9

Fortführung Tabelle 53

| Bewertungs-niveau | Bewertungs-verfahren | Körper-haltung | Aktions-kräfte | Lasten-handhabung | Repetitive Tätigkeiten |
|---|---|---|---|---|---|
| **Spezielle Screening-Verfahren** | AFS 1998:1 | ● | ○ | ○ | ● |
| | Arbouw method | ○ | ○ | ● | ○ |
| | BackEst | ● | ○ | ● | ○ |
| | AET | ○ | ● | ○ | ● |
| | ART | ○ | ○ | ○ | ● |
| | Bosch | ○ | ● | ○ | ○ |
| | Bullinger | ○ | ● | ○ | ○ |
| | Burandt | ○ | ● | ● | ○ |
| | CTD Risk Index | ○ | ○ | ○ | ● |
| | DIN EN 1005-2 | ○ | ○ | ● | ○ |
| | HAL-TLVs | ○ | ○ | ○ | ● |
| | HARM | ○ | ○ | ○ | ● |
| | HSE | ○ | ○ | ○ | ● |
| | IRMW | ○ | ○ | ○ | ● |
| | ISO 11228-1 | ○ | ○ | ● | ○ |
| | LMM-HHT | ○ | ○ | ● | ○ |
| | LMM-ZS | ○ | ○ | ● | ○ |
| | LMM-mA | ○ | ● | ○ | ● |
| | LUBA | ● | ○ | ○ | ● |
| | ManTRA | ○ | ○ | ○ | ● |
| | Multiple-Lasten-Tool | ○ | ○ | ● | ○ |
| | NIOSH | ○ | ○ | ● | ○ |
| | OCRA-Checkliste | ○ | ○ | ○ | ● |
| | OREGE | ○ | ○ | ○ | ● |
| | OWAS | ● | ○ | ● | ○ |
| | REBA | ● | ○ | ● | ● |
| | REFA | ○ | ○ | ● | ○ |
| | RAW for HSG60 | ● | ● | ○ | ● |
| | RULA | ● | ○ | ● | ● |
| | Schultetus | ○ | ● | ● | ○ |
| | Siemens | ○ | ○ | ● | ○ |
| | Snook und Ciriello | ○ | ○ | ● | ○ |

● = Belastungsart wird im Bewertungsverfahren berücksichtigt.
○ = Belastungsart wird nicht im Bewertungsverfahren berücksichtigt.

Fortführung Tabelle 53

| Bewertungs-niveau | Bewertungs-verfahren | Körper-haltung | Akti-ons-kräfte | Lasten-handha-bung | Repetitive Tätigkei-ten |
|---|---|---|---|---|---|
| **Spezielle Screening-Verfahren** | Strain Index | ○ | ○ | ○ | ● |
| | Survey Methods | ○ | ○ | ○ | ● |
| | VDI | ○ | ● | ● | ○ |
| **Experten-screening-Verfahren** | AAWS | ● | ● | ● | ○ |
| | CTS-Erfassungsbo-gen | ○ | ○ | ○ | ● |
| | DesignCheck | ● | ● | ● | ○ |
| | DIN EN 1005-5 | ○ | ○ | ○ | ● |
| | EAWS | ● | ● | ● | ● |
| | IAD-BkB | ● | ● | ● | ● |
| | ISO 11228-3 | ○ | ○ | ○ | ● |
| | Ketola´s upper-limb expert tool | ○ | ○ | ○ | ● |
| | NPW | ● | ● | ● | ○ |
| | OCRA-Index | ○ | ○ | ○ | ● |
| **Betriebli-che/ Labor-messungen** | Chung´s postural workload evaluation | ● | ○ | ○ | ○ |
| | CUELA-Messsystem | ● | ● | ● | ● |
| | ERGAN | ● | ● | ● | ○ |
| | HARBO | ● | ○ | ○ | ○ |
| | PEO | ● | ● | ● | ● |
| | TRAC | ● | ● | ● | ● |
| | VIDAR | ● | ● | ● | ● |

● = Belastungsart wird im Bewertungsverfahren berücksichtigt.
○ = Belastungsart wird nicht im Bewertungsverfahren berücksichtigt.

## Studien zur Untersuchung der Hauptgütekriterien von Verfahren zur Bewertung von repetitiven Tätigkeiten

Tabelle 54: Studien zur Untersuchung der Hauptgütekriterien von Verfahren zur Bewertung repetitiver Tätigkeiten

*Quelle:* *Eigene Darstellung*

| Hauptgütekriterien | AET | ART | EAWS-Sektion 4 | HARM | HAL TLVs | Ketola´s expert tool | Keyserling´s checklist | LMM-mA | ManTRA | OCRA-Checkliste | OCRA-Index | OREGE | PLIBEL | QEC | REBA | RULA | Strain Index | Stetson´s checklist | WSE Checklist | (Quelle) |
|---|---|---|---|---|---|---|---|---|---|---|---|---|---|---|---|---|---|---|---|---|
| **O** | ○ | ○ | ○ | ○ | ○ | ○ | ○ | ○ | ○ | ○ | ○ | ○ | ○ | ○ | ○ | ○ | ○ | ● | ○ | (Stetson, Keyserling, Silverstein, & Leonard, 1991, S. 927-937) |
| **R** | ○ | ○ | ○ | ○ | ○ | ○ | ○ | ○ | ○ | ○ | ○ | ○ | ○ | ○ | ○ | ○ | ○ | ○ | ○ | |
| **V** | ○ | ○ | ○ | ○ | ○ | ○ | ○ | ○ | ○ | ○ | ○ | ○ | ○ | ○ | ○ | ○ | ○ | ○ | ○ | |
| **O** | ○ | ○ | ○ | ○ | ○ | ○ | ○ | ○ | ○ | ○ | ○ | ○ | ○ | ○ | ○ | ○ | ○ | ○ | ○ | (Mc Atamney & Corlett, 1993, S. 97-98) |
| **R** | ○ | ○ | ○ | ○ | ○ | ○ | ○ | ○ | ○ | ○ | ○ | ○ | ○ | ○ | ○ | ● | ○ | ○ | ○ | |
| **V** | ○ | ○ | ○ | ○ | ○ | ○ | ○ | ○ | ○ | ○ | ○ | ○ | ○ | ○ | ○ | ● | ○ | ○ | ○ | |
| **O** | ○ | ○ | ○ | ○ | ○ | ○ | ○ | ○ | ○ | ○ | ○ | ○ | ○ | ○ | ○ | ○ | ○ | ○ | ○ | (Kemmlert, 1995, S. 199-211) |
| **R** | ○ | ○ | ○ | ○ | ○ | ○ | ○ | ○ | ○ | ○ | ○ | ○ | ● | ○ | ○ | ○ | ○ | ○ | ○ | |
| **V** | ○ | ○ | ○ | ○ | ○ | ○ | ○ | ○ | ○ | ○ | ○ | ○ | ● | ○ | ○ | ○ | ○ | ○ | ○ | |
| **O** | ○ | ○ | ○ | ○ | ● | ○ | ○ | ○ | ○ | ○ | ○ | ○ | ○ | ○ | ○ | ○ | ○ | ○ | ○ | (Latko, Armstrong, Foulke, Herrin, Rabourn, & Ulin, 1997, S. 278-285; Ebersole-Wood & Armstrong, 2006, S. 487-498) |
| **R** | ○ | ○ | ○ | ○ | ● | ○ | ○ | ○ | ○ | ○ | ○ | ○ | ○ | ○ | ○ | ○ | ○ | ○ | ○ | |
| **V** | ○ | ○ | ○ | ○ | ○ | ○ | ○ | ○ | ○ | ○ | ○ | ○ | ○ | ○ | ○ | ○ | ○ | ○ | ○ | |
| **O** | ○ | ○ | ○ | ○ | ○ | ○ | ○ | ○ | ○ | ○ | ○ | ○ | ○ | ○ | ○ | ○ | ○ | ○ | ○ | (Burt & Punnett, 1999, S. 121-135) |
| **R** | ○ | ○ | ○ | ○ | ○ | ○ | ● | ○ | ○ | ○ | ○ | ○ | ○ | ○ | ○ | ○ | ○ | ● | ○ | |
| **V** | ○ | ○ | ○ | ○ | ○ | ○ | ○ | ○ | ○ | ○ | ○ | ○ | ○ | ○ | ○ | ○ | ○ | ○ | ○ | |

● = Untersuchung des Verfahrens nach dem jeweiligen Gütekriterium erfolgt.
○ = Untersuchung des Verfahrens nach dem jeweiligen Gütekriterium nicht erfolgt.

Fortführung Tabelle 54

| Hauptgütekriterien | AET | ART | EAWS-Sektion 4 | HARM | HAL TLVs | Ketola´s expert tool | Keyserling´s checklist | LMM-mA | ManTRA | OCRA-Checkliste | OCRA-Index | OREGE | PLIBEL | QEC | REBA | RULA | Strain Index | Stetson´s checklist | WSE Checklist | (Quelle) |
|---|---|---|---|---|---|---|---|---|---|---|---|---|---|---|---|---|---|---|---|---|
| O | ○ | ○ | ○ | ○ | ○ | ● | ○ | ○ | ○ | ○ | ○ | ○ | ○ | ○ | ○ | ○ | ○ | ○ | ○ | (Ketola, Toivonen, & Viikari-Juntura, 2001, S. 101-131) |
| R | ○ | ○ | ○ | ○ | ○ | ○ | ○ | ○ | ○ | ○ | ○ | ○ | ○ | ○ | ○ | ○ | ○ | ○ | ○ | |
| V | ○ | ○ | ○ | ○ | ○ | ● | ○ | ○ | ○ | ○ | ○ | ○ | ○ | ○ | ○ | ○ | ○ | ○ | ○ | |
| O | ○ | ○ | ○ | ○ | ○ | ○ | ○ | ○ | ○ | ○ | ○ | ○ | ○ | ○ | ○ | ○ | ○ | ○ | ○ | (Knox & Moore, 2001, S. 451-462; Rucker & Moore, 2002, S. 63-73) |
| R | ○ | ○ | ○ | ○ | ○ | ○ | ○ | ○ | ○ | ○ | ○ | ○ | ○ | ○ | ○ | ○ | ○ | ○ | ○ | |
| V | ○ | ○ | ○ | ○ | ○ | ○ | ○ | ○ | ○ | ○ | ○ | ○ | ○ | ○ | ○ | ○ | ● | ○ | ○ | |
| O | ○ | ○ | ○ | ○ | ○ | ○ | ○ | ○ | ○ | ○ | ○ | ○ | ○ | ○ | ○ | ○ | ○ | ○ | ○ | (Drinkaus, et al., 2003, S. 165-172) |
| R | ○ | ○ | ○ | ○ | ○ | ○ | ○ | ○ | ○ | ○ | ○ | ○ | ○ | ○ | ○ | ○ | ○ | ○ | ○ | |
| V | ○ | ○ | ○ | ○ | ○ | ○ | ○ | ○ | ○ | ○ | ○ | ○ | ○ | ○ | ○ | ● | ● | ○ | ○ | |
| O | ○ | ○ | ○ | ○ | ○ | ○ | ○ | ○ | ○ | ○ | ○ | ○ | ○ | ○ | ○ | ○ | ○ | ○ | ○ | (Eppes, 2004, S. 15-31) |
| R | ○ | ○ | ○ | ○ | ○ | ○ | ○ | ○ | ○ | ○ | ○ | ○ | ○ | ○ | ○ | ○ | ○ | ○ | ○ | |
| V | ○ | ○ | ○ | ○ | ○ | ○ | ○ | ○ | ○ | ○ | ○ | ○ | ○ | ○ | ○ | ○ | ○ | ○ | ● | |
| O | ○ | ○ | ○ | ○ | ○ | ○ | ○ | ○ | ○ | ○ | ○ | ○ | ○ | ○ | ○ | ○ | ○ | ○ | ● | (Winnemuller, Spielholz, Daniell, & Kaufman, 2004, S. 417-421) |
| R | ○ | ○ | ○ | ○ | ○ | ○ | ○ | ○ | ○ | ○ | ○ | ○ | ○ | ○ | ○ | ○ | ○ | ○ | ○ | |
| V | ○ | ○ | ○ | ○ | ○ | ○ | ○ | ○ | ○ | ○ | ○ | ○ | ○ | ○ | ○ | ○ | ○ | ○ | ○ | |
| O | ○ | ○ | ○ | ○ | ○ | ○ | ○ | ○ | ○ | ○ | ○ | ○ | ○ | ○ | ○ | ○ | ○ | ○ | ○ | (Apostoli, Sala, Gullino, & Romano, 2004, S. 223-241) |
| R | ○ | ○ | ○ | ○ | ○ | ○ | ○ | ○ | ○ | ○ | ○ | ○ | ○ | ○ | ○ | ○ | ○ | ○ | ○ | |
| V | ○ | ○ | ○ | ○ | ● | ○ | ○ | ○ | ○ | ● | ○ | ● | ○ | ○ | ○ | ○ | ● | ○ | ○ | |
| O | ○ | ○ | ○ | ○ | ○ | ○ | ○ | ○ | ○ | ○ | ○ | ○ | ○ | ○ | ○ | ○ | ○ | ○ | ○ | (Tomei, et al., 2005, S. 351-354) |
| R | ○ | ○ | ○ | ○ | ○ | ○ | ○ | ○ | ○ | ○ | ○ | ○ | ○ | ○ | ○ | ○ | ○ | ○ | ○ | |
| V | ○ | ○ | ○ | ○ | ● | ○ | ○ | ○ | ○ | ○ | ○ | ○ | ○ | ○ | ○ | ○ | ● | ○ | ○ | |

● = Untersuchung des Verfahrens nach dem jeweiligen Gütekriterium erfolgt.
○ = Untersuchung des Verfahrens nach dem jeweiligen Gütekriterium nicht erfolgt.

Fortführung Tabelle 54

| Hauptgütekriterien | AET | ART | EAWS-Sektion 4 | HARM | HAL TLVs | Ketola´s expert tool | Keyserling´s checklist | LMM-mA | ManTRA | OCRA-Checkliste | OCRA-Index | OREGE | PLIBEL | QEC | REBA | RULA | Strain Index | Stetson´s checklist | WSE Checklist | (Quelle) |
|---|---|---|---|---|---|---|---|---|---|---|---|---|---|---|---|---|---|---|---|---|
| **O** | ○ | ○ | ○ | ○ | ○ | ○ | ○ | ○ | ○ | ○ | ○ | ○ | ○ | ○ | ○ | ○ | ○ | ○ | ○ | (O´Sullivan & Gallwey, 2005, S. 173-179) |
| **R** | ○ | ○ | ○ | ○ | ○ | ○ | ○ | ○ | ○ | ○ | ○ | ○ | ○ | ○ | ○ | ○ | ○ | ○ | ○ | |
| **V** | ○ | ○ | ○ | ○ | ○ | ○ | ○ | ○ | ○ | ○ | ● | ○ | ○ | ○ | ● | ● | ● | ○ | ○ | |
| **O** | ○ | ○ | ○ | ○ | ○ | ○ | ○ | ○ | ○ | ○ | ○ | ○ | ○ | ○ | ○ | ○ | ○ | ○ | ○ | (Pourmahabadian, Saraji, Aghabeighi, & Saddeghi-Naeeni, 2005, S. 348-354) |
| **R** | ○ | ○ | ○ | ○ | ○ | ○ | ○ | ○ | ○ | ○ | ○ | ○ | ○ | ○ | ○ | ○ | ○ | ○ | ○ | |
| **V** | ○ | ○ | ○ | ○ | ○ | ○ | ○ | ○ | ○ | ○ | ○ | ○ | ○ | ○ | ○ | ○ | ● | ○ | ○ | |
| **O** | ○ | ○ | ○ | ○ | ○ | ○ | ○ | ○ | ○ | ○ | ○ | ○ | ○ | ○ | ○ | ○ | ○ | ○ | ○ | (Franzblau, Armstrong, Werner, & Ulin, 2005, S. 57-67; Violante, et al., 2007, S. 1189-1196) |
| **R** | ○ | ○ | ○ | ○ | ○ | ○ | ○ | ○ | ○ | ○ | ○ | ○ | ○ | ○ | ○ | ○ | ○ | ○ | ○ | |
| **V** | ○ | ○ | ○ | ○ | ● | ○ | ○ | ○ | ○ | ○ | ○ | ○ | ○ | ○ | ○ | ○ | ○ | ○ | ○ | |
| **O** | ○ | ○ | ○ | ○ | ○ | ○ | ○ | ○ | ○ | ○ | ○ | ○ | ○ | ○ | ● | ○ | ○ | ○ | ○ | (Janowitz, et al., 2006, S. 647-649) |
| **R** | ○ | ○ | ○ | ○ | ○ | ○ | ○ | ○ | ○ | ○ | ○ | ○ | ○ | ○ | ○ | ○ | ○ | ○ | ○ | |
| **V** | ○ | ○ | ○ | ○ | ○ | ○ | ○ | ○ | ○ | ○ | ○ | ○ | ○ | ○ | ○ | ○ | ○ | ○ | ○ | |
| **O** | ○ | ○ | ○ | ○ | ○ | ○ | ○ | ○ | ○ | ○ | ○ | ○ | ○ | ○ | ○ | ○ | ○ | ○ | ○ | (Bao, Howard, Spielholz, & Silverstein, 2006, S. 381-392) |
| **R** | ○ | ○ | ○ | ○ | ○ | ○ | ○ | ○ | ○ | ○ | ○ | ○ | ○ | ○ | ○ | ○ | ○ | ○ | ○ | |
| **V** | ○ | ○ | ○ | ○ | ● | ○ | ○ | ○ | ○ | ○ | ○ | ○ | ○ | ○ | ○ | ○ | ● | ○ | ○ | |
| **O** | ○ | ○ | ○ | ○ | ○ | ○ | ○ | ○ | ○ | ○ | ○ | ○ | ○ | ○ | ○ | ○ | ○ | ○ | ○ | (Stevens, Vos, Stephens, & Moore, 2004, S. 745-751; Stephens, Vos, Stevens, & Moore, 2006, S. 275-281) |
| **R** | ○ | ○ | ○ | ○ | ○ | ○ | ○ | ○ | ○ | ○ | ○ | ○ | ○ | ○ | ○ | ○ | ● | ○ | ○ | |
| **V** | ○ | ○ | ○ | ○ | ○ | ○ | ○ | ○ | ○ | ○ | ○ | ○ | ○ | ○ | ○ | ○ | ○ | ○ | ○ | |

● = Untersuchung des Verfahrens nach dem jeweiligen Gütekriterium erfolgt.
○ = Untersuchung des Verfahrens nach dem jeweiligen Gütekriterium nicht erfolgt.

Fortführung Tabelle 54

| Hauptgütekriterien | AET | ART | EAWS-Sektion 4 | HARM | HAL TLVs | Ketola´s expert tool | Keyserling´s checklist | LMM-mA | ManTRA | OCRA-Checkliste | OCRA-Index | OREGE | PLIBEL | QEC | REBA | RULA | Strain Index | Stetson´s checklist | WSE Checklist | (Quelle) |
|---|---|---|---|---|---|---|---|---|---|---|---|---|---|---|---|---|---|---|---|---|
| O | ○ | ○ | ○ | ○ | ○ | ○ | ○ | ○ | ○ | ○ | ○ | ○ | ○ | ○ | ● | ● | ○ | ○ | ○ | (Kee & Karwowski, 2007, S. 5-12) |
| R | ○ | ○ | ○ | ○ | ○ | ○ | ○ | ○ | ○ | ○ | ○ | ○ | ○ | ○ | ○ | ○ | ○ | ○ | ○ | |
| V | ○ | ○ | ○ | ○ | ○ | ○ | ○ | ○ | ○ | ○ | ○ | ○ | ○ | ○ | ○ | ○ | ○ | ○ | ○ | |
| O | ○ | ○ | ○ | ○ | ○ | ○ | ○ | ○ | ○ | ○ | ○ | ○ | ○ | ○ | ○ | ○ | ○ | ○ | ○ | (Jones & Kumar, 2007, S. 744-753; Jones & Kumar, 2010, S. 108-110) |
| R | ○ | ○ | ○ | ○ | ○ | ○ | ○ | ○ | ○ | ○ | ○ | ○ | ○ | ○ | ○ | ○ | ○ | ○ | ○ | |
| V | ○ | ○ | ○ | ○ | ● | ○ | ○ | ○ | ○ | ○ | ● | ○ | ○ | ○ | ● | ● | ● | ○ | ○ | |
| O | ○ | ○ | ○ | ○ | ○ | ○ | ○ | ○ | ○ | ○ | ○ | ○ | ○ | ○ | ○ | ○ | ○ | ○ | ○ | (Serranheira & de Sousa Uva, 2008, S. 35-44) |
| R | ○ | ○ | ○ | ○ | ○ | ○ | ○ | ○ | ○ | ○ | ○ | ○ | ○ | ○ | ○ | ○ | ○ | ○ | ○ | |
| V | ○ | ○ | ○ | ○ | ● | ○ | ○ | ○ | ○ | ● | ○ | ○ | ○ | ○ | ○ | ● | ● | ○ | ○ | |
| O | ○ | ○ | ○ | ○ | ○ | ○ | ○ | ○ | ○ | ○ | ○ | ○ | ○ | ○ | ○ | ○ | ○ | ○ | ○ | (Spielholz, et al., 2008, S. 250-257) |
| R | ○ | ○ | ○ | ○ | ● | ○ | ○ | ○ | ○ | ○ | ○ | ○ | ○ | ○ | ○ | ○ | ● | ○ | ○ | |
| V | ○ | ○ | ○ | ○ | ● | ○ | ○ | ○ | ○ | ○ | ○ | ○ | ○ | ○ | ○ | ○ | ● | ○ | ○ | |
| O | ○ | ○ | ○ | ○ | ○ | ○ | ○ | ○ | ○ | ○ | ○ | ○ | ○ | ● | ○ | ○ | ○ | ○ | ○ | (David, Woods, & Buckle, 2005, S. 6-15; David, Woods, LI, & Buckle, 2008, S. 57-69; Comper, Costa, & Padula, 2012, S. 487-494) |
| R | ○ | ○ | ○ | ○ | ○ | ○ | ○ | ○ | ○ | ○ | ○ | ○ | ○ | ● | ○ | ○ | ○ | ○ | ○ | |
| V | ○ | ○ | ○ | ○ | ○ | ○ | ○ | ○ | ○ | ○ | ○ | ○ | ○ | ● | ○ | ○ | ○ | ○ | ○ | |
| O | ○ | ● | ○ | ○ | ○ | ○ | ○ | ○ | ○ | ○ | ○ | ○ | ○ | ○ | ○ | ○ | ○ | ○ | ○ | (Ferreira, Gray, Hunter, Birtles, & Riley, 2009, S. 14-39) |
| R | ○ | ● | ○ | ○ | ○ | ○ | ○ | ○ | ○ | ○ | ○ | ○ | ○ | ○ | ○ | ○ | ○ | ○ | ○ | |
| V | ○ | ● | ○ | ○ | ○ | ○ | ○ | ○ | ○ | ● | ○ | ○ | ○ | ● | ○ | ○ | ● | ○ | ○ | |

● = Untersuchung des Verfahrens nach dem jeweiligen Gütekriterium erfolgt.
○ = Untersuchung des Verfahrens nach dem jeweiligen Gütekriterium nicht erfolgt.

Fortführung Tabelle 54

| Hauptgütekriterien | AET | ART | EAWS-Sektion 4 | HARM | HAL TLVs | Ketola´s expert tool | Keyserling´s checklist | LMM-mA | ManTRA | OCRA-Checkliste | OCRA-Index | OREGE | PLIBEL | QEC | REBA | RULA | Strain Index | Stetson´s checklist | WSE Checklist | (Quelle) |
|---|---|---|---|---|---|---|---|---|---|---|---|---|---|---|---|---|---|---|---|---|
| O | ○ | ○ | ○ | ○ | ○ | ○ | ○ | ○ | ○ | ○ | ○ | ○ | ○ | ○ | ○ | ○ | ○ | ○ | ○ | (Sala, Torri, Tomasi, & Apostoli, 2010, S. 162-173) |
| R | ○ | ○ | ○ | ○ | ○ | ○ | ○ | ○ | ○ | ○ | ○ | ○ | ○ | ○ | ○ | ○ | ○ | ○ | ○ | |
| V | ○ | ○ | ○ | ○ | ● | ○ | ○ | ○ | ○ | ● | ● | ○ | ○ | ○ | ○ | ● | ● | ○ | ● | |
| O | ○ | ○ | ○ | ○ | ○ | ○ | ○ | ○ | ○ | ○ | ○ | ○ | ○ | ○ | ○ | ○ | ○ | ○ | ○ | (Wurzelbacher, et al., 2010, S. 407-416) |
| R | ○ | ○ | ○ | ○ | ○ | ○ | ○ | ○ | ○ | ○ | ○ | ○ | ○ | ○ | ○ | ○ | ○ | ○ | ○ | |
| V | ○ | ○ | ○ | ○ | ● | ○ | ○ | ○ | ○ | ○ | ○ | ○ | ○ | ○ | ○ | ○ | ○ | ○ | ○ | |
| O | ○ | ○ | ○ | ○ | ○ | ○ | ○ | ○ | ○ | ○ | ○ | ○ | ○ | ○ | ○ | ○ | ○ | ○ | ○ | (Motamedzade, Mohseni, Golmohammadi, & Mahjoob, 2011, S. 257-263) |
| R | ○ | ○ | ○ | ○ | ○ | ○ | ○ | ○ | ○ | ○ | ○ | ○ | ○ | ○ | ○ | ○ | ○ | ○ | ○ | |
| V | ○ | ○ | ○ | ○ | ○ | ○ | ○ | ○ | ○ | ○ | ○ | ○ | ○ | ○ | ○ | ○ | ● | ○ | ○ | |
| O | ○ | ○ | ○ | ○ | ○ | ○ | ○ | ○ | ○ | ○ | ○ | ○ | ○ | ○ | ○ | ○ | ○ | ○ | ○ | (Moussavi-Najarkola & Mirzaei, 2012, S. 134-135) |
| R | ○ | ○ | ○ | ○ | ○ | ○ | ○ | ○ | ○ | ○ | ○ | ○ | ○ | ○ | ○ | ○ | ○ | ○ | ○ | |
| V | ○ | ○ | ○ | ○ | ○ | ○ | ○ | ○ | ● | ○ | ○ | ○ | ○ | ○ | ○ | ○ | ○ | ○ | ○ | |
| O | ○ | ○ | ○ | ○ | ○ | ○ | ○ | ○ | ○ | ○ | ○ | ○ | ○ | ○ | ○ | ○ | ○ | ○ | ○ | (Ilardi, 2012, S. 5334-5338) |
| R | ○ | ○ | ○ | ○ | ○ | ○ | ○ | ○ | ○ | ○ | ○ | ○ | ○ | ○ | ○ | ○ | ○ | ○ | ○ | |
| V | ○ | ○ | ○ | ○ | ○ | ○ | ○ | ○ | ○ | ○ | ● | ○ | ○ | ○ | ○ | ○ | ○ | ○ | ○ | |
| O | ○ | ○ | ○ | ○ | ○ | ○ | ○ | ○ | ○ | ○ | ○ | ○ | ○ | ● | ○ | ○ | ○ | ○ | ○ | (Ericsson, Bjorklund, & Wahlstrom, 2012, S. 5718-5720) |
| R | ○ | ○ | ○ | ○ | ○ | ○ | ○ | ○ | ○ | ○ | ○ | ○ | ○ | ○ | ○ | ○ | ○ | ○ | ○ | |
| V | ○ | ○ | ○ | ○ | ○ | ○ | ○ | ○ | ○ | ○ | ○ | ○ | ○ | ○ | ○ | ○ | ○ | ○ | ○ | |

● = Untersuchung des Verfahrens nach dem jeweiligen Gütekriterium erfolgt.
○ = Untersuchung des Verfahrens nach dem jeweiligen Gütekriterium nicht erfolgt.

Fortführung Tabelle 54

| Hauptgütekriterien | AET | ART | EAWS-Sektion 4 | HARM | HAL TLVs | Ketola´s expert tool | Keyserling´s checklist | LMM-mA | ManTRA | OCRA-Checkliste | OCRA-Index | OREGE | PLIBEL | QEC | REBA | RULA | Strain Index | Stetson´s checklist | WSE Checklist | (Quelle) |
|---|---|---|---|---|---|---|---|---|---|---|---|---|---|---|---|---|---|---|---|---|
| **O** | ○ | ○ | ○ | ○ | ○ | ○ | ○ | ○ | ○ | ○ | ○ | ○ | ○ | ○ | ○ | ○ | ○ | ○ | ○ | (Chiasson, Imbeau, Aubry, & Delisle, 2012, S. 478-488) |
| **R** | ○ | ○ | ○ | ○ | ○ | ○ | ○ | ○ | ○ | ○ | ○ | ○ | ○ | ○ | ○ | ○ | ○ | ○ | ○ | |
| **V** | ○ | ○ | ○ | ○ | ● | ○ | ○ | ○ | ○ | ○ | ● | ○ | ○ | ● | ● | ● | ● | ○ | ○ | |
| **O** | ○ | ○ | ○ | ○ | ○ | ○ | ○ | ○ | ○ | ○ | ○ | ○ | ○ | ○ | ○ | ○ | ○ | ○ | ○ | (Lavatelli et al., 2012, S. 4440-4442) |
| **R** | ○ | ○ | ○ | ○ | ○ | ○ | ○ | ○ | ○ | ○ | ○ | ○ | ○ | ○ | ○ | ○ | ○ | ○ | ○ | |
| **V** | ○ | ○ | ● | ○ | ○ | ○ | ○ | ○ | ○ | ○ | ● | ○ | ○ | ○ | ○ | ○ | ○ | ○ | ○ | |
| **O** | ○ | ○ | ○ | ○ | ○ | ○ | ○ | ● | ○ | ○ | ○ | ○ | ○ | ○ | ○ | ○ | ○ | ○ | ○ | (Steinberg U. , et al., 2012, S. 14-122) |
| **R** | ○ | ○ | ○ | ○ | ○ | ○ | ○ | ● | ○ | ○ | ○ | ○ | ○ | ○ | ○ | ○ | ○ | ○ | ○ | |
| **V** | ○ | ● | ○ | ● | ● | ○ | ○ | ● | ● | ● | ○ | ○ | ○ | ○ | ○ | ○ | ○ | ○ | ○ | |
| **O** | ○ | ○ | ○ | ○ | ○ | ○ | ○ | ○ | ○ | ○ | ○ | ○ | ○ | ○ | ○ | ○ | ○ | ○ | ○ | (Garg, Kapellusch, Hegmann, & Malloy, 2012, S. 396-414) |
| **R** | ○ | ○ | ○ | ○ | ○ | ○ | ○ | ○ | ○ | ○ | ○ | ○ | ○ | ○ | ○ | ○ | ○ | ○ | ○ | |
| **V** | ○ | ○ | ○ | ○ | ● | ○ | ○ | ○ | ○ | ○ | ○ | ○ | ○ | ○ | ○ | ○ | ● | ○ | ○ | |
| **O** | ○ | ○ | ○ | ○ | ○ | ○ | ○ | ○ | ○ | ○ | ○ | ○ | ○ | ○ | ○ | ○ | ○ | ○ | ○ | (Rowshani, Mortazavi, Khavanin, Mirzaei, & Mohseni, 2013, S. 61-70) |
| **R** | ○ | ○ | ○ | ○ | ○ | ○ | ○ | ○ | ○ | ○ | ○ | ○ | ○ | ○ | ○ | ○ | ○ | ○ | ○ | |
| **V** | ○ | ○ | ○ | ○ | ○ | ○ | ○ | ○ | ○ | ○ | ○ | ○ | ○ | ○ | ○ | ● | ● | ○ | ○ | |
| **O** | ○ | ○ | ○ | ○ | ○ | ○ | ○ | ○ | ○ | ○ | ○ | ○ | ○ | ○ | ○ | ○ | ○ | ○ | ○ | (Paulsen, et al., 2014, S. 32-38) |
| **R** | ○ | ○ | ○ | ○ | ● | ○ | ○ | ○ | ○ | ○ | ○ | ○ | ○ | ○ | ○ | ○ | ○ | ○ | ○ | |
| **V** | ○ | ○ | ○ | ○ | ○ | ○ | ○ | ○ | ○ | ○ | ○ | ○ | ○ | ○ | ○ | ○ | ○ | ○ | ○ | |
| **O** | ○ | ○ | ○ | ○ | ○ | ○ | ○ | ○ | ○ | ○ | ○ | ○ | ○ | ○ | ○ | ○ | ○ | ○ | ○ | (Keller, Chien, Hashemi, Senagore, & Delaney, 2014, S. 1119-1125) |
| **R** | ○ | ○ | ○ | ● | ○ | ○ | ○ | ○ | ○ | ○ | ○ | ○ | ○ | ○ | ○ | ○ | ○ | ○ | ○ | |
| **V** | ○ | ○ | ○ | ● | ○ | ○ | ○ | ○ | ○ | ○ | ○ | ○ | ○ | ○ | ○ | ○ | ○ | ○ | ○ | |

● = Untersuchung des Verfahrens nach dem jeweiligen Gütekriterium erfolgt.
○ = Untersuchung des Verfahrens nach dem jeweiligen Gütekriterium nicht erfolgt.

Fortführung Tabelle 54

| Hauptgütekriterien | AET | ART | EAWS-Sektion 4 | HARM | HAL TLVs | Ketola´s expert tool | Keyserling´s checklist | LMM-mA | ManTRA | OCRA-Checkliste | OCRA-Index | OREGE | PLIBEL | QEC | REBA | RULA | Strain Index | Stetson´s checklist | WSE Checklist | (Quelle) |
|---|---|---|---|---|---|---|---|---|---|---|---|---|---|---|---|---|---|---|---|---|
| O | ○ | ○ | ○ | ○ | ○ | ○ | ○ | ○ | ○ | ○ | ○ | ○ | ○ | ○ | ○ | ○ | ○ | ○ | ○ | (Cheng & So, 2014, S. 503-510) |
| R | ○ | ○ | ○ | ○ | ○ | ○ | ○ | ○ | ○ | ○ | ○ | ○ | ○ | ○ | ○ | ○ | ○ | ○ | ○ | |
| V | ○ | ○ | ○ | ○ | ○ | ○ | ○ | ○ | ○ | ○ | ○ | ○ | ○ | ● | ○ | ○ | ○ | ○ | ○ | |
| O | ○ | ○ | ○ | ○ | ○ | ○ | ○ | ○ | ○ | ○ | ○ | ○ | ○ | ○ | ○ | ○ | ○ | ○ | ○ | (Meyers, Gerr, & Fethke, 2014, S. 131-142) |
| R | ○ | ○ | ○ | ○ | ○ | ○ | ○ | ○ | ○ | ○ | ○ | ○ | ○ | ○ | ○ | ○ | ○ | ○ | ○ | |
| V | ○ | ○ | ○ | ○ | ○ | ○ | ○ | ○ | ○ | ○ | ○ | ○ | ○ | ○ | ○ | ○ | ● | ○ | ○ | |
| O | ○ | ○ | ○ | ○ | ○ | ○ | ○ | ○ | ○ | ○ | ○ | ○ | ○ | ○ | ● | ○ | ○ | ○ | ○ | (Lamarao, Costa, Comper, & Padula, 2014, S. 211-217) |
| R | ○ | ○ | ○ | ○ | ○ | ○ | ○ | ○ | ○ | ○ | ○ | ○ | ○ | ○ | ● | ○ | ○ | ○ | ○ | |
| V | ○ | ○ | ○ | ○ | ○ | ○ | ○ | ○ | ○ | ○ | ○ | ○ | ○ | ○ | ○ | ○ | ○ | ○ | ○ | |
| O | ○ | ○ | ○ | ○ | ○ | ○ | ○ | ○ | ○ | ○ | ○ | ○ | ○ | ● | ● | ● | ● | ○ | ○ | (Syahril & Sonjaya, 2015, S. 1-4) |
| R | ○ | ○ | ○ | ○ | ○ | ○ | ○ | ○ | ○ | ○ | ○ | ○ | ○ | ● | ● | ● | ● | ○ | ○ | |
| V | ○ | ○ | ○ | ○ | ○ | ○ | ○ | ○ | ○ | ○ | ○ | ○ | ○ | ● | ● | ● | ● | ○ | ○ | |
| O | ○ | ○ | ○ | ○ | ○ | ○ | ○ | ○ | ○ | ● | ○ | ○ | ○ | ○ | ○ | ○ | ● | ○ | ○ | (Paulsen, Gallu, Gilkey, Raoul, Murgia, & Rosecrance, 2015, S. 199-204) |
| R | ○ | ○ | ○ | ○ | ○ | ○ | ○ | ○ | ○ | ○ | ○ | ○ | ○ | ○ | ○ | ○ | ○ | ○ | ○ | |
| V | ○ | ○ | ○ | ○ | ○ | ○ | ○ | ○ | ○ | ○ | ○ | ○ | ○ | ○ | ○ | ○ | ○ | ○ | ○ | |
| O | ○ | ○ | ○ | ○ | ○ | ○ | ○ | ○ | ○ | ○ | ○ | ○ | ○ | ○ | ○ | ○ | ○ | ○ | ○ | (d´Errico, Fontana, & Meragno, 2016, S. 58-64) |
| R | ○ | ○ | ○ | ○ | ○ | ○ | ○ | ○ | ○ | ● | ○ | ○ | ○ | ○ | ○ | ○ | ○ | ○ | ○ | |
| V | ○ | ○ | ○ | ○ | ○ | ○ | ○ | ○ | ○ | ○ | ○ | ○ | ○ | ○ | ○ | ○ | ○ | ○ | ○ | |
| O | ○ | ○ | ○ | ○ | ○ | ○ | ○ | ○ | ○ | ○ | ○ | ○ | ○ | ○ | ○ | ○ | ○ | ○ | ○ | (Garg, Moore, & Kapellusch, 2017, S. 912-922) |
| R | ○ | ○ | ○ | ○ | ○ | ○ | ○ | ○ | ○ | ○ | ○ | ○ | ○ | ○ | ○ | ○ | ○ | ○ | ○ | |
| V | ○ | ○ | ○ | ○ | ○ | ○ | ○ | ○ | ○ | ○ | ○ | ○ | ○ | ○ | ○ | ○ | ● | ○ | ○ | |

● = Untersuchung des Verfahrens nach dem jeweiligen Gütekriterium erfolgt.
○ = Untersuchung des Verfahrens nach dem jeweiligen Gütekriterium nicht erfolgt.

## Arbeitsplatzbewertungen mit EAWS zur Ermittlung des Grobscreenings

Tabelle 55: Arbeitsplatzbewertungen mit EAWS zur Entwicklung des Grobscreenings

*Quelle:* *Eigene Darstellung*

| Nr. | Sektion 0 [Pkt.] | Sektion 1 [Pkt.] | Sektion 2 [Pkt.] | Sektion 3 [Pkt.] | Zeile 20a [Pkt.] | Zeile 20b [Pkt.] | Zeile 20c [Pkt.] | Zeile 20d [Pkt.] | Sektion 4 [Pkt.] |
|---|---|---|---|---|---|---|---|---|---|
| **1** | 0,0 | 13,0 | 13,0 | 14,0 | 1,8 | 0,0 | 0,0 | 7,5 | 13,5 |
| **2** | 2,5 | 13,0 | 1,0 | 12,0 | 1,1 | 0,0 | 2,0 | 7,5 | 23,5 |
| **3** | 2,5 | 13,0 | 0,0 | 4,0 | 1,4 | 0,0 | 2,0 | 7,5 | 25,5 |
| **4** | 0,0 | 13,0 | 0,0 | 6,5 | 1,2 | 1,0 | 0,0 | 7,5 | 16,5 |
| **5** | 0,0 | 17,5 | 0,0 | 0,0 | 8,6 | 0,0 | 0,0 | 7,5 | 64,0 |
| **6** | 0,0 | 13,0 | 0,0 | 40,0 | 1,2 | 0,0 | 0,0 | 7,5 | 13,5 |
| **7** | 1,0 | 9,0 | 0,0 | 16,0 | 0,1 | 0,0 | 3,0 | 7,5 | 23,5 |
| **8** | 0,0 | 13,0 | 0,0 | 0,0 | 0,8 | 0,0 | 2,0 | 7,5 | 21,0 |
| **9** | 0,0 | 20,5 | 0,0 | 16,5 | 2,1 | 0,2 | 0,0 | 8,1 | 19,0 |
| **10** | 0,0 | 14,0 | 19,0 | 0,0 | 0,4 | 0,1 | 0,0 | 8,1 | 4,5 |
| **11** | 0,0 | 15,0 | 19,0 | 0,0 | 3,3 | 1,3 | 0,0 | 8,1 | 37,5 |
| **12** | 0,0 | 20,0 | 0,0 | 0,0 | 3,0 | 0,0 | 0,0 | 8,1 | 24,5 |
| **13** | 0,0 | 4,0 | 4,5 | 1,5 | 2,8 | 0,0 | 0,0 | 8,1 | 23,0 |
| **14** | 0,0 | 13,0 | 0,5 | 4,0 | 8,1 | 0,3 | 0,0 | 8,1 | 68,5 |
| **15** | 0,0 | 17,0 | 0,0 | 9,5 | 5,1 | 0,0 | 0,0 | 8,1 | 41,5 |
| **16** | 0,0 | 15,0 | 0,0 | 6,5 | 2,4 | 0,0 | 0,0 | 8,1 | 19,5 |
| **17** | 0,0 | 7,5 | 0,0 | 6,0 | 8,6 | 0,0 | 0,0 | 8,1 | 70,0 |
| **18** | 0,0 | 13,0 | 0,0 | 6,0 | 3,0 | 0,0 | 0,0 | 8,1 | 24,5 |
| **19** | 0,0 | 22,0 | 0,0 | 19,5 | 4,7 | 0,0 | 0,0 | 8,1 | 38,5 |
| **20** | 0,0 | 10,5 | 0,0 | 19,5 | 0,5 | 0,0 | 0,0 | 8,1 | 4,5 |
| **21** | 0,0 | 6,5 | 0,0 | 0,0 | 1,8 | 1,1 | 0,0 | 8,1 | 23,5 |
| **22** | 0,0 | 13,5 | 0,0 | 30,0 | 3,3 | 0,0 | 0,0 | 8,1 | 27,0 |

Fortführung Tabelle 55

| Nr. | Sektion 0 [Pkt.] | Sektion 1 [Pkt.] | Sektion 2 [Pkt.] | Sektion 3 [Pkt.] | Zeile 20a [Pkt.] | Zeile 20b [Pkt.] | Zeile 20c [Pkt.] | Zeile 20d [Pkt.] | Sektion 4 [Pkt.] |
|---|---|---|---|---|---|---|---|---|---|
| **23** | 0,0 | 13,0 | 0,0 | 0,0 | 5,6 | 0,7 | 0,0 | 8,1 | 51,0 |
| **24** | 0,0 | 16,5 | 0,0 | 7,0 | 2,0 | 0,6 | 0,0 | 8,1 | 21,5 |
| **25** | 0,0 | 18,0 | 0,0 | 11,5 | 3,8 | 0,0 | 0,0 | 8,1 | 31,0 |
| **26** | 0,0 | 13,5 | 2,5 | 6,5 | 2,7 | 0,1 | 0,0 | 8,1 | 23,0 |
| **27** | 0,0 | 18,0 | 4,0 | 4,0 | 3,4 | 0,2 | 0,0 | 8,1 | 29,5 |
| **28** | 0,0 | 15,0 | 12,5 | 2,5 | 8,4 | 0,4 | 0,0 | 8,1 | 71,5 |
| **29** | 0,0 | 13,5 | 0,0 | 28,5 | 7,0 | 0,2 | 0,0 | 8,1 | 58,5 |
| **30** | 0,0 | 18,0 | 0,0 | 0,5 | 7,3 | 0,3 | 0,0 | 8,1 | 62,0 |
| **31** | 0,0 | 37,0 | 5,0 | 5,5 | 7,9 | 0,0 | 0,0 | 8,1 | 64,0 |
| **32** | 0,0 | 17,5 | 0,0 | 1,5 | 3,0 | 0,0 | 0,0 | 8,1 | 24,5 |
| **33** | 0,0 | 15,0 | 0,0 | 9,5 | 8,8 | 1,5 | 0,0 | 8,1 | 83,5 |
| **34** | 0,0 | 13,0 | 0,0 | 9,0 | 6,8 | 0,0 | 0,0 | 8,1 | 55,5 |
| **35** | 0,0 | 15,5 | 8,0 | 4,0 | 8,9 | 3,6 | 0,0 | 8,1 | 101,5 |
| **36** | 0,0 | 15,0 | 29,5 | 0,5 | 2,8 | 2,9 | 0,0 | 8,1 | 46,5 |
| **37** | 0,0 | 13,0 | 27,0 | 1,0 | 1,0 | 0,0 | 0,0 | 8,1 | 8,5 |
| **38** | 0,0 | 13,0 | 0,0 | 32,5 | 2,2 | 0,7 | 0,0 | 8,1 | 23,5 |
| **39** | 0,0 | 15,0 | 0,0 | 11,0 | 2,5 | 0,2 | 0,0 | 8,1 | 22,0 |
| **40** | 0,0 | 21,5 | 0,0 | 5,0 | 6,6 | 0,7 | 0,0 | 8,1 | 59,5 |
| **41** | 0,0 | 13,5 | 14,0 | 6,0 | 2,6 | 1,5 | 0,0 | 8,1 | 33,5 |
| **42** | 0,0 | 13,5 | 28,0 | 0,5 | 1,8 | 1,6 | 0,0 | 8,1 | 28,0 |
| **43** | 0,0 | 15,0 | 26,0 | 4,5 | 3,3 | 1,2 | 0,0 | 8,1 | 36,5 |
| **44** | 0,0 | 2,0 | 0,0 | 24,5 | 2,9 | 0,0 | 0,0 | 8,1 | 23,5 |
| **45** | 0,0 | 2,0 | 0,0 | 24,5 | 2,9 | 0,0 | 0,0 | 8,1 | 23,5 |
| **46** | 0,0 | 22,0 | 0,0 | 10,5 | 11,0 | 0,0 | 0,0 | 8,1 | 89,5 |
| **47** | 0,0 | 4,5 | 0,0 | 36,0 | 3,0 | 0,0 | 0,0 | 8,1 | 24,5 |
| **48** | 0,0 | 0,0 | 0,0 | 62,5 | 2,1 | 0,0 | 0,0 | 7,3 | 15,5 |

Fortführung Tabelle 55

| Nr. | Sektion 0 [Pkt.] | Sektion 1 [Pkt.] | Sektion 2 [Pkt.] | Sektion 3 [Pkt.] | Zeile 20a [Pkt.] | Zeile 20b [Pkt.] | Zeile 20c [Pkt.] | Zeile 20d [Pkt.] | Sektion 4 [Pkt.] |
|---|---|---|---|---|---|---|---|---|---|
| **49** | 0,0 | 0,0 | 9,0 | 31,0 | 0,9 | 0,0 | 0,0 | 7,3 | 6,5 |
| **50** | 0,0 | 13,0 | 0,0 | 0,0 | 0,0 | 0,0 | 0,0 | 7,3 | 0,0 |
| **51** | 0,0 | 4,0 | 0,0 | 34,5 | 0,8 | 0,0 | 0,0 | 7,3 | 6,0 |
| **52** | 0,0 | 23,5 | 12,5 | 7,0 | 5,3 | 0,0 | 0,0 | 7,3 | 39,0 |
| **53** | 0,0 | 13,0 | 0,0 | 11,5 | 2,7 | 0,0 | 0,0 | 7,3 | 22,0 |
| **54** | 0,0 | 18,0 | 0,0 | 0,0 | 2,3 | 0,0 | 0,0 | 7,3 | 22,0 |
| **55** | 0,0 | 20,5 | 0,0 | 0,0 | 1,9 | 0,0 | 0,0 | 7,3 | 14,0 |
| **56** | 0,0 | 44,5 | 15,5 | 0,0 | 3,3 | 0,0 | 0,0 | 7,3 | 24,5 |
| **57** | 3,0 | 13,5 | 98,0 | 10,5 | 3,7 | 3,0 | 2,0 | 7,3 | 63,5 |
| **58** | 3,0 | 14,0 | 98,0 | 10,5 | 3,4 | 3,0 | 2,0 | 7,3 | 61,5 |
| **59** | 0,0 | 7,0 | 0,0 | 0,0 | 13,5 | 0,0 | 0,0 | 7,3 | 99,0 |
| **60** | 0,0 | 13,0 | 0,0 | 0,0 | 2,5 | 0,0 | 0,0 | 7,3 | 18,5 |
| **61** | 8,0 | 8,0 | 7,0 | 10,5 | 4,8 | 1,0 | 0,0 | 7,3 | 42,5 |
| **62** | 2,0 | 15,0 | 2,0 | 12,0 | 4,0 | 0,3 | 0,0 | 7,3 | 31,5 |
| **63** | 5,0 | 11,0 | 4,0 | 11,0 | 4,7 | 0,3 | 0,0 | 7,3 | 36,5 |
| **64** | 4,5 | 30,0 | 47,0 | 2,0 | 8,6 | 1,0 | 0,0 | 7,3 | 70,5 |
| **65** | 0,0 | 8,5 | 9,0 | 19,0 | 1,5 | 0,0 | 0,0 | 7,4 | 11,5 |
| **66** | 0,0 | 2,0 | 0,0 | 0,0 | 1,1 | 0,0 | 0,0 | 7,4 | 8,5 |
| **67** | 0,0 | 13,0 | 0,0 | 0,0 | 1,5 | 0,0 | 0,0 | 7,4 | 11,5 |
| **68** | 0,0 | 13,0 | 3,0 | 0,0 | 0,3 | 0,0 | 0,0 | 7,4 | 2,5 |
| **69** | 0,0 | 13,0 | 0,0 | 0,0 | 1,1 | 0,0 | 0,0 | 7,4 | 8,5 |
| **70** | 0,0 | 13,0 | 0,0 | 0,0 | 3,6 | 0,0 | 0,0 | 7,4 | 27,0 |
| **71** | 0,0 | 13,0 | 2,0 | 0,0 | 2,6 | 0,0 | 0,0 | 7,4 | 19,5 |
| **72** | 2,5 | 13,0 | 0,0 | 8,0 | 3,9 | 1,0 | 0,0 | 7,4 | 36,5 |
| **73** | 0,0 | 14,5 | 33,5 | 0,0 | 3,8 | 0,0 | 0,0 | 7,4 | 28,5 |
| **74** | 0,0 | 15,0 | 12,5 | 0,0 | 2,8 | 0,0 | 0,0 | 7,4 | 21,0 |

Fortführung Tabelle 55

| Nr. | Sektion 0 [Pkt.] | Sektion 1 [Pkt.] | Sektion 2 [Pkt.] | Sektion 3 [Pkt.] | Zeile 20a [Pkt.] | Zeile 20b [Pkt.] | Zeile 20c [Pkt.] | Zeile 20d [Pkt.] | Sektion 4 [Pkt.] |
|---|---|---|---|---|---|---|---|---|---|
| **75** | 3,0 | 40,0 | 0,0 | 13,0 | 2,4 | 0,0 | 0,0 | 7,0 | 17,0 |
| **76** | 0,0 | 21,5 | 0,0 | 0,0 | 4,6 | 0,0 | 0,0 | 7,0 | 32,5 |
| **77** | 0,0 | 3,5 | 0,0 | 0,0 | 0,9 | 0,0 | 0,0 | 7,0 | 6,5 |
| **78** | 0,0 | 40,0 | 0,0 | 0,0 | 9,3 | 0,0 | 0,0 | 7,0 | 65,5 |
| **79** | 2,0 | 30,0 | 10,0 | 0,0 | 0,4 | 0,0 | 0,0 | 7,0 | 3,0 |
| **80** | 1,0 | 37,0 | 6,0 | 0,0 | 1,4 | 0,0 | 0,0 | 7,0 | 10,0 |
| **81** | 0,0 | 5,0 | 0,0 | 0,0 | 1,4 | 0,1 | 2,0 | 7,0 | 22,5 |
| **82** | 0,0 | 5,0 | 0,0 | 0,0 | 1,4 | 0,1 | 2,0 | 7,0 | 22,5 |
| **83** | 0,0 | 2,5 | 0,0 | 0,0 | 1,4 | 0,1 | 2,0 | 7,0 | 24,5 |
| **84** | 0,0 | 5,0 | 41,0 | 0,0 | 6,9 | 0,8 | 0,0 | 7,0 | 54,0 |
| **85** | 0,0 | 5,0 | 41,0 | 0,0 | 6,9 | 0,8 | 0,0 | 7,0 | 54,0 |
| **86** | 4,0 | 4,0 | 0,0 | 0,0 | 2,8 | 0,5 | 0,0 | 7,0 | 23,5 |
| **87** | 4,0 | 4,0 | 0,0 | 0,0 | 2,8 | 0,5 | 0,0 | 7,0 | 23,5 |
| **88** | 0,0 | 8,0 | 7,5 | 0,0 | 7,4 | 2,8 | 0,0 | 7,0 | 71,5 |
| **89** | 0,0 | 8,0 | 7,5 | 0,0 | 7,4 | 2,8 | 0,0 | 7,0 | 71,5 |
| **90** | 0,0 | 4,0 | 0,5 | 0,0 | 6,6 | 0,9 | 0,0 | 7,0 | 52,5 |
| **91** | 0,0 | 4,0 | 0,5 | 0,0 | 6,6 | 0,9 | 0,0 | 7,0 | 52,5 |
| **92** | 0,0 | 4,0 | 0,0 | 0,0 | 3,9 | 0,4 | 0,0 | 7,0 | 30,5 |
| **93** | 0,0 | 4,0 | 0,0 | 0,0 | 3,9 | 0,4 | 0,0 | 7,0 | 30,5 |
| **94** | 0,0 | 15,5 | 0,0 | 31,5 | 4,5 | 1,6 | 0,0 | 7,0 | 43,0 |
| **95** | 0,0 | 9,0 | 1,5 | 19,5 | 3,5 | 0,3 | 0,0 | 7,0 | 27,0 |
| **96** | 0,0 | 8,0 | 27,0 | 26,5 | 4,6 | 0,6 | 0,0 | 7,0 | 36,5 |
| **97** | 0,0 | 13,5 | 28,5 | 19,5 | 6,5 | 0,8 | 0,0 | 7,0 | 51,5 |
| **98** | 0,0 | 11,0 | 26,5 | 0,0 | 4,4 | 0,9 | 0,0 | 7,0 | 37,5 |
| **99** | 0,0 | 13,5 | 27,5 | 0,0 | 4,7 | 1,7 | 0,0 | 7,0 | 45,0 |
| **100** | 0,0 | 9,0 | 0,0 | 0,0 | 0,7 | 0,4 | 0,0 | 7,0 | 8,0 |

Fortführung Tabelle 55

| Nr. | Sektion 0 [Pkt.] | Sektion 1 [Pkt.] | Sektion 2 [Pkt.] | Sektion 3 [Pkt.] | Zeile 20a [Pkt.] | Zeile 20b [Pkt.] | Zeile 20c [Pkt.] | Zeile 20d [Pkt.] | Sektion 4 [Pkt.] |
|---|---|---|---|---|---|---|---|---|---|
| **101** | 0,0 | 12,5 | 27,0 | 0,0 | 8,1 | 1,8 | 0,0 | 7,0 | 69,5 |
| **102** | 0,0 | 11,0 | 10,0 | 22,0 | 3,8 | 1,4 | 0,0 | 7,0 | 36,5 |
| **103** | 0,0 | 10,0 | 0,0 | 22,0 | 4,0 | 0,5 | 0,0 | 7,0 | 31,5 |
| **104** | 0,0 | 16,5 | 1,0 | 0,0 | 2,6 | 0,6 | 0,0 | 7,0 | 22,5 |
| **105** | 0,0 | 15,0 | 33,0 | 0,0 | 5,5 | 0,0 | 0,0 | 7,0 | 38,5 |
| **106** | 0,0 | 13,0 | 8,0 | 0,0 | 5,0 | 0,0 | 0,0 | 7,0 | 35,0 |
| **107** | 0,0 | 21,0 | 13,5 | 0,0 | 3,2 | 0,5 | 0,0 | 7,0 | 26,0 |
| **108** | 0,0 | 12,5 | 26,5 | 0,0 | 6,8 | 0,0 | 0,0 | 7,0 | 48,0 |
| **109** | 0,0 | 6,0 | 39,5 | 0,0 | 5,2 | 1,3 | 0,0 | 7,0 | 45,5 |
| **110** | 0,0 | 5,5 | 24,0 | 25,0 | 9,8 | 2,0 | 0,0 | 7,0 | 83,0 |
| **111** | 0,0 | 15,5 | 2,0 | 19,0 | 7,6 | 0,2 | 0,0 | 7,0 | 55,0 |
| **112** | 0,0 | 19,5 | 0,0 | 25,0 | 5,8 | 0,2 | 0,0 | 7,0 | 42,0 |

## Arbeitsplatzbewertungen mit EAWS zur Evaluierung des Grobscreenings

Tabelle 56: Arbeitsplatzbewertungen mit EAWS zur Evaluierung des Grobscreenings
*Quelle: Eigene Darstellung*

| Nr. | Sektion 0 [Pkt.] | Sektion 1 [Pkt.] | Sektion 2 [Pkt.] | Sektion 3 [Pkt.] | Zeile 20a [Pkt.] | Zeile 20b [Pkt.] | Zeile 20c [Pkt.] | Zeile 20d [Pkt.] | Sektion 4 [Pkt.] |
|---|---|---|---|---|---|---|---|---|---|
| **1** | 3,5 | 11,0 | 50,0 | 0,0 | 5,7 | 1,1 | 0,0 | 7,0 | 48,0 |
| **2** | 2,0 | 8,0 | 2,5 | 0,0 | 7,8 | 0,2 | 0,0 | 7,0 | 56,5 |
| **3** | 0,0 | 36,0 | 14,5 | 0,0 | 6,7 | 0,3 | 0,0 | 7,0 | 49,5 |
| **4** | 0,0 | 7,5 | 5,0 | 0,0 | 1,0 | 0,0 | 0,0 | 7,0 | 7,0 |
| **5** | 3,0 | 4,5 | 3,5 | 0,0 | 3,4 | 3,2 | 0,0 | 7,0 | 47,0 |
| **6** | 0,0 | 25,0 | 0,0 | 0,0 | 8,0 | 3,0 | 0,0 | 7,0 | 77,0 |
| **7** | 0,0 | 6,0 | 33,0 | 10,0 | 9,4 | 0,6 | 0,0 | 7,0 | 69,5 |
| **8** | 0,0 | 19,5 | 55,5 | 0,0 | 5,9 | 1,8 | 0,0 | 7,0 | 54,5 |
| **9** | 4,0 | 27,0 | 31,5 | 14,5 | 4,8 | 1,7 | 0,0 | 7,0 | 45,5 |
| **10** | 1,0 | 8,5 | 23,5 | 0,0 | 3,8 | 0,5 | 2,0 | 7,0 | 44,5 |
| **11** | 0,0 | 8,0 | 0,0 | 0,0 | 4,3 | 0,0 | 2,0 | 7,0 | 44,0 |
| **12** | 0,0 | 19,5 | 18,5 | 0,0 | 3,7 | 0,0 | 2,0 | 7,0 | 40,0 |
| **13** | 2,0 | 7,0 | 8,0 | 8,5 | 4,1 | 1,3 | 0,0 | 7,0 | 38,0 |
| **14** | 0,0 | 5,5 | 0,0 | 0,0 | 4,4 | 1,3 | 0,0 | 7,0 | 40,0 |
| **15** | 1,0 | 14,5 | 10,5 | 0,0 | 9,0 | 3,3 | 0,0 | 7,0 | 86,5 |
| **16** | 3,0 | 13,5 | 10,5 | 0,0 | 9,1 | 3,5 | 0,0 | 7,0 | 88,5 |
| **17** | 0,5 | 13,5 | 5,5 | 0,0 | 8,3 | 3,2 | 2,0 | 7,0 | 94,5 |
| **18** | 0,5 | 13,5 | 5,5 | 0,0 | 8,3 | 3,2 | 2,0 | 7,0 | 94,5 |
| **19** | 1,0 | 11,0 | 8,5 | 0,0 | 5,4 | 1,0 | 0,0 | 7,0 | 45,0 |
| **20** | 4,5 | 15,0 | 6,0 | 0,0 | 3,4 | 0,0 | 2,0 | 7,0 | 38,0 |

# EAWS-Erfassungsbogen zur Version 1.3.3

## Ergonomic Assessment Worksheet V1.3.3

| Werk | Geschlecht Werker/in m ☐ w ☐ | Körpergröße |
|---|---|---|
| Linie | MTM-Analyse | Analyst |
| Arbeitsplatz/-aufgabe | Takt-/Zykluszeit [sec] | Datum |

**Gesamtergebnis der Analyse:**

| | Gesamtkörper | = | Haltung | + | Kräfte | + | Lasten | + | Extra | | Obere Extremit. |
|---|---|---|---|---|---|---|---|---|---|---|---|
| ☐ Grün<br>☐ Gelb<br>☐ Rot | | = | | + | | + | | + | | | |

| EAWS Bewertung | | | |
|---|---|---|---|
| | 0-25 Punkte | Grün | Niedriges Risiko: empfehlenswert; Maßnahmen nicht erforderlich |
| | >25-50 Punkte | Gelb | Mögliches Risiko: nicht empfehlenswert; Maßnahmen zur erneuten Gestaltung / Risikobeherrschung ergreifen |
| | >50 Punkte | Rot | Hohes Risiko: vermeiden; Maßnahmen zur Risikobeherrschung erforderlich |

| Extrapunkte "Gesamtkörper" (pro Minute / Schicht) | | | | | | | | Extrapunkte |
|---|---|---|---|---|---|---|---|---|
| 0a | Beeinträchtigung durch Arbeit an sich bewegenden Objekten | 0<br>keine | | 3<br>mittel | 8<br>stark | | 15<br>sehr stark | Belastungshöhe |
| 0b | Zugänglichkeit (z. B. Ein-/Aussteigen in Motorraum) | 0<br>gut | | 2<br>erschwert | 5<br>schlecht | | 10<br>sehr schlecht | Status |
| 0c | Rückschlagkräfte, Impulse, Schwingungen | 0<br>gering | | 1<br>sichtbar | 2<br>stark | | 5<br>sehr stark | Belastungshöhe x Häufigkeit |
| | | 0<br>[n] | 1<br>1 - 2 | 2,5<br>4 - 5 | 4<br>8 - 10 | 6<br>18 - 20 | 0<br>> 20 | |
| 0d | Gelenkstellung (insb. Handgelenk) | 0<br>neutral | | 1<br>~ 1/3 max | 3<br>~ 2/3 max | | 5<br>maximal | Belastungshöhe x Dauer oder Häufigkeit |
| | | 0<br>[sec]<br>[n]<br>[%] | 2<br>3<br>1<br>5 | 2,5<br>10<br>8<br>17 | 4<br>20<br>11<br>33 | 6<br>40<br>16<br>67 | 8<br>60<br>20<br>100 | |
| 0e | Andere körperliche Belastungen (bitte beschreiben) | 0<br>keine | | 5<br>mittel | 10<br>stark | | 15<br>sehr stark | Belastungshöhe |
| | Extra = Σ Zeilen 0a – 0e | Achtung: Max. Punktzahl = 40 Pkt. (Zeilen 0c, 0d), 15 Pkt (Zeilen 0a, 0e) bzw. 10 Pkt. (Zeile 0b) | | | Achtung: Werte korrigieren, wenn Takt-/Zykluszeit ≠ 60s | | | = |

*Bitte EAWS Einstufungsanleitung beachten*

| Daten für die Bewertung der repetitiven Tätigkeiten | | |
|---|---|---|
| Beschreibung | Formel | Ergebnis |
| Tatsächliche Schichtdauer [min] | | |
| Mittagspause [min] | - | |
| Andere offizielle Pausen [min] | - | |
| Nichtrepetitive Tätigkeiten [min] (z. B. Reinigung, Materialbeschaffung, etc.) | - | |
| Nettodauer der repetit. Tätigkeit/en (a) [min] | = | |
| Anzahl an Einheiten (od. Takten/Zyklen) (b) | | |
| Netto-Takt-/Zykluszeit [sec] | (a/b x 60) = | |
| Beobachtete Takt-/Zykluszeit [sec] | | |

| Bemerkungen / Verbesserungsvorschläge |
|---|
| |

EAWS form v1.3.3 © IAD and AMI 2012 1/4

## Ergonomic Assessment Worksheet V1.3.3

### Körperstellung / Rumpf- und Armhaltungen (pro Schicht)

(inkl. Lasten <3 kg und Aktionskräfte von 30-40 N)

Statische Körperhaltungen >4 sec

Hochfrequente Bewegungen: 2 Rumpfbeugungen oder 10 mal Arme heben >60° pro Minute

Bewertung statischer Körperhaltungen und/oder hochfrequenter Bewegungen des Rumpfes/der Arme

$$\text{Dauer [sec/min]} = \frac{\text{Dauer Körperhaltung(en)} \times 60}{\text{Taktzeit}}$$

| Nr. | Körperhaltung | 5 [%] / 3 [sec/min] / 24 [min/8h] | 7,5 / 4,5 / 36 | 10 / 6 / 48 | 15 / 9 / 72 | 20 / 12 / 96 | 27 / 16 / 130 | 33 / 20 / 160 | 50 / 30 / 240 | 67 / 40 / 320 | 83 / 50 / 400 | Zeilensumme | Körperhaltung – Asymmetrie: Rumpfdrehung 1) (Höhe 0-5, Dauer 0-3; Höhe x Dauer) | Rumpfneigung 1) (Höhe 0-5, Dauer 0-3; Höhe x Dauer) | Reichweite (RW) 2) (Höhe 0-5, Dauer 0-2; Höhe x Dauer) |
|---|---|---|---|---|---|---|---|---|---|---|---|---|---|---|---|
| **Stehen (und Gehen)** | | | | | | | | | | | | | | | |
| 1 | Stehen & Gehen im Wechsel, Stehen mit Abstützung | 0 | 0 | 0 | 0 | 0,5 | 1 | 1 | 1 | 1,5 | 2 | | | | |
| 2 | Stehen, keine Abstützung (für andere Einschränkungen s. Extrapunkte) | 0,7 | 1 | 1,5 | 2 | 3 | 4 | 6 | 8 | 11 | 13 | | | | |
| 3 | Nach vorn gebeugt (20-60°) | 2 | 3 | 5 | 7 | 9,5 | 12 | 18 | 23 | 32 | 40 | | | | |
| | Mit geeigneter Abstützung | 1,3 | 2 | 3,5 | 5 | 6,5 | 8 | 12 | 15 | 20 | 25 | | | | |
| 4 | Stark gebeugt >60° | 3,3 | 5 | 8,5 | 12 | 17 | 21 | 30 | 38 | 51 | 63 | | | | |
| | Mit geeigneter Abstützung | 2 | 3 | 5 | 7 | 9,5 | 12 | 18 | 23 | 31 | 38 | | | | |
| 5 | Aufrecht, Ellenbogen auf / über Schulterhöhe | 3,3 | 5 | 8,5 | 12 | 17 | 21 | 30 | 38 | 51 | 63 | | | | |
| 6 | Aufrecht, Hände über Kopfhöhe | 5,3 | 8 | 14 | 19 | 26 | 33 | 47 | 60 | 80 | 100 | | | | |
| **Sitzen** | | | | | | | | | | | | | | | |
| 7 | Aufrecht mit Rückenstütze, ggf. leicht nach vorne/hinten geneigt | 0 | 0 | 0 | 0 | 0 | 0 | 0,5 | 1 | 1,5 | 2 | | | | |
| 8 | Aufrecht ohne Rückenstütze (für Einschränkungen s. Extrapunkte) | 0 | 0 | 0,5 | 1 | 1,5 | 2 | 3 | 4 | 5,5 | 7 | | | | |
| 9 | Nach vorn gebeugt | 0,7 | 1 | 1,5 | 2 | 3 | 4 | 6 | 8 | 11 | 13 | | | | |
| 10 | Ellenbogen auf / über Schulterhöhe | 2,7 | 4 | 7 | 10 | 13 | 16 | 23 | 30 | 40 | 50 | | | | |
| 11 | Hände über Kopfhöhe | 4 | 6 | 10 | 14 | 20 | 25 | 35 | 45 | 60 | 75 | | | | |
| **Knien oder Hocken** | | | | | | | | | | | | | | | |
| 12 | Aufrecht | 3,3 | 5 | 7 | 9 | 12 | 15 | 21 | 27 | 36 | 45 | | | | |
| 13 | Nach vorn gebeugt | 4 | 6 | 10 | 14 | 20 | 25 | 35 | 45 | 60 | 75 | | | | |
| 14 | Ellenbogen auf / über Schulterhöhe | 6 | 9 | 16 | 23 | 33 | 43 | 62 | 80 | 108 | 135 | | | | |
| **Liegen & Klettern** | | | | | | | | | | | | | | | |
| 15 | (Liegen auf Rücken, Brust oder Seite) Arme über Kopf | 6 | 9 | 15 | 21 | 29 | 37 | 53 | 68 | 91 | 113 | | | | |
| 16 | Klettern | 6,7 | 10 | 22 | 33 | 50 | 66 | | | | | | | | |
| | | | | | | | | | | | | Σ (a) | Σ (max.=15) | Σ (max.=15) | Σ (max.=10) |
| | | | | | | | | | | | | | Σ (max. = 40) (b) | | |

1) Rumpf

| | 0 | 1 | 3 | 5 |
|---|---|---|---|---|
| Höhe | leicht <10° | mittel 15° | stark 25° | extrem >30° |
| | 0 | 1,5 | 2,5 | 3 |
| Dauer | nie 0% | 4 sec 6% | 10 sec 15% | 13 sec 20% |

2) Reichweite (RW)

| | 0 | 1 | 3 | 5 |
|---|---|---|---|---|
| Höhe | körpernah | 60% | 80% | Arm gestreckt |
| | 0 | 1 | 1,5 | 2 |
| Dauer | nie 0% | 4 sec 6% | 10 sec 15% | 13 sec 20% |

Achtung: Max. Einstufungsdauer = Taktzeit bzw. Dauer der Tätigkeit oder 100%!

Achtung: Werte korrigieren, wenn Takt-/Zykluszeit ≠ 60s

| Haltung = Σ Zeilen 1 - 16 | (a) | + | (b) | = | |
|---|---|---|---|---|---|

# Ergonomic Assessment Worksheet V1.3.3

## Aktionskräfte (pro Minute / Schicht) — Kräfte

| Nr. | | Kraftstufe | | | | | | | | Kraftniveau x Dauer oder Häufigkeit | Σ |
|---|---|---|---|---|---|---|---|---|---|---|---|
| 17 | Fingerkräfte (z. B. Clipse, Stecker) | Punkte | 0 | 7 | 15 | 25 | 50 | | | | |
| | | | ~1/6 $F_{max}$ | ~1/3 $F_{max}$ | ~1/2 $F_{max}$ | ~2/3 $F_{max}$ | $F_{max}$ | | | | |
| | | Punkte | 0 | 1 | 1 | 1,5 | 2 | 3,5 | 7 | | |
| | | [sec] | | 3 | 6 | 9 | 12 | 20 | 30 | | |
| | | [%] | | 5 | 10 | 15 | 20 | 33 | 50 | | |
| | | Punkte | 0 | 1,5 | 2 | 2,5 | 3 | | | | |
| | | [n] | | 4 | 10 | 15 | 20 | | | | |
| 18 | Arm-, Ganzkörperkräfte | Punkte | 0 | 6 | 15 | 25 | 50 | | | | |
| | | | ~1/6 $F_{max}$ | ~1/3 $F_{max}$ | ~1/2 $F_{max}$ | ~2/3 $F_{max}$ | $F_{max}$ | | | | |
| | | Punkte | 0 | 1 | 1 | 1,5 | 2 | 4 | 8,5 | | |
| | | [sec] | | 3 | 6 | 9 | 12 | 20 | 30 | | |
| | | [%] | | 5 | 10 | 15 | 20 | 33 | 50 | | |
| | | Punkte | 0 | 1,5 | 2 | 3 | 4,5 | 6,5 | 10 | | |
| | | [n] | | 1-2 | 3 | 6 | 8 | 10 | 12 | | |

Fmax Arm-, Ganzkörperkräfte (geschlechtsneutral)
P15 für Planungs- u. P40 für Ist-Analysen

A+, A−, B+, B−, C+, C−, median plane

| ST aufrecht | P15 | P40 | ST gebeugt | P15 | P40 | ST über Kopf | P15 | P40 |
|---|---|---|---|---|---|---|---|---|
| A+ | 245 | 315 | A+ | 210 | 285 | A+ | 230 | 280 |
| A− | 260 | 325 | A− | 200 | 240 | A− | 265 | 320 |
| B+ | 170 | 210 | B+ | 205 | 260 | B+ | 160 | 200 |
| B− | 245 | 315 | D | 285 | 390 | B− | 255 | 310 |
| C+ | 130 | 155 | C+ | 145 | 200 | C+ | 105 | 140 |
| C− | 110 | 155 | C− | 90 | 135 | C− | 100 | 140 |

| KN aufrecht | P15 | P40 | KN gebeugt | P15 | P40 | KN über Kopf | P15 | P40 |
|---|---|---|---|---|---|---|---|---|
| A+ | 210 | 270 | A+ | 180 | 245 | A+ | 225 | 275 |
| A− | 225 | 280 | A− | 190 | 225 | A− | 265 | 320 |
| B+ | 215 | 290 | B+ | 220 | 320 | B+ | 210 | 270 |
| B− | 240 | 325 | B− | 220 | 290 | B− | 220 | 275 |
| C+ | 145 | 195 | C+ | 140 | 190 | C+ | 130 | 180 |
| C− | 115 | 150 | C− | 105 | 135 | C− | 130 | 190 |

| SI aufrecht | P15 | P40 | SI gebeugt | P15 | P40 | SI über Kopf | P15 | P40 |
|---|---|---|---|---|---|---|---|---|
| A+ | 205 | 265 | A+ | 190 | 250 | A+ | 215 | 255 |
| A− | 245 | 285 | A− | 195 | 245 | A− | 260 | 295 |
| B+ | 215 | 260 | B+ | 245 | 295 | B+ | 195 | 240 |
| B− | 205 | 250 | B− | 215 | 275 | B− | 210 | 240 |
| C+ | 120 | 155 | C+ | 130 | 175 | C+ | 100 | 130 |
| C− | 110 | 155 | C− | 100 | 135 | C− | 100 | 135 |

Daten aus: "Montagespezifischer Kraftatlas" (Wakula, Berg, Schaub, Glitsch, Ellegast 2009), so angepasst, dass geschlechtsneutral

Die Punktwerte können sich nach Abschluss des Kraftatlasprojektes ändern

Fingerkräfte (geschlechtsneutral)

| Griffart | $F_{max}$ P15 | $F_{max}$ P40 |
|---|---|---|
| A1 (Umfassungsgriff, Zangengriff: OW 70%) | 150 | 205 |
| A2 (Kontaktgriff) | 115 | 155 |
| B1 (Zufassungsgriff, Daumenkontaktgriff) | 55 | 70 |
| B2 (Zeigefinger-Daumen, Zeigefinger) | 40 | 50 |
| C (Daumen auf 2 Finger) | 45 | 55 |

| Kräfte = Σ Zeilen 17 – 18 | Achtung: Max. Punkte: 350 Zeile 17, 500 Zeile 18 | Achtung: Werte korrigieren, wenn Takt-/Zykluszeit ≠ 60s | = | |
|---|---|---|---|---|

## Manuelles Handhaben von Lasten (pro Schicht) — Lasten

### Lastgewichte [kg] für Umsetzen (Heben / Absetzen), Tragen und Halten sowie Ziehen und Schieben

| Umsetzen, Tragen & Halten | | | | | | | | | |
|---|---|---|---|---|---|---|---|---|---|
| Männer | 3 | 10 | 15 | 20 | 25 | 30 | 35 | 40 | >40 |
| Frauen | 2 | 5 | 7 | 10 | 12 | 15 | 20 | 25 | >25 |
| Lastpunkte | 1 | 1,5 | 2 | 3 | 4 | 5,5 | 7 | 8,5 | 25 |

| + Ziehen und Schieben | | | | | | | | | | |
|---|---|---|---|---|---|---|---|---|---|---|
| Karren, Seil-Balancer | Männer | <50 | 75 | 100 | 150 | 200 | 250 | | | |
| | Frauen | <40 | 60 | 80 | 115 | 155 | 195 | | | |
| Transportwagen ohne Bockrollen | Männer | <50 | 75 | 100 | 150 | 250 | 350 | 550 | | |
| | Frauen | <40 | 60 | 80 | 115 | 195 | 270 | 425 | | |
| Transportwagen mit Bockrollen | Männer | <50 | 75 | 150 | 250 | 350 | 500 | 600 | 800 | 1250 |
| | Frauen | <40 | 60 | 115 | 195 | 270 | 385 | 460 | 615 | 960 |
| Lastpunkte | Transportmittel | 0,5 | 1 | 1,5 | 2 | 3 | 4 | 5 | 6 | 8 |

### Körperhaltung, Position der Last (charakteristische Körperhaltung wählen)

| + | Oberkörper aufrecht und nicht verdreht, Last am Körper | geringes Rumpfneigen oder -drehen; Last am Körper oder körpernah | tiefes Beugen oder weites Vorneigen; geringe Vorneigung mit gleichzeitigem Verdrehen des Oberkörpers; Last körperfern o. über Schulterhöhe | weites Vorneigen und Verdrehen; Last körperfern; eingeschränkte Haltungsstabilität beim Stehen, Hocken oder Knien |
|---|---|---|---|---|
| Haltungspunkte | 1 | 2 | 4 | 8 |

### Ausführungsbedingungen (nur bei Ziehen und Schieben von Wagen)

| (+) | sehr geringer Rollwiderstand | Wagen ziehen/schieben auf glattem Boden | auf rauem Boden; über kleine Fugen/Kanten | auf Riffelblech, unebenem Boden oder in/aus LKW | Wagen müssen b. Anfahren losgeriss. werden, stark beschädigter Fahrweg | sehr hoher Rollwiderstand |
|---|---|---|---|---|---|---|
| Ausführungspunkte | 0 | 0-2 | 3 | 5 | 6 | 8 |

### Häufigkeit der Lastenhandhabung [#/Schicht], Haltedauer [min] oder Wegstrecke [Meter/Schicht]

| x | | | | | | | | | | |
|---|---|---|---|---|---|---|---|---|---|---|
| Häufigkeit Umsetzvorgänge / Ziehen & Schieben kurz | 5 | 25 | 120 | 350 | 750 | 1000 | 1500 | 2000 | 2500 | 3000 |
| Haltedauer [min] | 2,5 | 10 | 37 | 90 | 180 | >240 | | | | |
| Strecke (Tragen, Ziehen & Schieben) [m] | 300 | 650 | 2500 | 6500 | 12000 | 16000 | | | | |
| Häufigkeits-, Dauer- bzw. Wegpunkte | 1 | 2 | 4 | 6 | 8 | 10 | 11 | 13 | 14 | 15 |

### Manuelles Handhaben von Lasten (Ergebnis)

| 19 | (Last + Haltung + (Ausführung)) x (#, Dauer o. Distanz) | Umsetzen 1) | ( + ) x = | Halten 1) | ( + ) x = | Tragen 1) | ( + ) x = | Ziehen & Schieben 1) | ( + + ) x = |
|---|---|---|---|---|---|---|---|---|---|

| Lasten = Σ Zeile 19 | 1) Summe der Häufigkeits-, Zeit- und Wegpunkte für alle Tätigkeiten von Umsetzen, Halten, Tragen, Ziehen und Schieben maximal = 15 | = | |
|---|---|---|---|

## Ergonomic Assessment Worksheet V1.3.3

**Belastung der oberen Extremitäten bei repetitiven Tätigkeiten** — **Obere Extremitäten**

Kraft, Häufigkeit & Greifbedingungen — Anzahl der realen Aktionen pro Min. bzw. Anteil stat. Aktionen (zu betrachten ist die am meisten belastete Extremität)

a: Umfassungs-/Kontaktgriff
b: Daumen-Kontaktgriff oder moderate Fingerzufassung
c: starker Fingerzufassungsgriff (Daumen auf 1 o. 2 Finger)

| | Berechnung stat. | | | | Statische reale Aktionen | | | | | | Greifbeding. | | | Dynamische reale Aktionen | | | | | | | | Berechn. dyn. | | |
|---|---|---|---|---|---|---|---|---|---|---|---|---|---|---|---|---|---|---|---|---|---|---|---|---|
| | Kraft & Dauer | Greifbedingungen | Relativer Zeitanteil | (Kraft & Dauer) + (Griff x Zeitanteil) | Sehr lang dauernde stat. Aktionen; fast 75% | Lang dauernde statische Aktionen; fast 50% | Erheblicher Umfang stat. Aktionen; ~35% | Mittlerer Umfang statischer Aktionen; ~15% | Geringer Umfang statischer Aktionen; ~10% | Sehr geringer Umfang stat. Aktionen <5% | Gute Greifbedingungen | Mittlere Greifbedingungen | Schlechte Greifbedingungen | Armbewegungen selten | Langsame Armbewegungen; Regelmäßige kurze Unterbrechungen | Keine sonderlich schnellen Armbewegungen; kurze Unterbrechungen | Relativ schnelle Armbewegungen; kurze oder gelegentl., unregelm. Unterbrechungen | Schnelle Armbewegungen; gelegentliche und unregelmäßige kurze Pausen | Sehr schnelle Armbew.; Mangel an Unterbrechungen erschwert Schritt zu halten | Sehr hohe Frequenzen; absolut keine Unterbrechungen | Höchstmögliche Frequenzen | (Kraft & Frequenz) + Griff | Relativer Zeitanteil | ((Kraft & Frequenz) + Griff) x Anteil |
| Kraft [N] | FFS | GS | % | FFGp | ≥45 | 30 | 20 | 10 | 5 | 3 | 0 | 2 | 4 | 2-5 | 10 | 15 | 20 | 25 | 30 | 35 | ≥40 | FFG | % | FFGp |
| 0 – 5 | | | | | 1 | 1 | 0 | 0 | 0 | 0 | abc | | | 0 | 0 | 0 | 1 | 2 | 3 | 4 | 7 | | | |
| > 5 – 20 | | | | | 4 | 2 | 1 | 1 | 0 | 0 | ab | bc | | 0 | 0 | 1 | 2 | 3 | 4 | 6 | 9 | | | |
| > 20 – 35 | | | | | 7 | 5 | 3 | 2 | 1 | 1 | ab | b | c | 0 | 1 | 2 | 3 | 4 | 6 | 8 | 12 | | | |
| > 35 – 90 | | | | | 11 | 8 | 5 | 3 | 2 | 1 | a | b | b | 1 | 2 | 3 | 5 | 7 | 9 | 12 | 18 | | | |
| > 90 – 135 | | | | | 16 | 11 | 7 | 4 | 3 | 2 | a | ab | b | 2 | 3 | 5 | 7 | 9 | 12 | 15 | 24 | | | |
| > 135 – 225 | | | | | 21 | 14 | 10 | 6 | 4 | 3 | a | a | b | 4 | 5 | 6 | 8 | 11 | 14 | 20 | 32 | | | |
| > 225 – 300 | | | | | 28 | 18 | 12 | 8 | 5 | 4 | a | a | b | 5 | 6 | 7 | 9 | 12 | 16 | 26 | 40 | | | |

S D

20a FFGS = ∑ FFGp | FFG = FFGS + FFGD | FFGD = ∑ FFGp

**Hand- / Unterarm- / Schultergelenkstellungen (Zeitanteil der stärksten Belastung von Hand-, Unterarm- oder Schulter)**

20b

Handgelenk (Flex/Ext, Ul/Rad): >15°, >20°, >45°, >45°

Ellbogen (Sup/Pron, Flex/Ext): >60°, >60°, >60°

Schulter (Flex/Ext, Abduktion): Bei Aktionen auf oder über Schulterhöhe ohne Abstützung oder mit ungünstiger Körperhaltung Punkte verdreifachen!

| Hand-/Arm-haltungspunkte | 10% | 25% | 33% | 50% | 65% | 85% |
|---|---|---|---|---|---|---|
| | 0 | 0,5 | 1 | 2 | 3 | 4 |

**Zusatzfaktoren**

| 20c | | |
|---|---|---|
| Ungeeignete Handschuhe (welche die Handhabung beeinträchtigen) müssen für über die Hälfte der Zeit verwendet werden | 2 | ☐ |
| Arbeitsbewegungen implizieren Rückschläge mindestens 2 Mal pro Minute (z. B. Hämmern, Schlagen auf harter Oberfläche) | 2 | ☐ |
| Arbeitsbewegungen implizieren Rückschläge (Hand wird als Werkzeug benutzt), mindestens 10 Mal pro Stunde | 2 | ☐ |
| Arbeit bei Kälte oder Kühlung/Kühlströmen (unter 0° C), über die Hälfte der Zeit oder mehr | 2 | ☐ |
| Arbeit mit vibrierenden Werkzeugen, über ein Drittel der Zeit oder mehr | 2 | ☐ |
| Verwendung von stark vibrierenden Werkzeugen | 4 | ☐ |
| Die verwendeten Werkzeuge verursachen Kompressionen der Haut (Rötungen, Schwielen, Blasen etc.) | 2 | ☐ |
| Präzisionsaufgaben (Aufgaben mit einer räumlichen Genauigkeit von < 2-3 mm), über die Hälfte der Zeit oder mehr | 2 | ☐ |
| Zwei oder mehr Zusatzfaktoren treten gleichzeitig und über die ganze Zeit hinweg auf | 3 | ☐ |
| **Zusatzpunkte (den höchsten auftretenden Wert wählen)** | = | |

**Dauer der repetitiven Bewegungen**

20d

| Dauer [h/Schicht] | < 1 | 1,5 | 3 | 5 | 7 | > 8 | |
|---|---|---|---|---|---|---|---|
| *Zeitanteilspunkte* | 1 | 1,5 | 3 | 5 | 7 | 10 | + |

| Arbeitsorganisation | Arbeitsunterbrechungen jederzeit möglich | Unterbrechungen möglich innerhalb vorgegebener Rahmenbedingungen | Unterbrechungen führen zu Prozessunterbrechung | |
|---|---|---|---|---|
| | (i.d.R. Zykluszeit von mehr als 10 min) | (i.d.R. Zykluszeit zwischen 1 und 10 min) | (i.d.R. kürzere Zykluszeit von 1 min) | |
| *Organisationspunkte* | 0 | 1 | 2 | + |

| Pausen (≥ 8 min) [#/Schicht] | 0 | 1 | 2 | 3 | 4 | 5 | 6 | ≥7 | |
|---|---|---|---|---|---|---|---|---|---|
| *Pausenpunkte* *Takt ≤ 30 sec* | 3 | 2 | 1 | 0 | -1 | -2 | -3 | -4 | + |
| *Takt > 30 sec* | 0 | | -0,5 | | -1 | | -1,5 | -2 | |

**Dauerpunkte** =

**Gesamtbewertung der Belastung der oberen Extremitäten bei repetitiven Tätigkeiten**

| 20 | (a) Fingerpunkte | | (b) Hand- / Armhaltungspunkte | | (c) Zusatzpunkte | | (d) Dauerpunkte | | Obere Extremitäten |
|---|---|---|---|---|---|---|---|---|---|
| | ( | + | | + | ) | x | | = | |

EAWS form v1.3.3



4/4

Printed in the United States
By Bookmasters